# 中国北方高原地区胡麻种植

杨建春　童海生　马伟明　贾海滨　主编

## 内容简介

本书较为全面地介绍了产于中国北方高原地区之胡麻（油用亚麻）的生产布局和种质资源、生长发育和特性、实用栽培技术、防病治虫除草和应对非生物胁迫、品质与加工利用等。本书资料翔实，理论依据丰富，技术措施具体可行，实用性强。可供从事胡麻研究和种植的同行参考使用。

### 图书在版编目（CIP）数据

中国北方高原地区胡麻种植/杨建春等主编. —北京：气象出版社，2020.8
ISBN 978-7-5029-7229-5

Ⅰ.①中… Ⅱ.①杨… Ⅲ.①胡麻—栽培技术 Ⅳ.①S565.9

中国版本图书馆 CIP 数据核字（2020）第 127504 号

Zhongguo Beifang Gaoyuan Diqu Huma Zhongzhi

**中国北方高原地区胡麻种植**

杨建春　童海生　马伟明　贾海滨　主编

| | | | |
|---|---|---|---|
| 出版发行： | 气象出版社 | | |
| 地　　址： | 北京市海淀区中关村南大街 46 号 | 邮政编码： | 100081 |
| 电　　话： | 010-68407112（总编室）　010-68408042（发行部） | | |
| 网　　址： | http://www.qxcbs.com | E-mail： | qxcbs@cma.gov.cn |
| 责任编辑： | 王元庆 | 终　　审： | 吴晓鹏 |
| 责任校对： | 王丽梅 | 责任技编： | 赵相宁 |
| 封面设计： | 博雅思企划 | | |
| 印　　刷： | 三河市君旺印务有限公司 | | |
| 开　　本： | 787 mm×1092 mm　1/16 | 印　　张： | 10.25 |
| 字　　数： | 262 千字 | | |
| 版　　次： | 2020 年 8 月第 1 版 | 印　　次： | 2020 年 8 月第 1 次印刷 |
| 定　　价： | 49.00 元 | | |

本书如存在文字不清、漏印以及缺页、倒页、脱页等，请与本社发行部联系调换。

# 本书编委会

策　划：曹广才（中国农业科学院作物科学研究所）
　　　　方玉川（榆林市农业科学研究院）

主　编：杨建春（山西农业大学高寒区作物研究所）
　　　　童海生（榆林市农业科学研究院）
　　　　马伟明（定西市农业科学研究院）
　　　　贾海滨（乌兰察布市农牧业科学研究院）

副主编（按作者姓名的汉语拼音排序）：
　　　　曹　彦（乌兰察布市农牧业科学研究院）
　　　　陈　乔（汉中职业技术学院）
　　　　高青青（榆林市农业科学研究院）
　　　　李　瑞（榆林市农业科学研究院）
　　　　李　瑛（定西市农业科学研究院）
　　　　孙晓敏（汉中市农业科学研究所）
　　　　吴瑞香（山西农业大学高寒区作物研究所）
　　　　叶朝晖（乌兰察布市农牧业科学研究院）

编　委（按作者姓名的汉语拼音排序）：
　　　　陈　英（定西市农业科学研究院）
　　　　陈丽娟（榆林市农业科学研究院）
　　　　陈永军（定西市农业科学研究院）
　　　　冯学金（山西农业大学高寒区作物研究所）
　　　　高荣嵘（榆林市农业科学研究院）
　　　　龚亚茹（汉中市农产品质量安全监测检验中心）
　　　　郭秀娟（山西农业大学高寒区作物研究所）
　　　　郝兴顺（汉中市农业科学研究所）
　　　　刘　凯（乌兰察布市农牧业科学研究院）

刘怀华（榆林市农业科学研究院）
刘金善（乌兰察布市农牧业科学研究院）
王丽萍（陕西省农业广播电视学校府谷分校）
王利琴（山西农业大学高寒区作物研究所）
王小英（榆林市农业科学研究院）
魏冬梅（乌兰察布市农牧业科学研究院）
肖　飞（汉中市农业科学研究所）
燕忠义（乌兰察布市农牧业科学研究院）
张存霞（乌兰察布市农牧业科学研究院）
张世祥（乌兰察布市农牧业科学研究院）
赵德义（乌兰察布市农牧业科学研究院）
赵永伟（定西市农业科学研究院）

# 作者分工

| | |
|---|---|
| 前言 | 杨建春 |

第一章

    第一节 …………………………………………………… 杨建春、吴瑞香

    第二节 ………………………………… 杨建春、吴瑞香、王利琴、郭秀娟、冯学金

第二章

    第一节 ………………………………………… 童海生、李瑞、方玉川、王丽萍

    第二节 ………………………………… 孙晓敏、陈乔、郝兴顺、肖飞、龚亚茹、高荣嵘

第三章

    第一节 …… 贾海滨、曹彦、叶朝辉、刘金善、刘凯、魏冬梅、张存霞、张世祥、燕忠义、赵德义

    第二节 ………………………………………………………… 李瑛、赵永伟

第四章

    第一节 ………………………………………………… 马伟明、陈永军、陈英

    第二节 ………………………………………………… 高青青、王小英、高荣嵘

第五章

    第一节 ……………………………………………………… 吴瑞香、杨建春

    第二节 ………………………………………… 童海生、李瑞、刘怀华、陈丽娟

全书统稿 ……………………………………………………………………… 曹广才

# 前　言

胡麻（*Linum usitatissium* L.）属亚麻科（Linaceae）亚麻属（*Linum*，2n=30）一年生草本植物，是中国对油用亚麻和兼用亚麻的统称。起源于近东、地中海沿岸，是栽培历史最悠久的植物之一，在中国有2000多年的种植历史。胡麻籽中含有约40%脂肪、22%~25%蛋白质、6%~9%可溶性膳食纤维、20%~22%不溶性膳食纤维、1%~4%的木酚素。胡麻籽表皮含有10%左右的胶质，是非常珍贵的天然植物胶。胡麻籽富含人体必需的α-亚麻酸，为人体必需脂肪酸，是体内各组织生物膜的结构材料，也是合成人体一系列前列腺素的前体。木酚素含量在所有作物中是最高的，是其他作物和蔬菜的75~800倍，木酚素对人体前列腺癌、乳腺癌的预防具有一定效果。胡麻含有的营养保健成分，具有非常高的食用、保健、药用价值，开发应用潜力巨大。

中国北方高原地区是胡麻最重要的产区，常年播种面积在400万亩*左右，主要分布于河北、山西、甘肃、宁夏、内蒙古、新疆等省（区）。近年来胡麻的生产形势、贸易形势、产业发展发生了较大的变化，特别是2008年以来，在国家胡麻产业技术体系等项目资金支持下，胡麻的品种选育、栽培技术、产业加工技术等方面取得很大进展，胡麻生产加工水平不断提高，对胡麻产业发展起到了巨大的推动作用。

为了全面系统地总结中国北方高原地区包括黄土高原和内蒙古高原的胡麻产业发展状况，由山西农业大学高寒区作物研究所、榆林市农业科学研究院、定西市农业科学研究院、乌兰察布市农牧业科学研究院、汉中市农业科学研究所等单位科研人员共同完成了本书的编写。本书内容包括中国北方高原地区胡麻的生产布局、生产现状和发展前景、种质资源、育种途径、手段和方法、品种演替、良种介绍；生长发育和栽培生理；实用栽培技术；病、虫、草害防治与水分、温度、盐碱的胁迫及其应对措施；胡麻营养成分及综合利用等诸多方面的内容。

全书共分5章。第一章对中国北方高原地区胡麻生产布局和种质资源进行了叙述；第二章阐述胡麻生长发育；第三章阐述胡麻实用栽培技术；第四章阐述环境胁迫及其应对；第五章阐述胡麻品质与利用。

在本书的编写过程中，承蒙中国农业科学院作物科学研究所曹广才研究员，榆林市农业科学研究院方玉川高级农艺师为此书策划、统稿，付出了很多时间和很大精力。书的出版也得力于气象出版社的大力配合，谨致谢忱。

由于作者水平有限，加之编写时间比较仓促，不妥及疏漏之处在所难免，恳请同行批评指正。

杨建春<br>
2019年11月20日

---

\* 1亩≈666.67m²，下同。

# 目　　录

前言
**第一章　中国北方高原地区胡麻生产布局和种质资源** …………………………… 1
　　第一节　胡麻生产布局 ……………………………………………………………… 1
　　第二节　胡麻种质资源 ……………………………………………………………… 9
　　参考文献 …………………………………………………………………………… 23

**第二章　胡麻生长发育** ……………………………………………………………… 27
　　第一节　胡麻生育进程 …………………………………………………………… 27
　　第二节　胡麻生育过程的有关代谢 ……………………………………………… 37
　　参考文献 …………………………………………………………………………… 54

**第三章　胡麻实用栽培技术** ………………………………………………………… 57
　　第一节　胡麻常规栽培技术 ……………………………………………………… 57
　　第二节　胡麻特色栽培技术 ……………………………………………………… 80
　　参考文献 …………………………………………………………………………… 86

**第四章　环境胁迫及其应对** ………………………………………………………… 90
　　第一节　生物胁迫及其应对 ……………………………………………………… 90
　　第二节　非生物胁迫及其应对 …………………………………………………… 115
　　参考文献 …………………………………………………………………………… 121

**第五章　胡麻品质与利用** …………………………………………………………… 124
　　第一节　胡麻品质 ………………………………………………………………… 124
　　第二节　胡麻的利用 ……………………………………………………………… 135
　　参考文献 …………………………………………………………………………… 151

# 第一章　中国北方高原地区胡麻生产布局和种质资源

## 第一节　胡麻生产布局

### 一、胡麻起源和在中国的传播

(一)胡麻的起源

胡麻(Linum usitatissium L)是"油用亚麻"的俗称,属亚麻科亚麻属一年生或多年生草本植物。关于胡麻起源地的考证,古今中外不乏其人。有人认为它原产于黑海或里海一带,有人认为它原产于高加索或波斯湾沿岸,有人主张亚麻原产于地中海沿岸,也有人认为它原产于中亚细亚、近东等地,还有人认为它原产于中国。

据考古学家考证,亚麻在非洲埃及种植历史最悠久。距今5000多年前的埃及古墓中,发掘出的木乃伊所穿戴的衣物,就有亚麻纤维的纺织品。在米凯尔第4、5王朝古墓中,也发现了保存完好的亚麻蒴果和种子。一般讲,由多年生窄叶野生亚麻驯化为栽培利用种,还要经历一个相当长的阶段。由此可以推断,至少在公元前3000多年前或者更早一些时候,埃及人已经把野生亚麻培育成栽培亚麻,为人类所利用。同时考古还发现在距今2000—2400年的埃及古墓中有古代农民从事亚麻田间农艺操作、收获绑捆的壁画,以及亚麻纤维织成的各种布匹和墙画。随着人类的活动与传播,在新石器时代,埃及又把亚麻传入了埃塞俄比亚、摩洛哥、突尼斯、法国、意大利、西班牙、希腊、塞浦路斯等地中海沿岸国家,而后又传到中亚细亚和整个欧洲。世界上的考古学家在瑞士"湖滨居地"遗址的木屋里发现有炭化的亚麻种子,在3000多年前德国的古代遗址中,也发现有磨制很粗的小麦、谷物和亚麻种子混合制成的面饼。据历史进一步考证,公元前4世纪已在俄国外高加索和塔吉克开始利用亚麻种子榨油,吃亚麻油制作的食品,穿亚麻纤维制作的衣服。

中国著名农学家丁颖先生提出:"亚麻变种很多,则我国的亚麻种或为亚麻变种之一,而为我国原产亦未可知,惜未得实物以明之耳"。此外,说亚麻原产于亚洲热带者有之;原产于中亚细亚热带者亦有之;也还有说原产于亚洲西部及欧洲东南部的等等。不过亚麻原产地的说法尽管有些分歧,但与亚洲却有千丝万缕的联系,这就是说世界范围内的亚麻,必有原产于亚洲者。德·康多尔在对古代各类型的亚麻形成、分布进行分析、比较后,得出结论说:"作者深信:此数种亚麻,……系在异地个别栽培,并非互相传输仿效"。事实应是这样,在广袤的世界上,不同的地区、环境条件大致相似或接近,当可产生相似或接近的某种生物;又在同一地区、由于环境条件的具体差异,某种生物也会演化、变异形成不同类型。中国西北、华北地区至今还有不同类型的多年生、一年生匍匐、半匍匐茎型的野生种亚麻,因此许多学者主张世界亚麻的多起源说。

(二)胡麻在中国的传播

有文献认为中国最早的亚麻种植是在公元前119年,是西汉的张骞以特使身份出使西域时从西域带回的农作物种子之一。但很多学者对此说法表示怀疑,认为中国亚麻栽培种系由野生种演化而来,中国是亚麻原产地之一。陆孝睦(1985)经对资料考证,也同意并认为中国亚麻的栽培种是由野生种变化而来,不是传入的。李延帮等(1982)、杨希义(1995)、帅瑞艳等(2010)分别从不同的角度,引用不同的古籍介绍,说明胡麻在中国有2000多年的种植历史,确定胡麻在两汉之际已经开始种植。

公元2世纪崔寔编著的《四民月令》中有如下记载:二月……阴冻毕泽,可葘美田,……可种植禾、大豆、苴麻、胡麻。清明节是月也……时雨降,可种稻,即植禾、苴麻、胡豆、胡麻。蚕入簇,时雨降,可种黍、禾……为之上时……及大、小豆、胡麻。五月……时雨降,可种胡麻……20世纪30年代,在今内蒙古额济纳齐河流域的汉代烽燧遗址中发现的20000余枚汉代木简(大多属于西汉末期和东汉初期的屯戍文书)中,有两枚记载了胡麻。南梁人陶宏景在考查芝麻(即巨胜)和亚麻的名实时曾明确指出:"茎方者为巨胜,茎圆者为胡麻。"由"茎圆"可知其所说"胡麻"即为油用亚麻。据《吐鲁番文书》(1981年12月)第三册,在今新疆吐鲁番火焰山镇阿斯塔那村北唐代墓葬中发掘的唐代文书中有多处关于"胡麻"和"绝胡麻索"的记载。

宋代之后,"胡麻"常见于相关农书之中。李时珍在《本草纲目》中载:"亚麻,今陕西人亦种之,即壁虱胡麻也。"说明陕西也是古代油用亚麻主要种植地之一。《植物名实图考》(吴其濬,1848)中有关山西胡麻(油用亚麻)的记载说"山西、云南种之……"可见油用亚麻的分布不只限于北方,19世纪的南方就已有栽培。当初由于中国胡麻栽培面积不大,油品及纤维的应用价值当时尚未引起人们的重视,只做药物之用。据记载,胡麻最早作为药用见于公元11世纪苏颂所著的《图经本草》:称胡麻种子"出兖州威胜军、味甘、微温、无毒……治大风疾",说明胡麻仁有养血祛风、补益肝肾的功能,用来疗治病后虚弱、眩晕、便秘等症。《滇南本草》介绍胡麻之根有大补元气、乌须黑发的作用,茎可治头中风疼痛,叶治病邪入窍、口不能言,胡麻仁还可用来疗治慢性肝炎、睾丸炎、跌打扭伤等。直到16世纪,《土方记》中才有记载:"胡麻仁可榨油,油色青绿,燃灯甚明,入蔬香美,皮可织布,秆可作薪,饼可肥田。"到了清朝中叶,已有作坊榨油。到了清末油用亚麻(胡麻)已在全国大面积栽培,成为中国主要的油料作物之一。目前,中国胡麻种植主要集中在河北、山西、内蒙古、甘肃、宁夏和新疆。

## 二、胡麻生产布局和生产形势

(一)生产布局

1. 胡麻在全国范围的分布　中国地域广阔,由于地区间纬度、海拔、地理和气候条件的差异,造成了光照、温度、水分、土壤类型的不同,在全国区域形成了各具特点的栽培方式、生活习性、品种特点。中国胡麻主要分布于河北、山西、甘肃、宁夏、内蒙古、新疆等几个省(区)。根据中国胡麻栽培地区的地理分布及品种生态特性,大体可划分为7个区,每一区域都有相应的生态类型。

(1)黄土高原区　该区为中国胡麻最主要产区,包括山西省北部、内蒙古西南部、宁夏南部、陕西省北部和甘肃省中部及东部,分布在北纬35°05′~39°57′,海拔1000~2000 m的地区。气候垂直地带性明显,生育期热量适中,水分状况前干后湿,日照中等,土壤瘠薄。该区域的生态类型为黄土高原区型,其基本特性是:春性,春化阶段与光照阶段中等,对温度和光照敏感;耐瘠薄和抗旱性均强;株型松散,果少粒小,含油率较低;茎秆细弱,易倒伏,耐病性强。

(2)阴山北部高原区　该区是以蒙古高原为主的华北北部高寒地带,包括河北省坝上、内蒙古阴山以北、内蒙古三盟一市12个农业旗县。分布在北纬41°以上,海拔1500 m左右。生育期热量不足,水分状况较差,日照充足,土壤肥力较高。该区品种主要属于阴山北部草原生态区型,其基本特性是:春性,生育期较短,春化阶段与光照阶段较长,对温度和光照敏感;耐寒和抗旱性均强;植株较矮,果少粒稍大,不开裂,含油率较高。

(3)黄河中下游及河西走廊灌区　该区包括内蒙古河套、土默川平原、宁夏引黄灌区、甘肃省河西走廊,分布在北纬37°30′~40°59′,海拔1000 m~1700 m。生长期热量充足,水分依靠灌溉,日照充足,病害发生较少。土壤盐渍化较重,后期常有干热风,蚜虫危害严重。该区品种的基本特性是:生育期长,春化及光照阶段较长,对温度和光照敏感,抗旱能力中等,苗期病害严重;生长势及分茎性均强,果偏多,粒稍大,含油率高,较喜水耐肥。这种品种生态型称为北方灌溉生态型。

(4)北疆内陆区　该区在天山与阿尔泰山之间的准噶尔盆地和伊犁河上游,主要分布在绿洲边缘地带。生长期热量充足,山麓地带有雪水灌溉,苗期温度较低,大气干旱。该区品种的基本特性是多属春性,生育期较长,春化及光照阶段均较长,对温度和光照敏感;抗旱力中等,苗期易感病;植株较高,分茎性强,粒小而含油率高,这种品种生态型称为北疆盆地春性生态型。

(5)南疆内陆灌区　该区包括天山以南与昆仑山之间的塔里木盆地。生育期热量充足,冬季较温暖,春季升温快,夏季温度高,水分主要靠灌溉保证,大气特别干旱。该区品种的基本特性是:大部分为半冬性,生长期较长,对温度和光照条件要求严格,植株生长繁茂,分茎性强;苗期半匍匐状,种子产量中等,原茎产量显著高于种子。这种品种生态型称为南疆盆地半冬性生态型。

(6)甘青高原区　该区包括青海省东部及甘肃省西南部高寒地区,属青藏高原的一部分。主要分布在海拔2000 m左右的地区。该区品种的基本特性是:生长期热量不足,气候寒湿,土壤肥力较高,后期易遭霜害;春性,生育期短,对温度和光照条件要求不严格;千粒重小,含油率低。

(7)东北平原区　该区为中国纤维用胡麻的主要产区,包括黑龙江省松嫩平原、三江平原和吉林省中部的低山丘陵及东部的长白山高海拔地区,分布在北纬37°~47°。生长期热量适宜,雨量充沛,但各月分配不均,苗期干旱,后期雨多潮湿;土壤肥力较高,易倒伏,局部地区易感锈病。该区品种基本特性是:春性,对温度和光照敏感;植株基本不分茎,茎秆高而细弱,原茎和纤维产量最高,纤维品质优良,果小而少,种粒极小。这种品种生态型称为东北纤维胡麻生态型。

2. 中国北方高原地区胡麻种植区划　胡麻具有生育期较短、耐寒、耐旱、耐瘠薄等特点,是中国北方高原地区的特色作物。几个主要生产省份气候类型也各具特色,在栽培中也形成了各具地域特色的生产区域。下面以栽培面积较大的省份为例,对中国北方高原地区胡麻主产区生产区域划分做较为详细的介绍:

(1)甘肃省胡麻区划　甘肃省是中国北方高原地区最主要的胡麻种植区,种植面积占全国约1/3。崔小茹等(2014)介绍,甘肃省胡麻主要种植在中东部旱作区、河西灌溉区和中部沿黄灌区。蒲金涌等(2004)、王位泰(2003)、李巧珍等(2002)、张惠玲等(2003)又根据气候生态条件将陇东、中部、河西胡麻种植区分为最适宜种植区、适宜种植区、次适宜种植区、可种植区、不能种植区等5个生态气候区。

① 陇东胡麻区划　王位泰(2003年)将陇东按胡麻生态气候分为最适宜种植区、适宜种植区、次适宜种植区、可种植区和不可种植区。

Ⅰ. 最适宜种植区　该区包括环县曲子以南,合水西部、庆阳、西峰、镇原和静宁县,4—6月降水与7月最高气温适中,光照丰富,种植效益比值最大,是胡麻最适宜种植区。

Ⅱ. 适宜种植区　该区包括环县木钵至曲子,华池中西部,合水中部、宁县中西部、径川、平凉中南部、庄浪及崇信东部,降水和最高气温较适中,光照丰富,是胡麻种植经济效益次高值区,是胡麻适宜种植区。

Ⅲ. 次适宜种植区　该区包括环县南部的木钵到县城北、华池、合水、宁县东部,正宁、灵台、华亭及崇信大部,降水丰富,最高气温和光照较适中,种植效益比值较低,是胡麻的次适宜种植区。

Ⅳ. 可种植区　该区包括环县城北至山城,降水偏少,干旱影响较明显,是胡麻的可种植区。

Ⅴ. 不可种植区　该区分布在环县山城梁以北,降水少,干旱严重,不宜种植胡麻。

② 甘肃中部胡麻区划　李巧珍等(2002)将甘肃中部划分为4个种植区和不能种植区。

Ⅰ. 最适宜种植区　该区域海拔1800~2000 m,年降水量350~450 mm,3—6月降水量为140~180 mm,≥5 ℃积温在2300~2700 ℃·d,7—8月日照时数为450 h以上,包括定西西南部半湿润浅山区、中部川台区及水川,临洮县中部、渭源、陇西渭河流域、会宁南部等。该区气候温凉湿润,光照充足。河谷水川区在降水多的年份,胡麻易倒,要选抗倒伏品种,以达稳产高产的目的。

Ⅱ. 适宜种植区　该区域海拔在2000~2200 m,年降水量460~560 mm,≥5 ℃积温在1900~2300 ℃·d,3—6月降水量180~220 mm,7—8月的日照时数<400 h。该区气候阴凉,春麻生长积温不足,生育后期降水多,光照不足,胡麻产量低而不稳。

Ⅲ. 次适宜种植区　该区域海拔在1500~1800 m,年降水量300~400 mm,≥5 ℃积温在2700~2900 ℃·d,3—6月降水120~140 mm,7—8月日照时数为400~420 h。该区包括定西北部、通渭县、兰州市、白银市、临夏州的大部分地区,干旱是影响该区胡麻产量的主要因素。

Ⅳ. 可种植区　该区海拔高度1300~1500 m和2200~2400 m,其中高度为1300~1500 m的地区≥5 ℃积温>2900 ℃·d,7—8月日照时数>450 h,由于高温影响胡麻的产量,而2200~2400 m的地区,≥5 ℃积温1800~1900 ℃·d,7—8月日照时数为380~400 h,因子粒形成期温度太低,加之开花期光照不足,造成胡麻产量低。

Ⅴ. 不能种植区　海拔2400 m以上的地区,≥5 ℃积温<1800 ℃·d,3—6月降水量>220 mm,7—8月日照时数<380 h。包括甘南大部、临夏、岷县及漳县等地。该区气候冷凉,温度低,积温不足,降水多,胡麻生长发育后期易遭连阴雨危害,影响光照,不能满足胡麻生长,不宜种植。

③ 河西胡麻种植区划　张惠玲等(2003)将河西胡麻种植划分为最适宜、适宜、次适宜、可种植和不能种植区。

Ⅰ. 最适宜种植区　海拔1900~2200 m地区。本区属于河西浅山冷凉区,≥5 ℃积温2300~2700 ℃·d;胡麻苗期平均气温15.8~16.9 ℃,日照充足,胡麻生长期降水量较多,苗期和蒴果成熟期均处在最适宜的温度范围内,没有明显的灾害性天气,灌溉条件较好。此区主要包括玉门市、肃北、阿克赛、高台、张掖市、民乐、肃南、古浪、凉州区、永昌县的 30 个乡镇。

Ⅱ. 适宜种植区　海拔 1400～1900 m 地区。本区日照充足。≥5 ℃积温 2700～3500 ℃·d；胡麻苗期平均气温 16.9～18.6 ℃；花粒期平均气温 18.0～22.6 ℃；无霜期长,为 140～190 d；灌溉条件良好,是河西平川灌溉绿洲区。本区胡麻种植历史悠久,种植面积较大,产量、品质均优。此区包括嘉峪关、临泽县全部、玉门市、酒泉市、张掖市、古浪县、凉州区大部和安西、高台、民乐、山丹、肃南、民勤、金昌市、永昌县少部分地方的 130 个乡镇。

Ⅲ. 次适宜种植区　海拔 1400 m 以下地区。本区是河西地区沿沙漠绿洲区,也是河西光、热资源最丰富的地区。≥5 ℃积温在 3500 ℃·d 以上,胡麻苗期平均气温高于 18.6 ℃,花粒期平均气温高于 22.6 ℃。高温、干旱是限制胡麻生产的主要气象因子。本区包括敦煌市、金塔县全部、安西、高台、民勤县的大部和玉门市、酒泉市、肃南、凉州区的一小部分地方共 65 个乡镇。

Ⅳ. 可种植区　海拔 2200～2500 m 地区。本区是河西地区沿山二阴区,气候冷凉,无霜期较短,为 100～140 d,≥5 ℃积温 1900～2300 ℃·d；胡麻苗期平均气温 14.8～15.8 ℃；花粒期平均气温 12.6～15.3 ℃。胡麻苗期气温略偏低 1 ℃左右,但蒴果成熟期气温偏低 3～5 ℃,热量不足,而且胡麻开花蒴果成熟期阴雨日数较多,影响籽粒成熟度和油分积累。故此区胡麻种植面积不宜过大,品种以早熟种为主。包括民乐、山丹、肃南、古浪、凉州区、天祝县的 29 个乡镇。

Ⅴ. 不能种植区　海拔 2500 m 以上地区。本区属于高寒山区,无霜期短,≥5 ℃积温在 1900 ℃·d 以下；胡麻苗期平均气温低于 14.8 ℃；花粒期平均气温低于 12.6 ℃。热量条件和光照都不能满足胡麻生长发育需要,因而没有种植的可能性。包括阿克赛、肃南、天祝县大部和肃北、民乐、山丹、民勤、古浪的少部分地方共 40 个乡镇。

(2) 山西省胡麻区划　山西省自然条件复杂,境内山地和丘陵较多,平原较少,地形结构多样,气候条件多样。"十二五"以来,山西省进一步优化区域布局,加大政策与资金支持,基本形成了全省的胡麻专业生产带,主要包括三大胡麻生产基地板块。晋北胡麻生产基地板块,包括大同市左云县、新荣区,朔州市朔城区、右玉县、平鲁区；忻定盆地胡麻生产基地板块,包括静乐县、宁武县、神池县、岢岚县；吕梁胡麻生产基地板块,包括方山县、岚县。根据自然特点和气候条件全省胡麻产区可分为：

① 晋西北黄土丘陵区　本区位于吕梁山、管涔山脉北麓,延伸自晋西北黄土丘陵末端,主要包括岢岚、五寨、神池、宁武、偏关、河曲、保德、静乐、岚县、兴县、娄烦、阳曲平鲁、右玉、左云和大同新荣区等,为省内胡麻适宜种植区,也是山西胡麻的集中产区。

② 大同盆地区　本区属桑干河沿岸地区,包括朔州市城区、山阴、应县、怀仁、大同县、阳高、天镇和大同市南郊部分地区,是山西第二胡麻产区,省内的水地胡麻主要在本区。

③ 土石山区　地处太行山北部末端,包括繁峙、代县、五台、灵邱、广灵、浑源等县,土壤肥力较高,雨量较大,胡麻产量较高。

④ 零星种植　包括晋中东西两山和临汾西山零星种植的一部分地区,其次晋东南北部地区也有少量种植,这些县有昔阳、盂县、寿阳、榆社、大宁、乡宁、蒲县、中阳、交城、孝义、沁县、沁源、屯留、长子等地。

(3) 河北省胡麻区划　河北省冀北高寒区是河北省的主要种植区,位于河北省最北部,包括张家口市的张北、康保、沽源三县的全部,尚义和崇礼坝上部分,承德地区的丰宁、围场的一部分。米君等(2004年)根据其地势地貌、无霜期、积温等自然因素的差异,将冀北高原胡麻种植区分为三个不同生态类型种植区。

① 坝头冷凉种植区 该区包括尚义、张北、沽源、丰宁和围场紧沿坝头的一个狭长地带。该区地势高,海拔1500~1800 m,土壤为暗栗钙土,有机质含量3%~5%,年≥10 ℃积温1600 ℃·d,无霜期85 d左右。同时风沙、冰雹、霜冻等自然灾害对种植业极为不利。该区只适宜种植早熟品种且种植比例不宜太大。

② 坝上中部温凉种植区 包括尚义、张北和沽源县的大部分地区,是坝上的主体部分。海拔1400~1500 m,土壤为粟钙土,有机质含量1%~2%,年≥10 ℃积温1800~2000 ℃·d,无霜期110 d左右。本区适宜种植中熟和中晚熟类型品种。

③ 坝上北部温凉干旱种植区 包括康保县的大部和尚义、张北县的北部。地势起伏多丘陵、雨量偏少。海拔1450 m,年≥10 ℃积温1600~1800 ℃·d,无霜期100 d左右。全年降水量较中部温凉区少50 mm,属于旱作类型区。本区适宜种植中熟抗旱耐瘠薄类型品种。

(4) 内蒙古胡麻区划 内蒙古胡麻主要种植在阴山山脉的南北两麓及中西部地区。

① 阴山丘陵旱作区 该区横贯阴山山脉的南北两麓,东起锡林郭勒的多伦、太仆寺旗,经过整个乌兰察布和包头的固阳,西至巴彦淖尔市的潮格旗,共17个旗县。阴山丘陵地区比较突出的特点是海拔1000~1500 m,气候冷凉,日照充足,年日照时数2900~3200 h,温度适中,年平均气温11~22 ℃,昼夜温差很大,日照充足。5—9月平均气温0.2~2 ℃,高于30 ℃以上的高温天气很少。该区多数是黄黑土、黄沙土和灰黄土,有机质含量为1%~5%,全氮含量为0.1%~0.2%,速效磷含量为0.02%。春季多风沙,多干旱,夏季多冰雹,是胡麻的适宜播区,也是旱作胡麻的典型地区,适宜播种中早熟品种。

② 内蒙古中西部胡麻适播区 本区域范围包括鄂尔多斯市、包头市和呼和浩特市,油用胡麻主要分布在清水河县、和林格尔县、武川县、土默特右旗、达拉特旗、达茂旗、托克托县、准格尔旗、杭锦旗、固阳县等11个旗(县),总播种面积约3.13万 $hm^2$,大多分布在山坡地、沟台地、梯田地等。

(5) 宁夏胡麻区划 宁夏的胡麻种植主要分布在中部干旱带和南部山区的中卫市海原县和中卫香山;吴忠市的同心县、盐池县、红寺堡区;固原市的原州区、彭阳县、西吉县、隆德县、泾源县等地。这些地区也是宁夏生态、气候、土壤条件都比较差的地区,并且胡麻主要分布在山区旱地。

(二) 生产形势

1. 全国胡麻生产 考察2009—2018年中国胡麻的生产情况,中国胡麻生产体现了种植区域相对集中,播种面积持续下滑,总产基本稳定,单产稳步提高的特点。

(1) 种植区域相对集中 中国胡麻种植区域主要集中在河北、山西、内蒙古、甘肃、宁夏和新疆六省(区),2009—2018年,全国胡麻年均种植面积26.29万 $hm^2$,总产量31.6万 t,而上述六省(区)平均种植面积合计25.86万 $hm^2$,占全国的98.37%,总产量合计30.958万 t,占全国的97.96%。

(2) 播种面积持续下滑 考察2009—2018年中国胡麻播种面积变化发现,10年间,从2009年的31.247万 $hm^2$ 逐步下滑到2018年的23.187万 $hm^2$,下滑约25.79%。虽然在国家促进油料作物发展的政策要求和国家胡麻产业技术体系技术推动下,胡麻种植面积逐步稳定,止住了每年数万公顷级的面积滑落趋势,但逐年下滑的趋势依然存在。种植面积下降的主要原因存在以下几个方面:一是胡麻的主要产区是高寒、干旱、土壤瘠薄的山旱地,以退耕还林还草为主要内容的生态环境建设,使得这类地区的作物种植面积下降;二是胡麻在多数产区都是非主要农作物,在农业产业结构调整中,得不到足够的重视,统计面积偏小,还有部分产区被其他高效作物所挤占;三是进口胡麻价格影响,近年来进口胡麻数量逐年扩大,价格较本地胡麻低;四是气候影响,近几年春旱、伏旱频发,造成胡麻产量低而不稳,农民种植意愿持续下降。目前中国种植面积较大的几个省份有甘肃、山西、内蒙古、宁夏、河北和新疆。具体数据见表1-1。

表1-1 全国胡麻种植面积　　　　　　　　　　　　　　　　单位:$10^3 hm^2$

| | 2018年 | 2017年 | 2016年 | 2015年 | 2014年 | 2013年 | 2012年 | 2011年 | 2010年 | 2009年 | 平均 |
|---|---|---|---|---|---|---|---|---|---|---|---|
| 全国 | 234.55 | 231.87 | 243.11 | 244.12 | 270.97 | 269.24 | 278.75 | 250.22 | 293.26 | 312.47 | 262.856 |
| 甘肃 | 66.35 | 81.85 | 66.34 | 68.29 | 70.51 | 78.36 | 82.02 | 87.77 | 94.3 | 103.63 | 79.942 |
| 内蒙古 | 63.34 | 50.16 | 74.56 | 67.57 | 71.71 | 62.2 | 56.8 | 54.3 | 46.81 | 45.99 | 59.344 |
| 山西 | 35.42 | 32.49 | 39.34 | 42.83 | 59.03 | 57.72 | 59.86 | 60.18 | 62.71 | 57.91 | 50.749 |
| 河北 | 38.09 | 35.66 | 30.18 | 31.44 | 33.09 | 31.22 | 35.53 | 33.61 | 39.74 | 48 | 35.656 |
| 宁夏 | 19.42 | 22.12 | 20.1 | 23.74 | 26.42 | 28.43 | 32.3 | 32.43 | 38.75 | 38.2 | 28.191 |
| 新疆 | 5 | 4.02 | 6.42 | 6.57 | 8.13 | 8.08 | 8.68 | 7.83 | 8.75 | 12.43 | 7.591 |

数据来源:中国统计数据信息网

(3)总产量基本稳定　近10年来,虽然胡麻种植面积不断下滑,但是随着育种技术的进步,胡麻的年总产呈现缓慢增长和基本保持稳定的趋势,10年间由2009年的29.48万t发展到2018年的33.52万t,平均达到了31.6万t,增幅为7.19%。具体数据见表表1-2。

表1-2 全国胡麻种植产量(杨建春整理)　　　　　　　　　　单位:万t

| | 2018年 | 2017年 | 2016年 | 2015年 | 2014年 | 2013年 | 2012年 | 2011年 | 2010年 | 2009年 | 平均 |
|---|---|---|---|---|---|---|---|---|---|---|---|
| 全国 | 33.52 | 30.1 | 32.5 | 31.19 | 32.26 | 31.63 | 33.11 | 30.8 | 31.44 | 29.48 | 31.603 |
| 甘肃 | 15.22 | 11.68 | 11.99 | 12.06 | 12.22 | 12.79 | 12.79 | 12.02 | 13.55 | 13.22 | 12.754 |
| 内蒙古 | 6.3 | 5.94 | 7.74 | 5.94 | 4.49 | 3.76 | 3.13 | 3.04 | 2.74 | 2.68 | 4.576 |
| 山西 | 3.52 | 3.54 | 4.21 | 4.12 | 6.93 | 6.97 | 7.3 | 6.02 | 5.64 | 4.99 | 5.324 |
| 河北 | 3.42 | 3.81 | 3.09 | 2.97 | 2.61 | 3.22 | 2.96 | 2.71 | 2.63 | 1.55 | 2.897 |
| 宁夏 | 3.62 | 2.99 | 3.37 | 4.26 | 4.17 | 4.39 | 4.99 | 5.38 | 5.14 | 4.3 | 4.261 |
| 新疆 | 0.68 | 0.93 | 1.17 | 1.34 | 1.49 | 0 | 1.4 | 1.23 | 1.33 | 1.89 | 1.146 |

数据来源:中国统计数据信息网

(4)单产稳步提高　由于受自然条件、品种等因素限制,胡麻单产并不稳定,但总的趋势是逐步提高。近10年来全国胡麻单产由2009年的943.48 kg/$hm^2$提高到2018年的1445.61 kg/$hm^2$,平均达到了1214.33 kg/$hm^2$,提高了28.71%;单产的提高得益于国家产业体系的成立,在国家胡麻(特色油料)产业体系资金支持下,胡麻研发人员由10年前的几十人到目前的上百人,从事技术推广的固定人员达到了200多人,在胡麻的品种选育、栽培技术方面取得了显著进展,一批轻简实用技术在生产上得到了大面积应用,提高了单产水平,增加了农民收入。具体数据见表表1-3。

表1-3　全国胡麻单位面积产量（杨建春整理）　　　　　　　　　　单位：kg/hm²

| | 2018年 | 2017年 | 2016年 | 2015年 | 2014年 | 2013年 | 2012年 | 2011年 | 2010年 | 2009年 | 平均 |
|---|---|---|---|---|---|---|---|---|---|---|---|
| 全国 | 1445.61 | 1283.29 | 1336.97 | 1277.58 | 1190.67 | 1174.86 | 1187.88 | 1231.06 | 1071.92 | 943.48 | 1214.332 |
| 甘肃 | 1859.27 | 1759.98 | 1806.61 | 1766.72 | 1732.5 | 1632.17 | 1558.85 | 1369.85 | 1436.62 | 1276.09 | 1619.866 |
| 内蒙古 | 1256.33 | 937.29 | 1038.26 | 879.27 | 626.12 | 605.15 | 551.83 | 560.22 | 585.03 | 583.59 | 762.309 |
| 山西 | 1084 | 998.81 | 1071.08 | 962.16 | 1173.75 | 1206.73 | 1218.89 | 1000.5 | 899.32 | 860.97 | 1047.621 |
| 河北 | 958.17 | 1000.99 | 1022.36 | 944.97 | 790.01 | 1031.08 | 831.64 | 805.19 | 662.01 | 322.01 | 836.843 |
| 宁夏 | 1636.83 | 1541.47 | 1674.67 | 1793.88 | 1576.9 | 1544.1 | 1544.05 | 1567.3 | 1326.94 | 1123.3 | 1532.944 |
| 新疆 | 701.49 | 1854.4 | 1827.93 | 2040.1 | 1833.75 | | 1607.88 | 1574.79 | 1520 | 1518.57 | 1608.768 |

数据来源：中国统计数据信息网

2. 地区性胡麻生产　北方高原地区是中国最主要的胡麻产区，下面以北方高原地区几个主要省份具体介绍胡麻的品种、技术及生产状况。

（1）甘肃省胡麻生产　甘肃省是中国最大的胡麻产区，10年间胡麻产业的发展与全国一样，面积逐年下滑，2017年短暂回升后2018年又大幅下滑，10年平均播种面积79.94千hm²，相较2009年的103.63千hm²，平均下降了22.85%。虽然面积下降明显，但总产没有出现大幅度的减少，得益于省内胡麻新品种的推广，胡麻综合增产技术的研发示范，单产水平稳步提高，10年间平均单产提高了26.94%。特别是国家产业技术体系成立以来，在品种选育、栽培技术研发、农机装备配套技术支持下，一批天亚、定亚、陇亚杂系列优质品种选育成功并大面积应用；胡麻田杂草综合防控等技术取得较大突破，先后集成了具有地方特色的一膜多用全膜穴播增产技术、胡麻间套种栽培技术、胡麻膜侧栽培技术等特色技术，胡麻生产能力得到提升、机械化生产水平显著提高，单产水平逐年提高。

（2）内蒙古自治区胡麻生产　内蒙古自治区是中国旱作胡麻产区的典型代表。长期以来受自然气候的影响比较大，胡麻的单产水平较低，2014年以前一般为600 kg/hm²左右。2015年是内蒙古胡麻的一个分水岭，由于新品种的示范推广、机械化生产、胡麻化学除草技术的普及，单产水平有了很大提升，2015—2018年平均单产1027.78 kg/hm²，较2009—2014年平均单产585.32 kg/hm²提高了75.59%，大大提升了胡麻的生产能力。作为重要的轮作倒茬作物，胡麻在内蒙古的发展与全国不太一样，从2009年起一直到2016年胡麻面积缓慢增加，2016年以后受进口胡麻、向日葵等冲击，种植面积也出现了较大幅度的下跌。目前内蒙古胡麻的主要种植方式是以内亚9号为主栽品种，配套胡麻病虫草综合防控技术，胡麻机械化耕作技术，规模化生产成为今后一段时间的主要生产方式。

（3）山西省胡麻生产　山西省胡麻主要集中在晋西北的大同、朔州、忻州、吕梁等地，是中国胡麻旱作的典型地区，自然环境条件较差，受气候、土壤等因素影响较大，投入少产出低，易受市场等因素的影响。2009—2014年山西胡麻种植面积相对稳定，基本维持在6万hm²左右，从2015年起山西胡麻出现了断崖式的下滑，受进口胡麻、谷子、油菜等的冲击2015年当年下滑27.44%，2015—2018年4年间播种面积平均较2010年下滑40.2%。10年间，山西胡麻的单产水平也有了较大的提升，胡麻品种由晋亚7号一统天下，逐渐被丰产能力更好，抗逆抗旱性更强的晋亚10号、晋亚12号等品种所取代。胡麻化学除草技术、垄膜沟播集雨栽培技术、胡麻机械化收获等技术在产区得到较大范围的应用，劳动力成本显著降低，单产水平稳步提升。目前山西省胡麻生产的趋势是新型农业主体规模化种植逐步取代传统的一家一户模式。垄膜沟播集雨栽培和旱作机械化栽培是本省胡麻的主要生产方式,主栽品种以晋亚系列品种(晋亚7号、晋亚10号、晋亚12号)为主,配合胡麻化学除草、全程机械化耕作等技术措施。

(4)河北省胡麻生产　河北省胡麻主要分布在冀西北的张家口地区,以旱作为主,机械化生产水平较低。2009—2016年间,种植面积缓慢下滑,从2017年起又开始逐渐回升。2019年,河北省出台《关于加快坝上地区生态环境治理修复实施方案》指出,河北省坝上地区将退水还旱,到2022年,退减水浇地40万亩。蔬菜、马铃薯种植面积将被压缩,改种政策红利将为胡麻、莜麦等抗旱耐旱作物的发展带来机遇。10年间得益于化学除草技术的应用及品种的更新,河北胡麻的单产也有了较大的提高。近年来张家口市农业科学院相继育成坝选3号、坝亚13号、冀张亚1号等品种应用于生产,坝选3号逐渐成为主导品种。

(5)宁夏胡麻生产　宁夏胡麻种植模式以旱地单作为主,水地也有少量种植。总体来说宁夏胡麻的种植面积也在不断下滑。制约胡麻产业发展的除草、机械化收获、打药等技术瓶颈问题正在逐渐得到解决,种植成本在不断降低,种植收益呈上升趋势。新型经营主体和职业农民发展较快,同时农业经营主体与新兴农业社会化服务组织逐步结合起来,胡麻的规模化发展势头较好,生产品种以宁亚系列为主,另外晋亚11号、坝选3号等品种也有种植。栽培技术方面,垄膜沟播集雨栽培技术、病虫草综合防控、飞防化控、机械化收获等逐渐在生产上得到较大范围的应用。

3. 消费与贸易　近年来中国胡麻消费增速明显,但自给严重不足,对国际市场有较高的依赖度。

(1)消费增速明显　胡麻籽在中国主要用于油用消费,西北省(区)居民有食用胡麻油的传统习惯。近年来,随着冷榨工艺的发展,冷榨亚麻籽油消费也在稳步增加。除油用外,亚麻籽在国内还有少量炒制加工食用消费需求。但随着居民对健康消费更加重视,亚麻籽油作为保健和健康食用植物油,消费占比空间进一步提升,中国亚麻籽消费总量显著增加。2018年中国亚麻籽消费总量已接近90万t,比2010年增长近53%。

(2)对国际市场保持较高依赖度　尽管目前亚麻籽油在食用植物油消费占比不足1%,但随着居民对健康消费更加重视,亚麻籽油作为保健和健康食用植物油深受欢迎,但受比较效益偏低、种植规模小而分散以及机械化水平相对较低的影响,中国亚麻籽生产规模难以显著扩大,产需缺口将随着消费总量增加而相应扩大,未来对国际市场仍将保持较高依赖程度,种植规模持续萎缩,近五年亚麻籽产量维持在40万t左右,国内自给率不足50%。预计进口亚麻籽占比还有进一步提升的空间。

## 第二节　胡麻种质资源

### 一、胡麻的植物学特征和特性

(一)分类地位

胡麻(Linum usitatissimum L.)别名亚麻、鸦麻、壁虱胡麻、山西胡麻等。亚麻科(Linaceae)亚麻属(Linum)一年生草本植物。据《中国植物志》记载,亚麻属植物约有200种,中国约有其中的9种。亚麻属的模式种即 Linum usitatissimum L.。经过长期的栽培实践,目前,胡麻已有众多的品种。栽培种的学名也可写为 Linum humile Mill,即油用亚麻。

(二)形态特征

栽培最广泛的是普通胡麻,关于栽培种胡麻的植物学分类,世界上许多学者曾经做过比较详细的研究。由于分类方法和分类标准不一致,目前,为了科研、生产应用方便起见,多采用栽培胡麻的种内植物学分类法即种—变种—品种类型分类。根据形态学性状、生物学特性和经济性状,可将栽培种胡麻分为纤维用胡麻、中间型胡麻和油用胡麻三个变种。

1. 胡麻的植物学特征

(1)根 胡麻的根系属直根系。主根细长,入土深度达到 1 m 左右。自主根生出许多侧根,侧根多而细弱,一般分布在表土层 30 cm 土层中。由于侧根多,具有较强的抗旱能力,根的入土深度和侧根的分枝能力,是因品种或类型的不同以及所受生育条件中的土壤、营养面积和耕作情况等外界因素的影响而分布也不同。深耕能使根系入土深,分布范围广而均匀。

(2)茎 胡麻的茎为圆柱形,茎高一般为 40~70 cm,茎表面具有蜡质,对抗旱有一定作用。从子叶着生处至花序顶端为茎的长度。从子叶着生处至上部分枝的基部之间的高度,称作工艺长度,工艺长度是衡量出麻率的标准,工艺长度越长,出麻率越高。茎秆高度除与栽培类型和品种有关外,还与栽培的土壤、播期早晚、种植密度有着密切的关系。油纤兼用时,应选用两用品种,适当迟播和加大密度就可获得茎秆高而细匀、纤维产量高、品质也好。主茎上部的分枝,在正常亩留苗 25 万~35 万株的情况下,可分枝 4~5 个,结桃 12~18 个。但分枝多少,也与种植密度关系很大,密植则少,反之则多。

(3)叶 胡麻的叶狭小而细长,披针形,无叶柄和托叶,叶色绿或深绿,叶表面具有蜡质,在高温下有防止水分大量散失的作用,因而可增强抗旱能力。叶片在茎秆上排列方式不定,下部叶片为互生,随着茎秆的伸长,以螺旋状着生于茎的周围。叶片的大小不等,茎基部叶小,中部叶片较大,而茎秆顶部叶又变细小。正常情况下,叶片长度约 2~4 cm,宽 2~5 mm。每茎有叶片 60~120 片。叶片的多少也与品种类型不同而有差异。叶片到成熟期,从茎的基部向上先后变黄脱落。

(4)花 胡麻的花为聚伞形花序,着生于主枝或侧枝的顶端。花具有萼片、花瓣各 5 片,雌雄蕊各五枚,子房五室,每室藏有胚珠两个,每个胚珠发育成种子一粒。花色因品种不同有蓝、浅蓝、紫蓝、粉红、红、白等色。通常栽培品种以蓝、白为多。

(5)蒴果 胡麻的果实叫蒴果,圆形五室,上部稍尖,形为桃状,所以农民称之为"桃",成熟时蒴果呈黄褐色或浅褐色。直径 5~12 mm。每果的五室被半隔膜均分为二个半室,每半室内含有一粒种子。按胡麻的生物学习性,每蒴果发育完全时应结实十粒,但在主茎第一朵花,常常可发育成种子十二粒。成熟的蒴果在各室相接处有明显裂缝,在多雨天气时易开裂落粒。胡麻的蒴果因品种、类型及栽培管理、营养面积大小不同而差别较大,以油用品种为多,纤维用品种最少。在营养条件良好的稀植情况下单株蒴果最多可达到 300 个以上。在密植时仅结 10 个左右。

(6)种子 胡麻的种子呈扁平卵形,前端有较尖锐的喙,表面光泽,色泽可分黄、白、褐、棕等色。种子大小完全是因品种而异,一般种子长 4~5 mm,宽 2~2.7 mm,厚 1 mm 左右。千粒重 4~13 g。同一植株上的种子,以主茎顶端上的种子最大。种子的表皮层内含有果胶层,吸水性强,遇阴雨天或潮湿的仓库,易受潮引起种子发黏成团,甚至发霉变质,降低品质,影响发芽。胡麻种子的种仁含粗脂肪率达 35%~48%,所以每 100 kg 籽实可出油 30~37 kg。胡麻种子无明显休眠期,条件适宜就可发芽,有时成熟后连续阴雨在蒴果内萌动发芽,造成产量严重损失。

2. 胡麻的生物学特征　胡麻的生长包括阶段发育和不同的发育时期。

(1) 胡麻的阶段发育　胡麻的发育与其他一年生植物相同,要通过确定的阶段即春化和光照阶段,才能开花结实,所以阶段发育是植物体内发生质的变化的转折期,缺此则形不成植物体的各个器官,直至正常结实的发育过程也会中断。为使植物体通过某个发育阶段,必须保证一定的综合外界条件,如水分、温度、光照、无机营养物质等适宜。

① 胡麻的春化阶段(低温阶段)　对低温要求不严,因品种不同,其持续的时间在温度 2~12 ℃的条件下约 10~15 d 均可通过。但温度处于较高的情况下,使春化阶段缓慢进行。春化阶段从种子萌动开始到出苗或出苗后几天结束。一般早春早播的胡麻出苗前完成。但是因品种原产地的地理位置不同,完成春化阶段时间也不同,如宁夏固原和甘肃武威地区的品种约需 10 d 左右,内蒙古武川的品种为 15 d,新疆盆地的品种需 25 d 以上。

② 胡麻的光照阶段　当胡麻完成了春化阶段后,就进入光照阶段。光照阶段一般持续 26~36 d,在连续光照和提高温度的情况下能很快通过。光照阶段是指胡麻由花蕾分化开始到分化完成,大体上在枞形期结束,以后进入快速生长期,接着开花、结实。胡麻是长日照作物,通过光照阶段的速度和温度有关,适宜的温度是 17~22 ℃,温度高则通过快。土壤干燥也能加速光照阶段的完成,但是决定光照阶段完成速度的,主要是日照时间的长短。各种类型的胡麻,原产地不同,要求长短不一。但总的来说它是长日照作物,要求日照时数不能低于 8 h。据山西省农业科学院高寒区作物研究所研究,给予短光照 8 h 处理,胡麻始终不能现蕾开花,只能增多分茎、枝叶繁茂;但长于 8 h 光照时,分别为 10 h、12 h、16 h、24 h 光照处理,则随光照时数的增长,依次提早进入现蕾期。见表 1-4。

表 1-4　不同长度光照对现蕾期的影响(盆栽)(杨建春整理)

| 处理<br>物候期 | 播种期<br>(月-日) | 出苗前<br>(月-日) | 出苗至现蕾日数(d) | 某时间点发育状态 |
| --- | --- | --- | --- | --- |
| 自然光照 | 5-15 | 5-23 | 43 | 开花末期 |
| 8 h 光照 | 5-15 | 5-23 | 未现蕾 | 未现蕾 |
| 10 h 光照 | 5-15 | 5-23 | 60 | 开花始 |
| 12 h 光照 | 5-15 | 5-23 | 54 | 终花期 |
| 16 h 光照 | 5-15 | 5-23 | 39 | 绿熟期 |
| 24 h 光照 | 5-15 | 5-23 | 28 | 成熟 |

通过上述材料看出,光照时数越长,则通过光照阶段越快,如果尽快通过光照阶段,就会显著缩短营养生长时间,因而造成结实器官发育不良,对提高产量不利。由此可见,胡麻适期早播,使光照阶段延缓通过,以争取前期的营养生长良好,为生殖器官发育创造丰富的物质基础,有利提高籽实产量。

(2) 胡麻的生物学特性　胡麻的发育时期,大致可分为种子的萌发、幼苗、现蕾、开花和籽实成熟五个时期。

① 萌发期　当种子吸收一定水分后,子叶和胚根开始膨胀,胚根突破种皮,然后胚芽伸出,种子完全萌发即为发芽。据内蒙古农业科学院在 20 ℃室温条件下试验,给足水分的情况下红胡麻吸收与种子重量相当的水分,即可发芽。而雁农 1 号、大头胡麻等则需吸收相当本身重量 1.5 倍的水分时才可发芽。一般胡麻种子发芽时土壤含水量为 10% 左右最适宜。

胡麻是早春播作物,种子发芽最低温度在 1~3 ℃,最适温度为 20~25 ℃,低温发芽能减少种子内脂肪的消耗,有助于幼苗营养改善,促进幼苗健壮,增加抗寒能力。胡麻出苗的快慢与土壤湿度、地温关系很大。据山西省农业科学院高寒区作物研究所试验,4月4日播种,气温平均6.2℃,需21 d出苗,4月12日播种,气温8.4℃,需16 d出苗,4月20日播种气温10.3℃,需12 d出苗,4月28日播种,气温12.3℃出苗需8 d,5月5日播种,气温16.9℃,6 d即可出苗。从播种到出苗需有效积温110℃·d左右。

② 幼苗期　随着胚芽的伸长,子叶破土而出,且平展地面后,就进入幼苗期,但真叶未出现前这一时期叫子叶期。子叶期幼苗具有一定的耐寒能力,在气温短暂-2℃的情况下,不会损苗。在-3.5~-2.5℃较长时间内幼苗生长受到抑制。在-6~-5℃时,损失严重。据山西省农业科学院高寒区作物研究所1957年观察,在-6℃时,损失幼苗21%~70%。在-4.5℃时,死苗6%~15%。胡麻受冻害的关键时期,是胚茎顶破土皮,子叶未达平展时,如遇气温出现-2~-4℃有毁灭幼苗的危险。胡麻幼苗期生长很慢,从出苗后一个月内平均每天生长约0.1~0.2 cm,但此时根系生长较快。据观察,当幼苗高10 cm时,根系深达30 cm以上,所以在幼苗期有较强的抗旱性,这时对水分的要求不高。

胡麻幼苗期间,正是花芽分化的时期,据内蒙古农业科学院观察资料,花蕾、花序分化过程的植株高为15~30 cm,叶片数为50~60片。大约在出苗后20~30 d内整个植株的花芽分化基本结束。

③ 现蕾期　随着植株的增高,在主茎顶端形成膨大的一束花,是胡麻进入快速生长阶段,茎秆生长很快,同时产生分枝,最后形成花序。此时是胡麻需水需肥的临界期。为夺取高产,应及时灌水、追肥和中耕管理。

④ 开花期　幼苗出土后45~55 d,现蕾后7~10 d,即达开花期,从始花到终花一般需15~20 d。但开花盛期遇阴雨连绵,则会延长开花期并影响授粉,瘪粒增多,产量降低。因此群众流传有"要吃胡麻油,伏里两日头"的说法。开花期胡麻植株对水分、养分的需要仍然迫切,在始花期仍应灌水、追少量肥。胡麻是自花授粉作物,天然异交率较低,一般为1%。授粉后,落在雌蕊柱头上的花粉粒,20~30 min开始萌发,并在短时内形成花粉管。经2.5~3 h,花粉管已经达到花柱底部,以后进入子房,并同胚囊内卵细胞融合。据研究,胡麻授粉后一般在24 h完成受精作用,受精后子房逐渐膨大发育成蒴果。

⑤ 籽实期　胡麻开花授粉后,子房开始逐渐膨大,约经10~15 d天蒴果直径达0.6~0.8 cm,在外形上完成蒴果的模型。此时内部种子种皮也已形成。其后进入灌浆阶段,灌浆速度增长最快的时期是授粉后的25 d,直至种子发育完成。当果外皮已显黄绿色时,籽粒已成蜡质。总之,籽实的发育从受精到完熟约需35~40 d。

籽实形成的时期,正是油分和干物质积累的时期。据测定油分的积累以种子龄25~30 d速度最快。30 d以后急剧下降。在施磷肥的情况下,比未施磷肥的含油量高。碘价的增长在开花的头三周颇为缓慢,此后增长速度较快,当油分含量达到最大值后,碘价继续增长。千粒重的增长,以种龄20 d速度最快,25 d后迅速下降,到35 d时基本上不再增加。因此无霜期短的地区,可以考虑适当早收,以避免冻害造成损失。据实验证明,在胡麻生长期间,每形成一单位重的干物质,要消耗400~430单位重的水。

(三)生活习性

1. 胡麻对种植土壤条件的要求　胡麻生长较适宜的土壤为中性或弱酸性的壤土。壤土含有丰富的腐殖质和水分,表层里有小团粒结构并混有无结构的土壤,具有较好的持水、保肥能力的最为合适。沙土和黏土不适合胡麻的生长,沙土缺乏营养物质,保水能力差,黏土表层容易板结，不利于出苗，且雨后易大量积水，稍遇干旱又很快变得干硬。

2. **胡麻对水分的要求** 胡麻起源于寒冷和干旱的地带，其日照时数充足，蒸发量大，气候干燥多风，由于这一特定的环境条件，使它形成较强的耐寒和抗旱性，因而它对水的要求较其他作物要少。试验证明，在其生长期间，每形成1个单位重干物质，要消耗400~430单位重的水（蒸腾系数）。不同土壤含水量对胡麻生育的影响有所不同。处于40%最大持水量和100%最大持水量均显著降低籽实和原茎产量，蒴果数明显减少。在整个胡麻生育期内，从播种到黄熟期前对土壤水分要求是比较强烈的。黄熟期后对水分要求显著减少。而在不同阶段中，以现蕾开花期对土壤水分缺乏最为敏感。如此期间严重缺水，会造成产量大幅下降。从整个生育期间分析胡麻需水情况看，从播种到出苗头10 d，对水分要求不高。随着植株的增高，特别是快速生长阶段，是胡麻的需水临界期，此时应对干旱地区的胡麻通过土壤耕作和精细的田间管理，来改善土壤水分状况，是收获较高产量的重要措施之一。在进入青黄果期，水分过多，也会造成倒伏或贪青晚熟，以及植株易感染真菌病害，降低种子的产量和质量。

3. **胡麻对光照的要求** 胡麻对光照强度和日照时数要求较为迫切，在长日照的情况下，可使花芽分化充分，从而增加主茎分枝、增加蒴果数等有利于产量的提高。所以在一般条件下，南北行向由于作物受光均匀，可比东西行向增加产量。在田间试验，胡麻在快速生长期间到现蕾，每平方米叶面积一昼夜制造光合物质达到10~12 g，每亩为6670~8000 g。因此光照强弱对胡麻吸收大量太阳辐射能力，制造光合物质有极密切的关系。

4. **胡麻对温度的要求** 胡麻是喜好凉爽气候的作物，最适宜种植在有效积温1800~2000 ℃·d的地区。它的有效积温在播种到幼苗期为101.0~114.2 ℃·d，幼苗期到现蕾期为633.0~701.2 ℃·d，现蕾到开花为101.1~128.6 ℃·d。从开花至成熟约需积温760~800 ℃·d。出苗时期日均温度6~8 ℃，有利于出苗。幼苗期温度不宜过高，否则花芽分化不充分，对产量有降低的趋势。整个营养生长阶段，要求气温偏低，湿度较高时有利营养体的充分发育，可为后期增蕾增果奠定物质基础。后期开花至成熟气温18~22 ℃时最为适宜。授粉结实良好，可增粒增重提高产量。

5. **胡麻对营养物质的要求** 胡麻是直根系，根群的分布范围不大，对难于溶解态的营养物质不容易吸收，所以对营养物质要求较高。汪磊等（2011）介绍，枞形期氮素营养占主导地位；由枞形期到快速生长期植株钾素营养应占主导地位，此时钾不足会造成倒伏减产；由快速生长期到现蕾期氮的吸收比例较大，氮素供应适当，有助于增加单株蒴果数，促进丰产；由现蕾期到开花期磷素营养比例在逐渐增大，为开花、受精、结实提供营养，比例失调将造成每果平均粒数明显下降；由开花期到成熟期，磷、钾比例明显增大，磷、钾比例适当有助于脂肪的正常积累，提高脂肪含量。生产上胡麻需肥比例受到土壤肥力影响较大，在肥力较低的土壤上以氮、磷、钾1∶1∶1为宜，而在肥力较高的土壤上以，1∶0.5∶(0.5~1)为宜。

## 二、胡麻种质资源

(一) 资源概况

中国的胡麻种质资源非常丰富，国内资源以育成品种（系）、育种中间材料和创新种质为主，地方品种很少，主要包括栽培品种、地方品种、野生种及具有遗传和育种价值的多胚性和多子房种质以及核不育后代等育种中间材料和创新材料等，其类型极为丰富。国外品种广泛，来源于40多个国家和地区，是中国胡麻资源的主体。

1. **数量众多** 邓欣等（2015）介绍，截至2005年"十五"计划结束，入库的油用亚麻有1097

份,油纤兼用亚麻1103份。伊六喜等(2017b)介绍,到"十一五"规划时共收集入库保存3048份胡麻种质资源,经过重复鉴定核查,实际编目的胡麻种质资源为2943份,中国首次建立了胡麻种质资源库。其中1822份胡麻种质资源来自于38个国家,主要有前苏联156份、欧洲国家368份、阿根廷150份。近年来,甘肃省农业科学院又从国外引进了256份油用亚麻资源、河北省张家口市农业科学院从俄罗斯引入资源材料20份。国内各育种单位通过种质创新也创制了一批优异种质,目前中国的胡麻种质资源大约有4000多份。中国胡麻的品种资源来源主要包括地方品种收集、国外品种的引进和种质资源的创新。

(1)地方品种资源的搜集 早于1951年,山西省农业科学院高寒区作物研究所(前身察哈尔省雁北农场)即开始了胡麻品种征集、整理和选育。随后国内各科研单位相继开展了地方品种资源的收集。到1970年征集到400余份,1978年出版的《中国胡麻品种资源目录》收录了408份,其中新疆4份、青海55份、甘肃74份、宁夏13份、山西雁北68份、内蒙古94份、河北10份、黑龙江40份。

(2)国外品种的引进 在征集地方资源的基础上,各科研单位积极从国外引进收集品种资源。1951—1970年,国内各育种单位从日本、瑞士、匈牙利与苏联等15个国家引入资源126份,1985年河北省农林科学院从美国引进资源2130份,其来源分布在世界42个国家和地区。1993年山西省农业科学院从美国一次性引入资源140份,其中包括30份抗锈近等基因系;2001年从加拿大引入资源15份;近年来,甘肃省农业科学院从国外引进了256份油用亚麻资源、河北省张家口市农业科学院从俄罗斯引入资源材料20份。

(3)种质资源的创新与利用 中国从20世纪50年代就开展了胡麻种质资源的收集、整理与利用工作。70年来通过引种鉴定、系统选育、杂交育种、轮回选择、种间杂交、杂种优势利用,各育种单位共选出胡麻新品种100多个,创制了几百份优质材料,发现了胡麻显性核不育系;诱导出温敏雄性不育系,生产出胡麻杂交种;利用野生胡麻和栽培胡麻实现了种间杂交;利用国外抗病亲本资源选育出抗枯萎病品种;开展分子生物学研究等;有力地支撑了中国的胡麻科研与生产。

2. 北方高原地区主要省份资源情况 中国的胡麻资源分别保存在国家胡麻品种资源库及甘肃、河北、山西、内蒙古、宁夏、新疆等省(区)。下面分别介绍北方高原地区主要省份资源情况:

(1)甘肃省胡麻种质资源 甘肃省从事胡麻资源收集及利用的单位主要包括甘肃省农业科学院、定西市农业科学研究院、甘肃兰州职业技术学院、张掖市农业科学研究所等。据党占海(1995)介绍,甘肃省农业科学院拥有各类资源材料890份,其中国外材料130份,外省材料590份,省内材料170份。经整理研究,有74个品种(系)编入《中国亚麻品种资源目录》,20个品种编入《中国亚麻品种志》,151份品种存入甘肃省农业科学院种质信息计算机系统,70个品种(系)存入中国品种资源库,740个品种存入甘肃省品种资源库。王利民等(2011)介绍,甘肃省农业科学院最新从国外引进油用亚麻品种资源256份,来源于24个国家和地区,其中来源于美国和加拿大的材料83份,俄罗斯、法国、匈牙利等欧洲国家96份,亚洲国家和地区45份,南美18份,非洲9份,澳大利亚4份。

(2)河北省种质资源 张家口市农业科学院是河北省从事胡麻资源收集及利用的主要单位,新中国成立初就开展了胡麻的资源收集与整理,目前保存的资源有3000多份,主要包括地方品种、国内育成品种及河北省农业科学院1985年从美国引回的资源2130份。张丽丽等(2017)介绍,2015年从俄罗斯引入8个国家20份资源。

(3)山西省种质资源　山西省农业科学院高寒区作物研究所是国内最早从事胡麻研究的科研单位,早在1951年就开始了胡麻品种资源的收集与整理,并开始了新品种选育,先后选育出胡麻新品种16个,选育的雁杂10号在全国推广,曾占胡麻总面积的一半以上,获全国科学大会奖;选育的晋亚7号成为20世纪初华北地区种植面积最大的品种。山西省现保存有各类资源1014份,其中包括山西省地方资源89份,省外地方资源75份,国外资源180份,国内育成品种96份,各类育种中间材料500多份。

(4)内蒙古种质资源　据伊六喜等(2017a,b)等介绍,内蒙古农牧业科学院胡麻课题组"十二五"期间收集保存胡麻资源材料1078份,其中国外引种200份,内蒙古呼和浩特、鄂尔多斯、锡林郭勒、乌兰察布等盟市的共503份,黑龙江40份,甘肃兰州市、定西、张掖市和平凉市的共97份,青海58份,山西大同86份,宁夏固原、西吉县、隆德共23份,新疆伊犁58份,河北张家口市13份。

3. 种质资源研究　这方面的研究报道甚多。涉及资源的分类、农艺性状鉴定、分子生物学研究等。

(1)胡麻资源农艺性状研究　路颖(2009)等对134份亚麻种质资源进行了聚类分析,并根据分析结果讨论了核心品种的抽取方法。赵利等(2006a,2006b,2006c,2008)分别对甘肃省46个胡麻品种资源按甘肃地方品种、国内育成品种和国外品种,116份胡麻地方种的重要品质指标(粗脂肪、硬脂酸、棕榈酸、油酸、亚油酸、亚麻酸含量和碘值)进行测定,并根据这些品质指标对供试品种进行聚类分析;王占贤等(2012)对鄂尔多斯地区不同生态区的13个胡麻品种进行了抗旱丰产及适应性鉴定。宋军生等(2015)对国内外73份油用亚麻种质资源的10个农艺性状进行主成分分析和聚类分析。欧巧明等(2017)对国内外336份油用亚麻品种资源的6个主要农艺性状进行鉴定、变异分析及主成分和系统聚类分析与评价。

(2)资源的抗性研究　杨万荣等(2017)对国内外657份胡麻品种资源进行抗萎蔫病的筛选与鉴定,选出48份高抗萎蔫病胡麻品种资源并利用于育种实践;祁旭升等(2010)考查与抗旱性相关的7个农艺性状,采用综合抗旱系数与隶属函数相结合的方法,对其抗旱性进行综合评价,将供试种质划分为5级,其中1级抗旱型2份、2级22份、3级69份、4级72份、5级27份;罗俊杰等(2019)采用病情指数法对300份国内外胡麻种质资源材料进行了抗白粉病鉴定和评价。结果表明,所有供试材料均程度不同地感染胡麻白粉病,无免疫材料,仅有5份材料为中抗;其余295份均为感病材料,其中8份材料中感,52份材料感病,235份材料高度感病。

(3)分子生物学方面的研究　薄天岳等(2002)等曾使用520个10碱基随机引物,对含有亚麻抗锈病基因M4的近等基因系及其轮回亲本进行RAPD分析,稳定地扩增出特异的DNA片段。通过对杂交的F2分离群体进行的遗传连锁性分析发现,RAPD标记的特异带与M4基因紧密连锁。随后作者成功地回收并克隆和测序该基因产生的特异带,将其转化为SCAR标记,通过分析得出此标记是M4基因的特异标记。高凤云等(2007)利用RAPD分子标记技术成功标记了亚麻显性核不育基因片段,并成功回收、克隆了该不育基因产生的特异带,完成差异带的测序工作。邓欣等(2007)利用25个随机引物,对10种来源于不同国家、地区的亚麻品种的遗传多样性,进行了RAPD分析。而通过这项研究得出这10个亚麻品种间的亲缘关系分析结果,可以作为这些品种间亲本的选配及遗传多样性的评价依据。同时通过本次实验,揭示出了亚麻品种种质资源的多样性。黄文功(2011)运用RAPD技术分析了60份亚麻种质资源的遗传多样性。李凤珍等(2012)对油用亚麻染色体做了核型分析。伊六喜等(2017a,2017b)利用SRAP分子标记对国内外5个不同地区的161份胡麻种质资源的遗传多样性及亲缘关系进行研究。结果表明,中国西北地区胡麻品种(系)的遗传多样性最丰富。伊六喜等(2018)采用 SRAP 分子标记对 23 份内蒙古胡麻地方品种进行了遗传多样性分析。结果表明,内蒙古胡麻地方品种的遗传多样性丰富,同一个地区培育的胡麻品种亲缘关系较近。

## (二)胡麻育种途径、手段和方法

引种选择和常规杂交是胡麻育种最常用的方法,但随着科学技术发展,育种方法在不断创新,各种因子的诱变育种(物理诱变、化学诱变等)、生物技术育种、杂种优势利用等新技术都不断应用于胡麻育种。

1. 引种选择　引种选择指从异国或异地引进品种,经试验比较,筛选出适应当地直接应用的品种或从中系统选育出新品种的方法,也是绝大多数育种单位育种工作起步时所采用的方法。引种应按品种的生态类型进行引种,从地理纬度、自然气候特点、栽培技术水平等因子相近的地方引种效果较好。对引进的品种必须经过严格的种子检疫,防止把病害及杂草等带入本地而造成危害。引种要经过比较试验,获得成功后才能大面积应用,切忌盲目大量引种,以免造成损失。利用此方法选育的甘肃黄羊白胡麻、内蒙小胡麻、大同红胡麻、张家口沽源小胡麻、宁夏的永宁二混子和固原红胡麻等一批优良农家品种和雁农一号、匈牙利 B、匈牙利 3 号、维尔 1650 等引进品种在生产上都发挥了重要作用。

2. 杂交育种　杂交育种是根据育种目标,选择两个或更多具有目标性状的亲本,通过人工杂交、系谱法选择新品种的方法,是国内外胡麻育种中采用最为广泛、成效最为显著的方法。据不完全统计,中国通过杂交选育的品种达到 100 多个,其中雁杂 10 号、晋亚 7 号、陇亚 10 号等品种都在生产上发挥了重要的作用。

(1)胡麻杂交方式　胡麻杂交育种根据选用亲本的多少及组配方式分为单交、复交及回交。

单交:两个亲本成对杂交,是最简单的杂交方式,在国内外胡麻各育种单位育种中广泛采用。例如,晋亚 11 号是晋亚 7 号与 US3295 杂交育成的。

复交:选用三个以上的亲本,先后参与杂交的组合方式,一般用两个亲本不能满足目标性状的育种。例如陇亚 10 号是以(81A350×Redwood65)F1 为母本,陇亚 9 号为父本杂交育成的。其中 81A350 矮秆早熟,Redwood65 抗枯萎病,陇亚 9 号丰产,综合性状优良。

回交:单交或复合杂交的后代,再与原亲本之一重复进行杂交的方式,是品种改良的有效途径,多用于将单一性状转移到轮回亲本中。例如,Flor 通过回交把单个基因转移到栽培品种 Bison 中,获得了一套具有不同抗锈基因的品系。随回交次数的增加而增加回交亲本的遗传组成比例,一般情况下,回交二三代即可。

(2)杂交技术亲本选配　胡麻杂交育种程序开始于两个具有相对性状基因型品种组配,亲本选配的原则是具有目标性状且能够互补,同时还应考虑一般配合力较高的亲本。

① 整枝疏蕾　去雄前先选好生育健壮的植株,将其分枝上的花蕾进行疏剪,每株留 4~5 个发育好的花蕾,其余全部去掉,以后随时注意去掉生出的新花蕾,保证杂交果的纯度。一般每个组合需 15~20 个花蕾。去雄:开花前一天的下午,在已整过枝的植株上进行去雄,用镊子摘掉花瓣,可将萼片先剪去一半,用镊子将五个雄蕊摘除干净。去雄后的花蕾用硫酸纸袋套住。待第二天父本花药开裂后立即采集花粉,授予去过雄花的柱头上,或把盛开的花朵摘下来放在消过毒的培养皿中,然后去掉花瓣,手捏花梗,把花粉轻轻地抹在去过雄花的柱头上。胡麻柱头的存活期为 2~3 天,若遇阴雨影响正常授粉,可推迟 1~2 天授粉,成活率仍可达 50% 授粉之后再套上纸袋,在母本植株上拴上标签,用铅笔注明杂交组合编号、父母本名称、杂交花

数及授粉日期等。

②杂交果管理 授粉3天后检查杂交果成活情况。如子房膨大,柱头枯萎,则杂交果已成活。如子房及柱头同时枯萎变黄,说明杂交果未成活。胡麻杂交成活率较高,一般为70%~80%。在杂交蒴果生长期间,应加强田间管理,及时去除新生出的花蕾,保证杂交蒴果的正常生长发育,杂交蒴果达到正常种子成熟期后应及时收获脱粒。

③杂种后代的处理与选择 杂交后代的选择最常用的是系谱法:系谱法是亚麻杂交育种常用的一种方法。即,F1代进行单株选择,F2~F5代种成株行,以后每代都在优良系统内继续选优,考察果粒数及千粒重等产量构成,直到选出性状整齐一致的优良品系参加品系鉴定为止。每代所选单株都要分别编号,以便查找。例如,晋亚7号的原系号为8777-24-3,表示1987年做的第77个杂交组合,F1代中选的第24个单株,F2代中选的第3个单株。

F1代:按组合顺序排列,行长1~2 m,行距20 cm,每个杂交组合种1个小区,母本、F1、父本各种一行,约100粒,小区间距40 cm。由于F1代种子较少,通常采用人工点播,此代根据杂种性状淘汰伪杂种及病劣株,成熟时选留优良组合混合或单株收获,同时淘汰一些不良组合。

F2代:F2是分离最大的世代,也是遗传力高的简单性状选择的关键世代。把F1代的混合或单株材料,以组合为单位种植在自然病圃,通常一个组合种一个小区,每组合种3000~5000粒,行长2 m,行距20 cm。成熟期根据株型、抗病性、熟期、千粒重等性状进行选择,首先选定优良组合,淘汰不良组合,一般淘汰1/3左右。然后在优良组合中,按照育种目标要求和各个性状的选择标准,每组合选择优株30~50株,再经室内考种分析后,从中选留20~30株,单株脱粒保存。

F3代:F3代也分离严重,以简单性状选择为主,一般也种植自然病圃,把F2代入选的单株种成株行,每组合种20~30个株行,行长2 m,行距20 cm。以组合为单位顺序排列,每隔15~20行播种一行感病对照品种。首先选择优良组合,再在优良组合中选择优良株行或单株,每组合选择优良株行在10个以内,单株30个左右。

F4代:简单性状已逐渐稳定,重点进行数量性状的选择。以与F3代同样的方法种植,以分枝数、单株果数、每果粒数、千粒重等产量构成性状为主进行农艺性状选择。有条件的可以测定含油率及脂肪酸组分,从农艺性状与品质结果结合进行决选选择。

F5代:把F4代入选的单株种成株行,继续选择,由于F5代各自农艺性状基本稳定,主要选择株行,一般不在继续进行单株选择。入选的株行下年进入株系圃试验。

混合选择法(集团选择法):此法的主要特点是F1代采用人工点播,淘汰伪杂种及病劣株,F2~F4代均按组合进行混合脱粒,混合播成小区,每年从每个组合中选择大量优株,混合播种,到F5代严格选择一次,再分成株系,F5代后改用系圃选择法。

3.轮回选择 轮回选择是异花或常异花授粉作物改良群体和选育新品种的有效方法,内蒙古农牧科学院陈鸿山等(1986)发现的显性胡麻雄性不育系使胡麻利用轮回选择变为现实。山西省农业科学院高寒区作物研究所率先利用显性核不育建立群体育成高抗枯萎病品种晋亚6号。此后内蒙古农牧科学院利用此方法先后选育成功轮选1号、轮选2号和内亚9号,并逐步在生产中推广应用。这种方法是选择综合性状优良的品种若干个,与显性核不育系成对种植,开花期拔出不育株中分离出的可育株,让外来花粉给不育系授粉结实,成熟后收获不育株混合收获脱粒。下一代混合种植,可育株中选择优良单株,按出现1:4:6:4:1分离法程序进行选择,不育株继续混合收获脱粒,可不断将新的基因型引入轮回群体,这一过程可以一直重复进行,不断选择。

**4. 诱变育种** 根据诱变因子的不同,可分为物理诱变、化学诱变等。

(1)物理诱变 物理诱变是指利用辐射等物理因子诱发植物基因突变或染色体变异,常见的物理诱变剂有γ射线、X射线、中子、β射线、激光等,还包括近年来发展起来的重离子诱变及太空诱变。

① γ射线诱变育种 植株钴60射线辐射是应用最早、成效较大的物理诱变技术,能够提高突变率5~6倍,通过辐射改变品种某一不良性状,育成具有突出优良性状新品种,同时也是扩大变异、获得新的育种材料的有效途径。宋淑敏等(2004)介绍γ射线照射亚适宜剂量是20~50 KR。亚麻不同品种之间,同一品种不同器官之间对辐射剂量的要求是不相同的,所以应根据辐射材料的不同,研究中应选择适宜的辐射剂量。张辉等(2012)以从亚麻核不育两用系H203中分离出的不育株为材料,用11万伦琴的60 Co-γ射线进行诱变处理,获得了花药黄色、有花粉粒的可育突变株;并通过对突变体后代进行筛选,选育出种皮乳白色、含油率高、产量稳定的加工专用品种内亚六号。固原市农业科学研究所利用60Co-γ射线处理雁杂10号油用亚麻后,通过单株系选,选育出比雁杂10号增产21%的亚麻品种宁亚10号。

② 航天诱变育种 航天诱变育种又称太空诱变育种、空间诱变育种,是指利用返回式卫星、飞船等航天器把植物种子送到太空,利用太空中的特殊环境,诱导植物种子产生变异,然后返回地面选育植物新品种的育种技术。航天诱变是多种诱变因素综合作用的结果,与传统的辐射诱变育种相比,航天诱变育种具有以下优势:变异频率高、有益变异较多;诱变后代稳定快,能显著缩短育种周期;能够创造出其他理化诱变难以获得的特殊突变体。邱财生等(2014)以亚麻品种DIANE为材料,通过返回式科学技术实验卫星搭载种子进行航天诱变后,经过多代系谱选择,选育出中亚麻3号新品种。中亚麻3号株高比DIANE高10 cm,出麻率高2个百分点,平均原茎产量、纤维产量、种子产量分别增加13.2%、6%和11.8%。

③ 离子束注入诱变育种 离子束注入诱变技术是指将离子经高能加速器加速后辐照生物体,使质量、能量和电荷共同作用于生物体,从而诱发产生突变的一种诱变技术。离子束注入的生物诱变作用强,诱发突变谱广,突变频率高,突变体易稳定。侯岁稳等(2008)分别以$6\times10^8$、$1.8\times10^9$和$3.6\times10^9$ $cm^{-2}$的$^{12}C^{6+}$重离子束辐照胡麻种子,结果发现M1的千粒重和含油量均有不同程度提高,选择14条重复性好、条带清晰、稳定的随机引物进行RAPD分析,对照组、$6\times10^8$、$1.8\times10^9$和$3.6\times10^9$ $cm^{-2}$辐射剂量的胡麻分别扩增出13、28、30、28条DNA片段,可见重离子束辐照导致胡麻基因组发生了变异。

(2)化学诱变 化学诱变是指用化学诱变剂处理植物材料,以诱发可遗传的突变,然后根据育种目标,对这些变异进行鉴定和选择,育成需要的遗传稳定的品系或品种。化学诱变剂种类很多,在作物育种中应用较广泛的$NaN_3$、秋水仙碱和抗生素等少数几种。

① EMS诱变 EMS是目前应用最广泛也是公认最为有效的化学诱变剂。在油用亚麻EMS诱变育种中,低亚麻酸突变体的诱导和利用是主要育种目标之一。Rowland(1991)利用EMS处理亚麻酸含量为48.8%的亚麻品种McGregor,应用半粒法在诱变后代中筛选低亚麻酸突变体,结果在M4中发现亚麻酸含量低于2%的低亚麻酸突变体E1747;将E1747与McGregor配制杂交组合,其F2中高亚麻酸和低亚麻酸植株比例符合15∶1。可见,低亚麻酸性状是由2个独立的隐性基因控制的,该突变是一个很少见的双基因突变体。Green等(1984)、Green(1986)利用EMS对油用亚麻Glenelg的种子进行处理,在M4中发现2个纯合低亚麻酸突变体:M1589和M1722,与Glenelg相比,2个突变体的α—亚麻酸含量从34%分

别下降到19.1%和23.4%；而M1722、M1589杂交后，在F2中发现了亚麻酸含量低于2%的低亚麻酸株系，表明突变体M1589和M1722的低亚麻酸性状是由2个不同基因控制的。Nichterlein等（1988）利用EMS对亚麻酸含量为55.4的亚麻品种Raulinus进行诱变处理，结果在M5中发现亚麻酸含量为38.9%的低亚麻酸突变体。

② 抗生素诱变　自1960报道链霉素能作用于染色体以后，抗生素作为诱变剂的研究层出不穷。党占海等（2000）利用链霉素、青霉素、利福平、红霉素、四环素等对胡麻品种（系）陇亚8号、9410和9033的种子进行浸泡处理，结果表明，从9410诱变群体中获得3株雄性不育株，与可育株回交后，F2分离出不育株，表明该雄性不育突变可以遗传。利用该温敏型不育系，选育出陇亚杂1～4号胡麻杂交种，填补了这一领域的国际空白。

5. 组织培养技术应用　植物组织培养是指在无菌条件下，利用人工培养基，对植物的器官、组织、细胞、原生质体等进行离体培养，使其再生发育成完整植株的过程。培养过程中普遍会发生染色体数目和结构变异以及基因突变等，出现抗病性、抗逆性、株型等体细胞变异现象，利用这些变异，可以进行种质资源创新和新品种选育研究。此外，通过调整培养基的NaCl浓度、pH值，或在培养基中添加病菌毒素、除草剂、金属离子等，组成各种特异性选择培养基，也有利于筛选出具有目标性状的亚麻细胞系或再生植株。

（1）体细胞无性系变异的应用　植物体细胞无性系变异是指植物外植体在组织培养的脱分化和再分化过程中，由于受到非生物因子的诱导发生变异，进而导致再生植株亦发生遗传改变的现象。体细胞无性系变异是植物组织培养中的普遍现象。苑志辉等（1997）以亚麻茎尖和下胚轴为外植体，进行组织培养，成功诱导了再生亚麻植株；并通过对再生植株连续3个世代进行观察，发现雄性不育、矮秆等突变体。

（2）花药培养　花药培养主要包括外植体的采集、愈伤组织诱导培养、单倍体检测及染色体加倍。

外植体的采集：选择优良杂交组合F1或F2代植株花粉母细胞的单核靠边期的花蕾，经消毒处理后，剥离出其花药作为外植体，正确掌握花粉发育最适时期，是花药培养的关键。经验证明，2～3 d后能够正常开花，长2～2.5 mm，萼片淡绿色、尖端深绿，花瓣白色的花蕾胡麻花粉母细胞多在单核靠边期。

培养过程：将花药接种到培养基1（Ms+NAA1 mg/L+BA1 mg/L）上脱分化培养，3周即可形成愈伤组织，切取绿色部分转入培养基2（Ms+BA1 mg/L）进行分化培养，三周即可形成幼芽，然后再转入培养基3（Ms+NAA0.001 mg/+BA0.225 mg）上进行成苗培养，约一周幼苗长到2～3 cm后再转入培养基4（Ms+NAA0.001 mg）进行生根培养，然后移植。

单倍体检测及染色体加倍：利用染色体镜检或光吸收的方法进行单倍体植株的检测。经检测确认为单倍体的植株，再经染色体加倍后，进行试验选择。

6. 杂种优势利用　胡麻杂种优势明显，杂种优势的利用早为人们所关注，胡麻是自交密植作物，雄性不育系选育是杂种优势利用的关键。1998年甘肃省农业科学院利用抗生素诱导，成功选育了温敏雄性不育系，该不育系花色浅蓝，花药黄色，易于辨认，开花流畅，异花授粉无阻，不育性受一对基因控制，与所有可育品种杂交，F1代均为可育，F2代出现可育与不育3∶1分离。该不育系的成功选育为杂交种的选育奠定了基础。杂交种选育过程与杂交种生产包括：

（1）杂交亲本的选择　亲本选择应遵循亲本性状优良、在产量构成上能够互补、配合力高、亲缘关系较远、无显性的严重缺陷性状，同时还应考虑花期相遇、父本株高应高于母本、花粉量大、散粉时间长、花粉生命力强等特性。

（2）测交制种　测交制种组合多，每组合所需种子数量少，通常采用人工授粉。为了防止授粉前被异花授粉，确保组合纯度，开花期在当天下午选择第二天能够开放的花蕾并套上纸袋，第二天早晨散粉时人工授以父本花粉后再套上纸袋，挂牌标记，成熟后收获。

（3）组合鉴定　对新测交的杂交组合的杂交率、产量及构成等重要性状进行初步鉴定。一般按组合种植，中间种植杂交种，前后分别种母本和父本，测定组合的超亲优势，每隔5~9个组合种一对照品种，测定组合的超标优势，选择优势组合。

（4）杂交种生产　目前审定的胡麻杂交种均是通过温敏型雄性不育系为母本的两系法育成的，杂交种生产主要有以下关键环节：

① 区域选择　选择花期日平均温度在17 ℃以下的地区进行杂交种生产。

② 种植　每6行母本种2行父本（父母本比例为1∶3），母本播种量按每亩50万有效粒计，父本按每亩40万有效粒计，父本稍稀有调节花期的作用。

③ 人工辅助授粉　盛花期用喷雾器从与播行垂直的方向吹风，进行人工辅助授粉，可提高授粉率。

④ 父本处理　父本可以在授粉之后先行收割，也可以待成熟之后，杂交种收获之前收获。

⑤ 收获脱粒　成熟之后采用人工收获或机械收获，按组合单收单运，单脱单储。

⑥ 杂交种鉴定　收获的杂交种子要进行种植鉴定，确定是否合格。合格的种子才能做种用，不合格的种子要转商使用。

7. 种间杂交　利用野生亚麻资源的有利基因来改良栽培亚麻，是国内外亚麻育种工作者向往已久的工作。河北省张家口市农业科学院2003年通过对亚麻野生种和栽培种的正交、反交试验，采取重复授粉、花粉研磨重复授粉，去雄授粉后用植物生长调节剂GA3、NAA、2,4-D滴注母本柱头等方法获得种间杂交种，然后把杂交种的幼苗进行组织培养、温室培育、获得了具有野生亚麻遗传物质的远缘杂交苗，并在F1植株花蕾期细胞减数分裂期进行观察，并对亲本及F1代的花粉粒观察鉴定，认为所获得的杂交种属于种间杂交种，取得了种间杂交成功的突破。冀张亚1号胡麻新品种是利用此种间杂交技术选育的第一个种间杂交种。

8. 分子标记辅助育种　传统育种中对胡麻性状的选育多为表型选择，着重环境条件、基因间互作以及基因型与环境互作等多种因素的影响，因此，传统育种期长，具有不可预见性。随着分子生物学的迅速发展，遗传标记技术也应运而生。分子标记是能反映生物个体或种群间遗传物质的一种生物遗传标记，常用的分子标记技术有简单重复序列（SSR）、单核苷酸（SNP）、随机扩增多态性（RAPD）、扩增片段长度多态性（AFLP）和限制性片段长态性（RFLP）。由于分子标记与基因间存在连锁关系，可以把这些基因进行标记。例如薄天岳等（2002）对含有亚麻抗锈病基因M4的近等基因系材料NM4及其轮回亲本Bison进行RAPD分析，其中OPA18引物在NM4材料中稳定地扩增出特异的DNA片段。并将OPA18片段回收、克隆和测序，成功地将其转化为SCAR标记；薄天岳等（2003）运用AFLP标记Fuj7(t)的抗枯萎病基因，且成功地转化为SCAR标记；高凤云等（2007）应用RAPD技术对遗传背景相似的可育株和不可育株亚麻进行标记，分别得到1个与显性核不育的雄性基因有关的RAPD分子标记。这些标记均可用于今后胡麻育种中，节省了育种周期。随着植物与环境互作的分子机理逐渐被揭示，许多与基因分子标记已被找到，利用这些标记跟踪目标基因在杂交后代的存在情况，消除了田间鉴定人为和环境因素的干扰，这样必将缩短育种年限，加快育种进程，为胡麻遗传育种选择奠定基础，因此今后育种中有必要继续开发新的分子标记，提高育种效率。

分子标记辅助选择育种是通过利用与目标性状紧密连锁的DNA分子标记对目标性状进行间接选择,实现对作物产量、品质及抗性等性状的改良。

(三)中国胡麻品种演替

中国的胡麻育种研究经历了地方品种的搜集整理、国外引种鉴定、杂交选育、核不育种质利用、种间杂交、杂交优势利用、生物技术辅助育种等过程,在过去的70多年中育成了胡麻品种100多个,进行了10多次(5～6次大的)的品种更新,提高了单产,减轻了胡麻枯萎病的危害,增强了品种的抗旱抗逆能力,品质更加优良,推动了中国胡麻产业不断发展。

1. 全国胡麻品种演替　中国胡麻育种工作开始于20世纪50年代,主要是农家品种的搜集、整理和种质资源的引进。山西省农业科学院高寒区作物研究所(原雁北地区农业科学研究所)1951年从波兰品种Kotweick中选育出雁农1号,大面积替代了地方品种,实现了第一次品种更新。20世纪50年代末至60年代,中国开始进行胡麻杂交育种,山西省农业科学院高寒区作物研究所用雁农1号做母本,尚义大桃做父本,杂交选育成雁杂10号,实现了第二次品种更新。60至70年代,中国主产省区普遍开展了杂交育种,育成了天亚2号、甘亚4号、陇亚5号、定亚4号、定亚10号、晋亚2号、晋亚3号、坝亚2号、宁亚2号等一大批高产品种,实现了第三次品种更新。20世纪80年代中期,胡麻枯萎病在胡麻主产区迅速蔓延,抗枯萎病育种成为当时胡麻育种的主要任务,甘肃省农业科学院经济作物研究所(现合并到作物研究所)、兰州农校、定西地区油料站等单位利用引进的国外抗病资源与国内自育的丰产品种杂交,率先选育成功首批高抗枯萎病、丰产稳产的胡麻新品种陇亚7号、天亚5号和定亚17号,90年代初在国内胡麻主产区迅速推广应用,替代了多年育成的感病品种,实现了第四次品种更新。20世纪末至21世纪初,各育种单位相继育成抗枯萎病品种晋亚6号、陇亚8号、陇亚9号、天亚6号、晋亚7号、定亚18号等,先后在生产中推广应用,逐步替代了首批抗枯萎病品种,实现了第五次品种更新。21世纪以来,育成了陇亚系列10～13号、轮选1～3号、定亚21～23号、天亚8～9号、晋亚9～11号、坝亚3～6号、宁亚18号、伊亚3～4号等先后在不同产区推广种植,实现了第六至第九次品种更新;近年来,围绕品种抗旱、品种高值化国内育种单位先后选育出晋亚12号、坝选3号、内亚9号等一批品质优良、丰产抗病的新品种应用于生产。

2. 主要生产省区的胡麻品种演替　中国的胡麻育种研究经历了引种鉴定、系统选育、品种间与种间杂交选育、杂交优势利用等育种过程,先后选育出胡麻品种多个,进行了4～5次大的品种更新,减轻了枯萎病危害,使得胡麻单产不断提高,胡麻新品种抗病、抗旱、抗逆性不断加强,胡麻品质更加优良。以甘肃省、山西省、内蒙古自治区、宁夏回族自治区、河北省为例,分别介绍从新中国成立到目前,胡麻品种的更新换代情况。

(1)甘肃省胡麻品种演替　甘肃胡麻实现了5～6次较大范围的品种更新。第一次是20世纪50年代末至60年代初,引进推广了以雁农1号为主的品种,基本代替了地方品种。第二次是60年代末至70年代中期,以引进的外省品种雁杂10号、坝亚1号和蒙18和本省育成的甘亚4号、定亚1号和张亚1号等更替了雁农1号等引进品种。第三次是70年代末至80年代中期,此次以省内自育的天亚2号、定亚14号、陇亚5号和引进的外省品种宁亚6号、宁亚10号等丰产型品种更换了生产上利用的品种。第四次是80年代末至90年代初,又普遍推广种植了省内育成的抗病丰产新品种陇亚7号、天亚5号和定亚17号,取代生产上种植的单一丰产型品种。20世纪末至21世纪初,甘肃省农业科学院经济作物研究所、兰州农业职业技术学院、定西旱地农业研究中心、张掖市农业科学研究所等单位育成抗枯萎病品种陇亚8号、陇亚9号、天亚6号、定亚18号等,从山西省引入晋亚7号等品种先后在生产中推广应用,逐步替代了首批抗枯萎病品种,实现了第五次品种更新。21世纪以来,育成了陇亚系列10~14号、陇亚杂1~4号、定亚21~23号、天亚8~9号等,引入了晋亚11号、坝选3号等外省品种,先后在不同产区推广种植,实现了第六至第九次品种更新。10年左右一次的品种更新,对甘肃省胡麻生产的发展起到了积极的促进作用。

(2)山西省胡麻品种演替 山西省胡麻品种选育及利用从新中国成立起就已经开始,育成品种支撑了山西省胡麻70年的发展。

① 引种及系统选育阶段 20世纪50年代以整理利用地方品种为主;60年代以鉴定、利用外来品种为主,结合系统选育,从波兰引进"郭托威斯基",并从中选出雁农1号。

② 杂交选育起步阶段 20世纪70年代为了克服外来品种的缺点,开始了杂交选育,利用雁农1号与尚义大桃杂交选出了雁杂10号;利用匈牙利3号与雁农1号杂交选出晋亚3号;并从雁杂10号群体中选出晋亚1、2号。其中雁杂10号年推广面积达到了100多万亩,获得了全国科学大会重大成果奖。

③ 抗病品种选育及利用 进入20世纪80年代,胡麻枯萎病大流行,山西省原有自育品种都不抗病,枯萎病在全省大面积蔓延,山西省农业科学院高寒区作物研究所从全国区试品种中发现并引进了陇亚7号、天亚5号两个抗病品系,有效地控制了胡麻枯萎病的蔓延。同时引入抗病资源,借鉴国外经验,最早建立胡麻自然病圃,对548份胡麻资源进行了抗枯萎病鉴定,从中选出了28份高抗资源并及时用于育种实践,育出中抗枯萎病品种晋亚5号、高抗胡麻枯萎病品种晋亚6号,实现了抗病品种的全面更新。

④ 丰产、抗病的油纤兼用品种选育利用阶段 20世纪90年代中后期由于抗病性好、丰产性强、品质优良的晋亚7号、晋亚8号,从甘肃省引入的陇亚8号,很快替代了第一批抗枯萎病品种。晋亚7号由于抗病、丰产、稳产、适应性广成为20世纪初华北地区种植面积最大的品种,是山西、内蒙古、河北等地的主栽品种。

⑤ 抗病优质品种选育利用阶段 20世纪末至21世纪,随着胡麻营养价值不断体现,选育出优质抗病胡麻品种晋亚9号、晋亚10号、晋亚11号,其含油率、α-亚麻酸等品质都有了很大的提高。这些品种和国内其他单位育成的陇亚10号、轮选2号等品种促进了山西省胡麻品种的新一次更新。

⑥ 胡麻专用优质品种的选育与推广 2009年以来随着抗病育种技术的不断完善,又先后选育出晋亚12号、晋亚13号,从外省引入内亚9号、坝选3号等抗旱优质胡麻新品种,在全省推广应用。晋亚10号、晋亚12号是全省主要的推广品种。

(3)宁夏回族自治区胡麻品种演替 20世纪50—70年代,宁夏主要以引进品种和地方品种为主,推广的品种有永宁二混子、固原红胡麻、固系1号、烟农1号、雁杂10号等。20世纪80年代,固原地区农业科学研究所选育成宁亚8号、宁亚9号、宁亚10号,宁夏农业科学院作物研究所选育的宁亚1~7号和宁亚11号,宁亚8号、宁亚9号结束了宁夏南部山区没有当家胡麻良种的局面,宁亚10号的推广使宁夏的胡麻良种得到了全面更新,单产水平由原1500 kg/hm$^2$提高到2250 kg/hm$^2$,其中宁亚5号、宁亚11号在宁夏全区推广种植面积较大。20世纪90年代初,由于大面积推广的胡麻良种宁亚10号、宁亚11号都不抗枯萎病,主要引入天亚5号、陇亚7号等品种,随后育成高抗胡麻枯萎病品种宁亚14号、宁亚15号,使胡麻生产得到恢复和发展,实现了宁夏胡麻品种的第三次更新换代。2000年以来,育出了丰产抗病的胡麻新品种宁亚16号、宁亚17号,产量水平和抗病(枯萎病)能力都有明显提高,使宁夏胡麻生产实现了第四次更新。近几年宁夏种植的胡麻品种主要有宁亚19号、宁亚20号、宁亚

21号、晋亚11号、坝选3号等。

(4) 内蒙古自治区胡麻品种演替　内蒙古自治区是中国主要的胡麻产区,20世纪50—60年代初,以播种地方品种集宁红胡麻、小胡麻等为主,后从引进品种中筛选出匈牙利3号、引入雁农1号等品种进行种植;60年代末—70年代,主要种植引入品种雁杂10号、定亚4号等,自育品种蒙亚1号、蒙亚3号、蒙亚6号、乌亚3号、乌亚4号等品种。80年代中期,种植雁杂10号、天亚2号、蒙亚1号、内亚2号、内亚3号等品种;80年代末期到90年代中期,主要以引入的抗病品种陇亚7号、天亚5号、定亚17号等品种替代了原有的不抗病品种。90年代后期—21世纪初,以内亚5号、内亚3号、晋亚7号等丰产品种替代了第一批抗病品种,此期晋亚7号逐渐成为主栽品种;2009年以后育成内亚6号、轮选1号、轮选2号、内亚9号,引入了晋亚10号、陇亚10号等丰产优质品种,实现了品种的又一次较大更新,目前内亚9号已成为全区种植最大的品种。

(5) 河北省胡麻品种演替　河北省胡麻品种的更替主要包括以下几个阶段:

① 兴起阶段　主要是通过收集农家品种和引用品种。如小胡麻、白胡麻、大桃胡麻、红胡麻等。在生产上广泛种植但产量较低。后引入雁农1号、匈牙利3号、从雁杂10号中系选出坝亚3号,增产较为明显。但还是单产较低,亩产不足20 kg。

② 选育应用丰产品种阶段　20世纪60年代初,选育出坝亚1号、坝亚2号、499、坝亚4号等,增产幅度有较大的提高。胡麻生产上了一个新台阶,种植面积逐步扩大,年种植面积在180万亩左右,最高年份突破200万亩。随之而来的问题是品种难以适应不同生态条件,加上不能合理轮作倒茬,使胡麻枯萎病严重发生,种植面积急剧下降,最低年份100多万亩。

③ 选育应用高抗枯萎病品种　20世纪80年代中后期,胡麻枯萎病普遍发生和危害,轻者枯死苗20%～50%,重者造成绝收。选育和引种了坝缘山地暗栗钙土品种坝亚5号;高抗胡麻枯萎病滩地栗钙土品种116;高抗胡麻枯萎病旱坡地品种753,三个品种1997年已大面积种植。

④ 抗病丰产优质新品种选育及应用阶段　进入21世纪,河北省坝上农业科学研究所(现并入张家口市农业科学院),先后选育出坝亚6～14号、坝选3号、冀张亚1号等品种,引入晋亚7号、定亚17号、陇亚8号、晋亚10号等品种。目前坝选3号、晋亚10号等品种是河北省胡麻的主栽品种。

# 参考文献

薄天岳,杨万荣,1997. 晋亚6号胡麻品种选育研究[J]. 山西农业科学(3):46-48.
薄天岳,叶华智,王世全,等,2002. 亚麻抗锈病基因M4的特异分子标记[J]. 遗传学报(10):922-927.
薄天岳,叶华智,李晓兵,等,2003. 亚麻抗枯萎病基因FuJ7(t)的分子标记[J]. 中国农业科学(3):287-291.
薄天岳,杨建春,任云英,等,2006. 亚麻品种资源对枯萎病的抗性评价[J]. 中国油料作物报. 28(4):470-475.
曹秀霞,张玮,2009. 宁夏胡麻生产现状及发展趋势[J]. 安徽农学通报(123):87-88,104.
曹秀霞,安维太,钱爱萍,等,2012. 密度和施肥量对旱地胡麻产量及农艺性状的影响[J]. 陕西农业科学,58(1):87-89.
崔小茹,陈其鲜,2014. 甘肃省胡麻生产现状及发展思路[J]. 甘肃农业(11):3-4.
陈鸿山,1986. 核不育油用亚麻研究初报[J]. 华北农学报(1):86-91.
陈鸿山,王宜林,张辉,等,1989. 核不育亚麻的研究及利用[J]. 内蒙古农业科技(3):1-2,10.
陈鸿山,1994. 国内胡麻育种栽培技术的进展与成就[J]. 内蒙古农业科技(5):9-12.

邓欣,陈信波,龙松华,等,2007.10个亚麻品种亲缘关系的RAPD分析[J].中国麻业科学(4):184-188,238.
邓欣,陈信波,邱财生,等,2015.我国亚麻种质资源研究与利用概述[J].中国麻业科学(6):322-328.
党占海,1995.甘肃胡麻生产和科研[J].甘肃科技情报(5):4-6,13.
党占海,张建平,佘新成,2000.抗生素诱导油用亚麻雄性不育的研究[J].中国油料作物学报,22(1):46-48.
党占海,张建平,佘新成,等,2002.温敏型雄性不育亚麻的研究[J].作物学报,28(6):861-864.
党占海,张建平,佘新成,2008.抗生素诱导油用亚麻雄性不育的研究[J].中国油料作物学报(1):3.
党占海,赵蓉英,王敏,等,2010.国际视野下胡麻研究的可视化分析[J].中国麻业科学,32(6):305-313.
党占海,赵玮,2015.胡麻产业技术[M].兰州:兰州大学出版社,5-16.
冯学金,杨建春,2015.现代生物技术在亚麻育种中的应用[J].中国农学通报,1(23):58-63.
高俊山,陈强,郭宝庆,等,2010.内蒙古中西部地区胡麻生产发展状况[J].内蒙古农业科技(5):105-106.
高凤云,张辉,斯钦巴特尔,2007.亚麻显性核不育基因RAPD标记及特异片段序列分析[J].华北农学报(1):129-132.
郭秀娟,冯学金,杨建春,等,2016.不同氮磷配施对旱地胡麻总糖含量及品质的影响[J].中国农学通报,32(18):60-64.
郭秀娟,杨建春,冯学金,等,2016.不同前茬作物对胡麻干物质积累规律、品质及产量构成因子的影响[J].作物杂志(2)165-167.
郭秀娟,冯学金,杨建春,等,2017.不同种植密度和肥料配施对胡麻植株性状和经济产量的效应[J].作物杂志(2):135-138.
侯岁稳,吴大利,张颖聪,等,2008.$^{12}C^{6+}$重离子辐照胡麻种子初步研究[J].辐射研究与辐射工艺学报,26(2):78-84.
黄文功,2011.亚麻种质资源的RAPD分析[J].黑龙江农业科学(8):11-12.
亢鲁毅,张辉,巴特尔,等,2012.显性核不育亚麻种质资源聚类分析及核心种质库的建立[J].华北农学报,27(4):118-122.
李秉衡,1989.我国的胡麻育种与栽培研究[J].甘肃农业科技(12):1-4.
李凤珍,马晓岗,2012.油用亚麻染色体核型分析[J].江苏农业科学(4):104-105.
李巧珍,蔡育,2002.甘肃中部胡麻生态气候条件分析及适生种植区划[J].甘肃气象,20(1):27-29.
李兴华,方子森,牛俊义,2013.大量及微量元素对胡麻幼苗生长发育的影响[J].甘肃农业大学学报,48(1):42-48.
李延帮,刘汝温,1982.油用亚麻史略[J].农业考古(2):86-88.
刘飞虎,杜光辉,杨建兵,等,2007.国外优良亚麻种质资源的初步筛选[J].中国麻业科学(5):261-263.
陆孝睦,1985.我国亚麻起源问题佐见[J].农业考古(1):275-275.
路颖,张辉,2000.中国亚麻种质资源研究的回顾与展望[J].中国麻作,22(1):42-43.
路颖,2002.国内外亚麻种质资源的综合评价[J].中国麻作(4):5-7.
路颖,关凤芝,王玉富,等,2002.国内外亚麻种质资源的综合评价[J].中国麻业,24(4):5-7.
路颖,2005.亚麻种质资源聚类分析及核心品种抽取方法[J].中国麻业,27(2):66-69.
路颖,2009.我国亚麻品种资源的分类和近缘野生种[J].黑龙江农业科学(4):46-47.
罗俊杰,欧巧明,叶春蕾,等,2014a.重要胡麻栽培品种的抗旱性综合评价及指标筛选[J].作物学报,40(7):1259-1273.
罗俊杰,欧巧明,叶春雷,等,2014b.主要胡麻品种抗旱相关指标分析及综合评价[J].核农学报,28(11):2115-2125.
罗俊杰,叶春雷,欧巧明,等,2019.抗白粉病胡麻种质资源田间鉴定与筛选[J].植物保护,(5):259-262,268.
米君,李英,钱合顺,等,1998.冀北高寒半干旱区亚麻生产现状及发展措施[J].河北农业科技(2):4-5.
米君,钱合顺,杨素梅,等,2003.亚麻野生种—宿根亚麻的特征特性及评价.河北农业科学,7(2):72-73.
米君,2004.油纤兼用型亚麻种间杂交技术研究[J].河北农业科学(3):20-24.

米君,李爱荣,钱合顺,等,2008. 亚麻种间杂交技术研究初报,中国麻业科学,30(3):136-140.

米君,2009. 河北省胡麻生产调研报告[J]. 现代农业科技(5):49-50.

欧巧明,叶春雷,李进京,等,2017. 油用亚麻品种资源主要性状的鉴定与评价[J]. 中国油料作物学报(5):623-633.

蒲金涌,邓振镛,姚小英,等,2004. 甘肃省胡麻生态气候分析及种植区划[J]. 中国油料作物学报,26(3):37-39.

祁旭升,王兴荣,许军,等,2010. 胡麻种质资源成株期抗旱性评价[J]. 中国农业科学,43(15):3076-3087.

钱合顺,米君,1995. 国外亚麻品种资源研究初报[J]. 河北农业科学(3):20-22.

秦爱红,安维太,岳国强,2002. 宁夏胡麻科研生产现状及产业化发展建议[J]. 甘肃农业科技(12):5-7.

邱财生,张正,龙松华,等,2014. 纤维亚麻新品种中亚麻3号的选育[J]. 核农学报,28(12):2148-2152.

曲志华,王玉祥,乔海明,等,2018. 种间杂交选育亚麻新品种冀张亚1号[J]. 中国麻业科学(1):8-11.

宋军生,党占海,张建平,等,2015. 油用亚麻品种资源农艺性状的主成分及聚类分析[J]. 西南农业学报(2):492-497.

宋淑敏,夏尊民,2004. 辐射诱变在亚麻育种上的应用研究进展[J]. 种子世界(10):34-35.

帅瑞艳,刘飞虎,2010. 亚麻起源及其在中国的栽培与利用[J]. 中国麻业科学,32(5)16-19.

孙小花,谢亚萍,牛俊义,等,2015. 不同供钾水平对胡麻花后干物质转运分配及钾肥利用效率的影响[J]. 核农学报,29(1):192-201.

孙小花,谢亚萍,牛俊义,等,2015. 不同施钾水平对胡麻钾素营养转运分配及产量的影响[J]. 草业学报,24(4):30-38.

田彩平,党占海,张建平,2008. 外引亚麻品种资源的聚类分析及评价[J]. 西北农业学报,伊六喜,巴特尔,高凤云,等,2014. 亚麻染色体核型分析[J]. 内蒙古农业科技,(6):9-10.

伊六喜,斯钦巴特尔,贾霄云,等,2017a. 胡麻种质资源、育种及遗传研究进展[J]. 中国麻业科学,39(2):81-87.

伊六喜,斯钦巴特尔,张辉,等,2017b. 胡麻种质资源遗传多样性及亲缘关系的SRAP分析[J]. 西北植物学报,(10):1941-1950.

伊六喜,斯钦巴特尔,高凤云,等,2018. 内蒙古胡麻地方品种资源遗传多样性分析[J]. 作物杂志(6):53-57.

王达,吴崇义,1983. 我国油用亚麻原产地管见[J]. 农业考古(2):261-265.

王利民,张建平,米君,等,2011. 国外引进油用亚麻品种资源农艺性状分析与评价[J]. 中国油料作物学报,33:356-361.

王利民,党占海,2013. 胡麻农艺性状与品质性状的相关性分析[J]. 中国农学通报,29(27):88-92.

王玉富,贾婉琪,薛召东,等,2010. 国外引进亚麻种质资源的聚类分析及评价[J]. 植物遗传资源报,11(5):548-554.

王位泰,2003. 甘肃陇东胡麻生态气候适生种植区划[J]. 中国农业资源与区划,24(1):45-48.

王占贤,高俊山,吕忠诚,等,2012. 鄂尔多斯地区胡麻品种筛选试验研究[J]. 安徽农学通报(1):77-78.

王宗胜,2017. 胡麻膜侧沟播机械化栽培技术[J]. 农业开发与装备(6):124.

汪磊,严兴初,谭美莲,2011. 我国胡麻施肥技术研究进展[J]. 湖北农业科学,50(2):217-220.

吴建忠,刘岩,宋喜霞,等,2016. 亚麻品种比较试验研究[J]. 黑龙江农业科学(1):20-22.

杨建春,吴瑞香,王利琴,等,2017. 山西胡麻产业现状与发展对策[J]. 农业科技通讯(7):10-14.

杨建春,吴瑞香,王利琴,等,2018. 高含油胡麻品种晋亚13号的选育[J]. 中国种业,(6):80-81.

杨万荣,1984. 胡麻[M]. 太原:山西人民出版社,5-10.

杨万荣,薄天岳,2017. 高抗萎蔫病胡麻品种资源的筛选利用及抗病性遗传浅析[J]. 华北农学报(S1):100-104.

杨希义,1995. 亚麻考[J]. 中国农史,14(1):96-101.

于志勇,2015. 胡麻在内蒙古地区的扩容与利用[J]. 内蒙古师范大学学报(哲学社会科学版),44(6):23-25.

苑志辉,孙洪涛,1997.亚麻体细胞无性系的建立及其植株再生[J].中国麻作,(1):17-18.

张辉,丁维,王宜林,等,1996.显性核不育亚麻在育种上的应用研究初报[J].华北农学报,11(2):38-42.

张辉,贾霄云,张立华,等,2009.我国油用亚麻产业现状及发展对策[J].内蒙古农业科技(4):6-8,115.

张辉,贾霄云,任龙梅,等,2012.亚麻加工专用品种内亚六号的选育[J].农业科技通讯(5):194-196.

张惠玲,刘明春,马兴祥,等,2003.河西走廊胡麻生育气候条件分析及适生种植区划[J].中国农业气象,24(1):51-54.

张丽丽,米君,李世芳,等,2014.胡麻种间杂交种主要农艺性状与产量的关系研究[J].河北农业科学,18(3):76-78.

张丽丽,刘晶晶,乔海明,等,2017.从俄罗斯引进亚麻种质资源的农艺性状评价[J].中国油料作物学报,39(5):698-703.

张建平,党占海,2002.新型雄性不育亚麻的杂种优势及温敏效应初探[J].西北农业学报(4):22-24,27.

张建平,党占海,2004a.亚麻品种资源的聚类分析及评价[J].中国油料作物学报,26(3):24-28.

张建平,党占海,2004b.亚麻品种资源的聚类分析及评价[J].中国油料作物,26(3):24-27.

赵利,党占海,张建平,等,2006a.甘肃胡麻地方品种种质资源品质分析[J].中国油料作物学报,28(3):282-286.

赵利,党占海,李毅,2006b.甘肃胡麻地方种质资源品质特性研究[J].西北植物学报,26(12):2453-2457.

赵利,党占海,2006c.甘肃胡麻地方种质资源品质特性研究[J].西北植学报,26(12):2453-2457.

赵利,党占海,张建平,等,2008.不同类型胡麻品种资源品质特性及其相关性研究[J].干旱地区农业研究,26(5):6-9.

郑殿升,杨庆文,刘旭,等,2011.中国作物种质资源多样性[J].植物遗传资源学报,12(4):497-500,506.

周宇,张辉,贾霄云,等,2018.油用亚麻新品种"内亚十号"的选育[J].中国麻业科学,40(2):53-55,94.

Green A G,Marshall DR,1984. Isolation of induced mutant in linseed(*Linum usitatissimum* L.)having reduced linolenic acid content[J]. Euphytica,33(2):321-328.

Green A G,1986. Genetic control of polyunsaturated fatty acid biosynthesis in flax(*Linum usitatissimum* L.) seed oil[J]. Theoretical and Applied Genetics,72:590-593.

Nichterlein K,Marquard R,Friedt W,1988. Breeding for modified fatty acid composition by induced mutations in linseed(*Linum usitatissimum* L.)[J]. Plant Breeding,101(3):190-199.

Rowland G G,1991. An EMS-induced low-linolenic-acid mutant in McGregor flax(*Linum usitatissimum* L.)[J] Canadian Journal of Plant Science,71:393-396.

# 第二章　胡麻生长发育

## 第一节　胡麻生育进程

### 一、生育期

胡麻是一年生草本植物。其生育期一般指在正常播期条件下,从播种后种子萌发、出苗至成熟的经历天数,是一个完整的生活周期,其长短用天数(d)表示。不同的品种类型,生育期长短各异。当前推广应用的胡麻品种,按生育期的长短,可以分为早熟类型(生育日数≤90 d)、中熟类型(90 d<生育日数≤105 d)、晚熟类型(生育日数>105 d)。

中国胡麻产区大体被划分为黄土高原区、阴山北部高原区、黄河中下游及河西走廊灌区、北疆内陆灌区、南疆内陆灌区、甘青高原区和东北平原区等7个区,每一个自然区域都有相应的生态类型。①黄土高原区分布在北纬35°05′~39°57′,海拔1000~2000 m,气候垂直地带性明显,生育期热量适中,水分状况前干后湿,日照中等,土壤瘠薄。品种生态类型为黄土高原区型,其基本特性是:以中熟品种为主,春性,春化阶段与光照阶段中等,对温度和光照敏感;耐瘠薄和抗旱性均强;株型松散,果少粒小,含油量较低;茎秆细弱,易倒伏,耐病性较强。②阴山北部高原区分布在北纬41°以上,海拔1500 m左右,生育期热量不足,水分状况较差,日照充足,土壤肥力较高。品种生态类型为阴山北部草原生态区型,其基本特性是:以早熟和中早熟品种为主,春性,生育期较短,春化阶段与光照阶段较长,对温度和光照敏感;耐寒和抗旱性均强;植株较矮,果少粒稍大,不开裂,含油率较高。③黄河中下游及河西走廊灌区分布在北纬37°30′~40°59′,海拔1000~1700 m,生长期热量充足,水分依靠灌溉,日照充足,病害发生较少,土壤盐碱化较重,后期常有干热风,蚜虫危害严重。品种生态类型为北方灌溉生态型,其基本特性是:品种类型以中熟和中晚熟品种为主,生育期长,春化及光照阶段较长,对温度和光照敏感;抗旱能力中等,苗期病害严重;生长势及分茎性均强,果偏多粒稍大,原茎产量高于种子,含油率高,较喜水耐肥。④北疆内陆灌区生长期热量充足,山麓地带有雪水灌溉,苗期温度较低,大气干旱。品种生态类型为北疆盆地春性生态型,其基本特性是:以中熟和中晚熟品种为主,多属春性,生育期较长,春化及光照阶段均较长,对温度和光照敏感;抗旱能力中等,苗期易感病;植株较高,分茎性强,粒小而含油率高。⑤南疆内陆灌区生育期热量充足,冬季较温暖,春季升温快,夏季温度高,水分主要依靠灌溉,大气特别干旱。品种生态类型为南疆盆地半冬性生态型,其基本特性是:以中晚熟和晚熟品种为主,多属半冬性,生育期较长,对温度和光照条件要求严格;植株生长繁茂,分茎性强;苗期半匍匐状,种子产量中等,原茎产量显著高于种子。⑥甘青高原区主要分布在海拔2000 m左右的地区,生长期热量不足,气候寒湿,土壤肥力较高,后期易遭受霜害。品种类型为以早熟和中早熟品种为主,其特性是:春性,生育期短,春化阶段与光照阶段较长,对温度和光照条件要求不严格;千粒重小,含油率低。⑦东北平原区分布在北纬37°~47°,生育期热量适宜,雨量充沛,但各月不均,苗期干旱,后期雨多潮湿,土壤肥力较高,易倒伏,局部地区易感锈病。品种生态类型为东北纤维胡麻生态型,其基本特性是:以中熟品种为主,春性,对温度和光照敏感;植株基本不分茎,茎秆高而细弱,原茎和纤维产量最高,纤维品质优良,果小而少,种粒极小。

## 二、生育时期

胡麻从发芽、出苗到长出茎叶,体积和重量不断增加;从播种起,到新种子成熟止,在植株上发生着质的变化,由于这些质的变化,最后开花、结实。胡麻的生育期为80~130 d。

根据胡麻一个生命周期的生长发育特性,一般可划分为8个生育时期,即播种期、出苗期、枞形期、快速生长期、现蕾期、开花期、工艺成熟期和生理成熟期。

### (一)播种期

进行胡麻种质形态特征和生物学特性鉴定时的种子播种日期。胡麻是早春播作物,从播种到出苗一般需要有效积温110~120 ℃·d(因不同品种有所差异)。胡麻出苗快慢与温度、水分有密切的关系;在土壤水分充足时,出苗速度决定于温度。所以,在生产中要根据当地的气象条件,灵活确定播种期。

### (二)出苗期

随着胚芽的伸长,将子叶送出地面,当子叶平展开前即为出苗期。这时在阳光的照射下,子叶增大变绿,可进行光合作用,植株进入独立营养状态。

胡麻出苗快慢与土壤水分有直接关系。出苗时0~10 cm土壤最适合含水量为12%左右,最低要达到7%~8%,最高15%即可。

### (三)枞形期

胡麻出苗后,子叶展平即进入枞形期。该时期可维持40 d左右。当苗高6~9 cm,植株已长出3对以上真叶,茎的生长缓慢,叶片生长较快,而且叶片聚生在植株顶部,形如枞树,所以称为枞形期。此期地下部根系生长迅速,苗高4~5 cm时,根系长度可达25~29 cm。

### (四)快速生长期

胡麻植株在经历枞形期缓慢生长后即进入营养体快速生长期。该时期一般需要20多天,植株地上部茎生长迅速,每昼夜长3~5 cm,叶片在茎上均匀拉开距离,明显呈螺旋上升排列在茎上;同时也是地下部快速生长期,侧根持续伸长并分生支根;该时期也是纤维在茎中大量形成期,更是茎顶端生长锥分化的重要时期。

### (五)现蕾期

胡麻茎顶端形成膨大的一束花蕾即进入现蕾初期。此时植株开始迅速生长,并长出许多分枝,花芽继续分化,形成了胡麻的花序,正是营养生长和生殖生长的旺盛期。

### (六)开花期

胡麻植株上第1朵花开放即进入开花期,象征着花粉和授粉过程的开始。通常胡麻出苗后45~60 d,现蕾后5~15 d开花,花期一般10~25 d(因品种、气象、栽培条件等因素不同有所差异)。据观察,开花顺序与花芽分化顺序一样,由上而下、由里而外交替开放。首先是植株主茎花开放,2~4 d后第1分枝花开放,相继第2、第3分枝花开放。从全株看,开花顺序从上(主茎花)向下(主茎花下第1分枝花),从里(主茎花)向外(各级分枝花)。在中国北方晴朗的夏季,一般凌晨3—4时花蕾明显增大,阳光初照的5—6时花冠逐渐张开,花药开裂散粉到柱头上完成自花授粉。8—10时为盛花,12时开始随着气温升高,花瓣开始凋落。从花朵开放到花瓣脱落一般需6 h左右。翌日早晨其他花再开放。

(七)工艺成熟期

胡麻植株上有蒴果变黄时开始观察,有1/3的蒴果成熟呈黄色或黄褐色,麻茎有1/3变为黄色,茎下部1/3叶片脱落的,表明已达到工艺成熟期,又名纤维成熟期。该时期一小部分蒴果中的种子呈绿色,大多数种子已变成淡黄色,少数种子变成浅褐色,种子坚硬有光泽,但籽粒还未饱满;茎纤维强度大,品质好,麻质量高。

(八)生理成熟期

也称为种子成熟期。胡麻植株有2/3的蒴果成熟呈黄褐色,麻茎有2/3变为黄色,茎下部2/3叶片脱落时,表明已达到生理成熟期。此期种子充实饱满,坚硬有光泽,但茎秆纤维已变粗硬,品质较差。

(九)记载标准

在胡麻实际生产中,主要有以下具体记载:

1. 播种期　进行胡麻种质形态特征和生物学特性鉴定时的种子播种日期。以"年月日"表示,格式"YYYYMMDD",以下同。

2. 出苗期　全区50%幼苗出土子叶展开的日期。

3. 枞形期　全区50%幼苗叶片呈密集状,出现3对真叶的日期。

4. 快速生长期　全区50%植株株高达到15～20 cm,生长点开始下垂的时期。

5. 现蕾期　全区50%植株出现第一个花蕾的日期。

6. 开花期　全区50%植株第一朵花开放的日期。

7. 工艺成熟期　全区亚麻植株1/3蒴果变黄,茎秆下部有1/3变黄,并有1/3叶片脱落时的日期。

8. 生理成熟期　全区亚麻植株2/3蒴果成熟呈黄褐色,麻茎有2/3变为黄色,茎下部2/3叶片脱落时的日期。

9. 出苗日数　从播种期至出苗期历时日数,单位为d,以下同。

10. 现蕾日数　从出苗期至现蕾期历时日数。

11. 开花日数　从出苗期至开花期历时日数。

12. 生长日数　从出苗期至工艺成熟期历时日数。

13. 全生长日数　从播种期至工艺成熟期历时日数。

14. 生育日数　从出苗期至生理成熟期历时日数。

15. 全生育日数　从播种期至生理成熟期历时日数。

## 三、生育阶段

(一)胡麻生育阶段

生育阶段是指相邻两个物候期之间的一个时间段,作物生育期一般划分为若干个生育阶段。胡麻的生育阶段是指胡麻从播种、出苗到成熟的时间,可以分为种子萌发期、苗期、蕾期、花期和成熟期五个发生质变的时期,即生育阶段。

1. 种子萌发阶段　胡麻从播种至出苗这段时间称为种子萌发阶段。胡麻播种后,在水分、温度等栽培条件适宜的情况下,首先吸收土壤中的水分,种子开始萌发,先是子叶和胚根开始膨大，这时的营养依靠胚乳供给，经过短时期后，胚根突破种皮而伸入土中，胚芽也迅速向上伸长，将子叶带出地面，即为出苗。

胡麻种子发芽的最低温度在 1～3 ℃，8～10 ℃ 可以正常出苗，最适温度为 20～25 ℃。由于胡麻具有低温发芽的特性，在种子萌发过程中有利于减少种子内部脂肪的消耗。据报道，胡麻在 5 ℃ 发芽时，种子内存留 60% 的脂肪；在 18 ℃ 发芽时，种子内仅存 40% 的脂肪。种子内脂肪越多作物幼苗越健壮，抵御外界不利环境的能力越强。所以，根据胡麻种子这一特点，在生产上可以实施抢墒早播，促使胡麻苗全苗壮。

2. 苗期阶段　胡麻从出苗至现蕾前这段时间称为苗期，包括出苗期、枞形期、快速生长期 3 个生育时期，对应子叶出土、生长点出现、第 1 对真叶展开、第 3 对真叶展开、茎秆伸长等 5 个时期。胡麻苗期长达 20～40 d。苗期地上部生长缓慢，每天只生长 0.1～0.2 cm。

该阶段是胡麻营养生长旺盛阶段，又是分枝腋芽发育、花芽分化的关键阶段，对水分和养分要求最高，因此称为"水肥临界期"。在有灌溉条件的地区，应在枞形末期和快速生长初期进行浇水。视胡麻植株生长营养状况考虑是否追肥。在无灌溉条件地区，通过锄地松土、保墒，促进侧根生长。依据植株长势状况，考虑在雨前追施氮肥。

3. 蕾期阶段　胡麻从现蕾至开花前这段时间称为蕾期，一般历时 40～50 d。胡麻蕾期植株快速生长，茎秆迅速伸长，并长出许多分枝，花芽继续分化，形成了胡麻的花序。此阶段正是胡麻植株从以营养生长为主转入营养生长与生殖生长并进的阶段，可以直观看到生殖生长现状。据测定，这个阶段植株每昼夜增长 1.3～3.3 cm。经观察，现蕾前，株高每天平均仅伸长 0.1～0.2 cm，现蕾后每昼夜平均伸长 2.7 cm，茎秆伸长达到最高峰。进入开花期间，生长开始减慢。除分枝能力强的品种在适宜条件下还能继续伸长外，一般到了盛花期后，茎秆基本停止伸长。在这之前，苗期后期，植株已在茎尖生长点开始花芽分化，被未展开的叶片包裹着。

现蕾前快速生长时期的田间水肥等管理措施已经为胡麻植株现蕾、开花期的生殖生长做好了前期准备。据测定，蕾期是胡麻一生中生长最旺盛的阶段，对水肥要求最高，植株需水量占全生育期的 50% 左右，养分特别是 N 素营养需求量占全生育期的 30%～50%；也是需要水肥的临界期，对水、肥是否充足非常敏感。如遇到干旱天气，胡麻植株主茎上会出现分枝少，并短缩在茎上；分茎生长速度也缓慢，延长了蕾期，致使以后胡麻各个植株之间在开花、结果、成熟等各个时期均会出现参差不齐的现象。所以，在此期及时浇水、追肥并进行中耕（旱地要锄草保墒），能促进花芽分化、多现蕾和茎生长，有利于有效分枝增加和形成较多的蒴果，获得较高的产量。

4. 花期阶段　该阶段对应第 1 朵花出现（即始花期）、盛花期、终花期 3 个生长阶段。开花后主茎伸长基本停止，只是花序的伸长。

胡麻单株花朵开放，因品种、栽培因素和分茎、分枝、花蕾数目不同，又受阴雨天（气象因素）影响，一般 7 d 左右完成，全田开花期需要 20 d 左右。但密植时能显著缩短花期，可使盛花期提前，使整个大田开花和成熟比较一致。一般 7 月是中国北方胡麻的盛花期，此时刚刚进入雨季，空气湿度较适宜，晴天多，利于全田整齐开花，也预示着蒴果成熟整齐。花期遭遇干旱或连阴雨时，全国植株间开花不整齐，授粉质量差，会降低坐果率和蒴果内的着粒数，种子成熟度也会差异过大。这也是为什么在多雨的南方地区不适宜种植胡麻的原因之一。胡麻是自花授粉作物，中国北方胡麻的天然杂交率（异花授粉率）一般为1%～2%。在纬度低的南方地区，因空气湿度大，田间植株间开花时间不同步，天然杂交率高于北方地区（因品种、气象因素有所差异）。据河北省高寒作物研究所观察，在张家口坝上地区一般品种天然杂交率为1%～3%，某些品种因开花时间较长，天然杂交率更高。

该阶段植株对水分、养分的需要仍然迫切，在始花期应及时灌水、追肥，始花期追肥灌水可使胡麻果大粒饱。

5. 成熟阶段　该阶段为终花后至收获，对应青果期（青熟期）、（蒴果）黄熟期、完熟期3个时期。

胡麻授粉后25～30 d，种子基本发育完成，再经10 d左右，种子进入成熟期。完成了胡麻一生的周期变化（胡麻全田从开花末期到成熟一般需要40～50 d，因品种、气象、栽培条件等因素不同有所差异）。

据研究，籽实和蒴果的发育过程是，胡麻授粉后，落在雌蕊柱头上的花粉粒，经20～30 min后开始萌发，形成花粉管，花粉管迅速生长，然后到达胚珠而授精，一般在24 h内完成受精。受精后子房开始逐渐膨大，直径达0.5～0.8 cm，即发育成蒴果。这一过程一般需10～15 d。当蒴果初具外形，内部种子种皮已经形成。其后进行灌浆，灌浆速度增长最快的时期是在受精后的25 d直至种子发育完成。当蒴果外皮显黄绿色时，籽粒内部已经变成蜡质样。

该阶段正是油分和干物质积累的时期。据测定油分的积累以种子日龄25～30 d速度最快，30 d以后急速下降。在施P肥的情况下，比未施P肥的含油量要高。碘价的增长在开花后的头三周颇为缓慢，此后增长速度较快，当油分含量达到最大值后，碘价继续增长。千粒重的增长，以种龄20 d速度最快，25 d后迅速下降，到35 d时基本不再增加。据实验证明，在胡麻生长期间，每形成1单位的干物质，要消耗400～430单位重的水。内蒙古农业大学测定了5个胡麻品种。结果认为，当同一天开花结实的种子日龄为9 d时，所形成的蒴果及蒴果内籽粒体积的增长已趋于稳定，其大小接近成熟时的蒴果和蒴果内籽粒的体积。此时种子内已有油分积累，含脂肪重量占种子完熟末期（种子日龄为45 d）所含脂肪重量的8.19%～15.61%，脂肪重量比率因品种类型不同有所差异。随着单果种子日龄的增长，种子含油量逐渐增加，到12～15 d时积累速度快，出现第1次高峰。20 d或25～30 d时出现第2次积累高峰，而后油分积累缓慢。单果种子最大重量和油分积累在种子发育日龄的30～35 d完成，含油率达到41.17%～41.77%（因品种不同有所差异）。胡麻单株油分积累速度比单个蒴果种子油分积累延迟10 d左右，即在单株首花后的40～45 d。

胡麻达到成熟期的标志为植株枯黄，茎叶大部分变成褐色，上部叶片已枯萎，茎秆下部和中部叶片大多脱落。蒴果呈黄褐色或暗褐色，早开花受精的蒴果有裂纹出现。籽粒坚硬饱满，有光泽，褐色（或其他成熟种子颜色），千粒重和油分含量达到品种本身固有标准。植株摇动时，籽粒在蒴果内"沙沙"作响时。此时段是收获胡麻籽粒的理想时期，应及时收获。

此阶段前期对土壤水分的要求仍然较高。在雨水较为充足、适宜年份，胡麻种子的含油率和碘价都较高。

(二) 胡麻生育期与生育阶段对应关系

胡麻生育期与生育阶段的对应关系如图2-1。

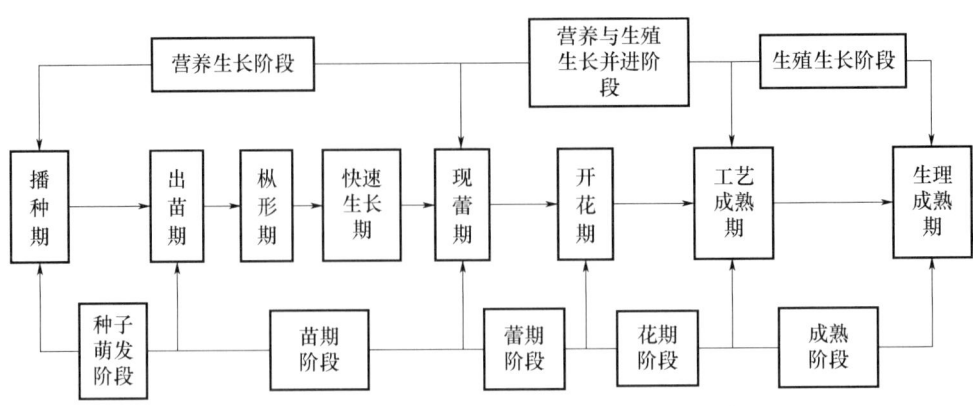

图 2-1 胡麻生育期与生育阶段对应关系(童海生制图)

## 四、环境条件对胡麻生长发育的影响

(一)自然生态条件的影响

1. 温度的影响

(1)种子萌发和出苗的温度要求　胡麻种子吸水后,子叶和胚根开始膨胀,胚根突破种皮,胚芽逐渐伸长,称为种子的萌发。胡麻种子发芽的最低温度为 1~3 ℃,8~10 ℃可以正常发芽出苗,最适温度为 20~25 ℃。

胡麻播种以土层 5 cm 温度 7~8 ℃,平均气温 4.5~5 ℃为宜。日平均气温 20 ℃,利于幼苗生长,而气温高于 26 ℃或夜间温度低于 14 ℃对幼苗生长不利。出苗到开花前,日均温度以 11~18 ℃为宜。开花到成熟,温度以 18~20 ℃为宜。

(2)积温效应　胡麻全生育期要求≥5 ℃的有效积温 1600~2200 ℃·d。

蒲金涌等(2004)研究表明,胡麻是无限花序,没有明显的积温界限,在最适温度期,相对低温会延长营养生长期,增加分茎数和蒴果数,期间最适温度是 17~20 ℃。胡麻生性喜凉,需要≥5 ℃积温播种到出苗为 95~135 ℃·d,出苗到现蕾为 550~850 ℃·d,现蕾到开花为 150~200 ℃·d,开花到成熟为 820~1420 ℃·d。并统计出甘肃省不同地区胡麻各生育时段≥5 ℃积温情况(表 2-1)。

表 2-1　甘肃省不同地区胡麻各生育时段≥5 ℃积温(蒲金涌等,2004)　单位:℃·d

| 地点 | 播种—出苗 | 出苗—现蕾 | 现蕾—开花 | 开花—成熟 | 合计 |
|---|---|---|---|---|---|
| 北道 | 109 | 856 | 204 | 1046 | 2215 |
| 西峰 | 92 | 549 | 181 | 1432 | 2254 |
| 定西 | 136 | 751 | 153 | 821 | 1861 |
| 凉州 | 96 | 781 | 195 | 848 | 1920 |

姚玉璧等(2006)利用黄土高原半干旱区胡麻生长发育定位观测资料和同期气象观测资料,分析气候变化对胡麻生长发育的影响,得出研究区定西市胡麻全生育期天数为 120~150 d,≥0 ℃积温为 1700~2100 ℃·d,分生育阶段积温见表 2-2。

表 2-2　黄土高原区胡麻生长发育期生态气候条件(姚玉璧 等,2006)

| 发育期 | 间隔天数(d) | ≥0℃积温(℃·d) | 降水量(mm) | 日照时数(h) |
|---|---|---|---|---|
| 播种—出苗 | 20～30 | 150～200 | 15～30 | 200～250 |
| 出苗—现蕾 | 50～60 | 650～750 | 900～100 | 500～550 |
| 现蕾—开花 | 10～15 | 200～300 | 30～35 | 100～150 |
| 开花—成熟 | 40～50 | 800～900 | 80～120 | 300～400 |
| 播种—成熟 | 120～150 | 1700～2100 | 200～250 | 1000～1300 |

(3)低温效应(春化阶段)　胡麻的春化阶段是从种子萌动开始到幼苗出土之前的一段时期。该阶段对外界条件要求不严格。一般在 0～12 ℃通过春化期,但所有胡麻品种在 2～12 ℃范围内也可通过春化期。当低于 2 ℃或高于 12 ℃时,春化阶段进行缓慢,所需时间较长。春化期的决定因素是低温,与光照条件无关。由于胡麻的产地和生态条件不同,春化期所需时间也不相同。据米君(2006)调查,宁夏固原市和甘肃武威市的品种通过春化需 10 d 左右,内蒙古武川县的品种需 15 d,新疆盆地的品种则需 25 d 左右。

(4)温度对植株生长发育和产量的影响　姚玉波等(2015)以 11 个亚麻品种为试验材料,比较温度对不同品种亚麻种子发芽势和发芽率的影响。结果表明:供试的 11 个亚麻品种的发芽势和发芽率均随着温度的升高呈单峰曲线变化,5 ℃处理种子的发芽势和发芽率最低,与其他处理差异达极显著水平,当温度为 20 ℃和 25 ℃时,亚麻种子发芽势和发芽率最高。通过对 11 个品种的比较发现,黑亚 18 在低于 10 ℃的情况下,仍保持了较高的发芽势(85.67%)和发芽率(94%)。

姚玉璧等(2006)用 1981—2000 年甘肃省 71 个站点胡麻产量和生长期(4—10 月)气象资料,用 EOF 和 REOF 分解,对时间系数序列使用小波分析方法分析产量的演变周期特征。胡麻出苗以后到现蕾开花期,积分回归 a(t)值曲线气温一致表现为负效应,影响最大时,气温每升高 1 ℃,产量下降 37.8 kg/hm²。这种负效应持续到胡麻接近成熟时。

常耀军等(2016)分析宁夏固原市原州区胡麻全生育期的气象条件,认为原州区热量条件适宜于胡麻生育期各时段热量需求。胡麻生长期间对温度的要求不太高,出苗至开花适宜温度为 11～18 ℃,气温超过 10～20 ℃,麻株生长加速,易引起徒长,开花后温度稍高,对胡麻产量影响不大,有利于种子成熟,而且昼夜温差大,有利于胡麻灌浆成熟期干物质和油分积累。

2. 光照的影响

(1)光周期(日长)的影响　胡麻是长日照作物,全生育期需日照 780～920 h,平均每天 7 h,才能满足胡麻生长需求。胡麻开花至成熟期对日照最为敏感,胡麻当天开花多少,与前两天日照长短也表现为正相关,一定范围内,日照越长,开花量越多,反之则少。

姚玉璧等(2006)研究,在甘肃省内,河西日照条件最为丰富,陇东南地区日照条件最差。在胡麻开花—成熟期,陇东南及陇中地区的日照时数比河西偏少,为 78%～85%,从而导致了不同地区胡麻籽产量及品质上的差异。日照对胡麻的影响有两个正效应区和一个负效应区。第一个正效应时段是胡麻的幼苗生长期,较长的日照能够使胡麻顺利出苗,完成幼苗生长阶段,为其后的现蕾、开花打下基础。第二个正效应时段为胡麻的开花—成熟期,光照充足利于含油率增加,充分印证了农谚"要吃胡麻油,伏里晒日头"。因各地气候条件不同,负效应最大时段及影响程度略有差异,陇中负效应最大时段在 5 月中旬,为 12 kg/hm²·h;陇东南在 6 月中下旬,为 10 kg/hm²·h;陇东在 5 月下旬,为 7 kg/hm²·h。此时段为胡麻的营养及生殖生长的主要时段,光照时间长,气温升高,一方面缩短营养生长期,减少分茎数及蒴果数,另一方面不孕花增多,最终导致胡麻减产。

姚玉璧等(2006)利用黄土高原半干旱区胡麻生长发育定位观测资料和同期气象观测资料,分析日照时数对胡麻生长发育的影响,播种—出苗期和开花—成熟期日照时数对胡麻产量形成为正效应;旬日照时数每增加1 h,胡麻产量增加2~5 g/m²,开花—成熟期胡麻产量形成对日照时数变化十分敏感,敏感期将持续20~30 d。一般情况下,当其他生态气候条件适宜时,光照增加,光合作用加快,对植物发育为正效应。但当某一时段日照时数增多时,相应时段常表现为降水减少,由于水分不足影响产量形成,故出苗—现蕾期部分时段的日照时数对胡麻产量形成也会表现为负效应。生育阶段日照时数见表2-2。

孙润等(2017)结合气象资料,通过相关分析等方法分析胡麻典型生育期间隔日数与气象要素的关系,胡麻播种—出苗期、出苗—现蕾期、现蕾—开花期、开花—成熟期间隔日数与日照时数极显著相关($P<0.01$),日照为影响胡麻出苗期、开花—成熟期持续时间长短的主要气象因子之一。

徐大鹏等(2013)通过田间遮光试验和实验室弱光试验,探讨光照强度对胡麻幼苗生长发育的影响。结果表明,光照强度为自然光的5%~50%时,胡麻出苗率高于对照,光照强度为自然光的65%时,胡麻的成苗率最高。随着光照强度的降低,胡麻的株高和节间距呈上升趋势,很弱的光照强度(450 lx)使胡麻的幼茎变细,硬度降低,无法成苗。

(2)光照阶段 胡麻通过春化阶段和光照阶段才能完成开花结果,完成整个生育过程。

胡麻完成春化阶段后,立即进入光照阶段,该阶段由花蕾分化至花蕾吐出,现出花蕾是完成光照阶段的重要标志。胡麻通过光照阶段的顺序是自上而下的,所以胡麻的花芽分化和花序也是自上而下形成。胡麻通过光照阶段的快慢同光照时数、温度条件有关。据山西省农业科学院高寒区作物研究所1963年试验表明,胡麻在8 h短日照下处理,分枝增多,枝叶繁茂,但始终不能现蕾开花。光照时数在10 h、12 h、16 h和20 h条件下处理,结果随着光照时数增加依次提早进入现蕾期。因此,每天的光照时间越长,通过光照阶段就越快,发育就越好。每天光照时数低于9 h就不能通过光照阶段。

姚玉璧等(2006)研究表明,胡麻出苗后即进入光照阶段,若温度过高,光照阶段就会迅速结束,而进入生殖生长期,造成植株矮小,分茎数少,现蕾期提前,花果数少而减产。在现蕾期温度过高,会抑制茎的伸长、花芽分化及正常受粉,影响蒴果数和结实率。

乔志红(2008)研究北方高寒地区胡麻栽培技术,胡麻需要经过确定的春化及光照阶段,不然会影响开花结实。胡麻的光照阶段,在8~21 ℃的温度条件和13 h以上的光照条件下,一般持续20~28 d即可通过。

3.温光综合作用的影响 孙洪涛等(1986)通过温室试验,结果表明,光照时间和光照强度对亚麻生长发育均有较大的影响。温度对出苗,植株高度也有较大的影响。

张惠玲等(2003)用甘肃省武威市凉州区1980—2000年胡麻单产与全生育期各生育阶段的旬平均气温、降水量和日照时数做积分回归计算,得出对胡麻生育和产量形成影响最大的因子是平均气温,降水次之,光照的影响较小。

4.水分的影响 胡麻不仅根系发达,而且叶片较小,且有蜡质,抗旱能力强。整个生育期要求土壤含水量达到田间最大持水量的60%~80%,低于40%易受旱。胡麻需水量随着植株的生长而增加,从出苗经过枞形期到快速生长初期,耗水量占全生育期的9%~11%;快速生长期到开花期耗水量占全生育期的75%~80%;全田开花后到黄熟期占11%~13%,完熟期是植株向周围环境散失水分的时期。

赵兴全等(2005)开展了土壤水分条件对亚麻生长发育的影响试验,结果表明,高水分条件有利于亚麻的生长发育,能有效提高CAT(过氧化氢酶)和POD(过氧化物酶)的活性,增加抗病抗害能力,促进干物质的积累。

尤莉等(2005)开展了胡麻生长发育与气象条件关系的研究,结果表明,胡麻播种到出苗要求土壤含水量在10%左右,春旱会对胡麻出苗产生影响。现蕾至开花期是胡麻生长最旺盛时期,也是需水量最多、最关键的时期,需水量约占生育期总耗水量63%左右,此期受旱会延迟花期,造成结果少、着粒率下降,产量降低;如果连阴雨多,会对胡麻开花造成影响,花粉容易受潮,授粉不良,蒴果结实粒数减少。终花至成熟期,需水减少,需水量占生育期总耗水量的29%,如果发生秋旱,会影响种子的饱满程度和千粒重;阴雨天气多,易使植株贪青倒伏,已成熟的种子吸水变质。

姚玉璧等(2006)研究表明,开花期降水量对胡麻产量形成表现为负效应外,其余时段降水量对胡麻产量形成均为正效应。播种至出苗期的胡麻产量形成对降水量变化十分敏感,旬降水量每增加1 mm,胡麻产量可增加$5\sim9$ g/m²,敏感期将持续$50\sim60$ d。现蕾期降水量对胡麻产量形成表现为正效应,之后降水的影响减弱,开花期降水量对胡麻产量形成又转为负效应,此时段降水过多,影响授粉,不利于胡麻增产。生育阶段降水量见表2-2。

何丽等(2017)研究干旱对胡麻现蕾期光合特性及产量的影响,结果表明,干旱条件下胡麻现蕾期蒸腾速率($T_r$)、气孔导度($G_s$)、各叶绿素荧光参数和产量与干旱胁迫程度紧密相关,在栽培管理中遇轻度干旱胁迫(土壤含水量为田间最大持水量的60%~70%)时可不必补充水分,但中度(土壤含水量为田间最大持水量的50%~60%)、重度(土壤含水量为田间最大持水量的35%~45%)干旱之前应适时适量灌水,以确保胡麻正常生长发育及产量的提高。

(二)气候变化的影响

梁东升等(2007)研究了甘肃胡麻产量对气候变化的区域响应。用奇异值分解方法检测出温度和产量的年际变化中存在密切的大尺度空间相关特征,整体上胡麻产量对温度响应敏感,对温度响应的最敏感区主要集中在河西西部。

姚玉璧等(2006)研究认为,影响黄土高原半干旱农区胡麻生长发育的主导气象因子是气温和降水量。气温升高、降水量减少导致生殖生长阶段延长,致使全生育期延长。5—7月的干燥度(蒸发量与降水量的比值)是影响胡麻水分利用率的关键因子。

李淑珍等(2014)研究了气候变化对宁夏胡麻发育进程和产量的影响。气温升高和降水减少加快了胡麻发育速度,生育期天数显著减少。

(三)人为因素对生育期的影响

1. 播季和播期的影响　高炳德等(2001)研究发现,适时早播胡麻植株体内糖、N含量较高,物质代谢倾向于贮藏型;光合势和净同化率增加,提高了生物产量;前期低温有利于花芽分化,单株结果数、着粒数、千粒重较高,单株产量高;干物质分配在果实中,经济系数高,最终大幅度提高胡麻产量和含油量。

高凤云等(2014)开展亚麻新品种内亚九号的不同分期播种试验,设4月6日、4月13日、4月20日、4月27日和5月4日5个播种期,通过图表分析,早播种的出苗慢,晚播的出苗快;早播种的(4月6日和4月13日)后期出现营养生长过旺,不利于亚麻营养成分的积累,晚播种的(4月27日和5月4日),由于生长期后期高温加速植株生长发育,缩短了生育周期,减少了干物质积累和后期的营养转化,而4月20日播种的亚麻,生长量适中,既没有出现徒长,也没有出现生长量不足,是最适合的播种期。

牛芬菊等(2014)针对榆中县旱地胡麻采用组合型微垄全膜覆盖侧播种植的最适宜播种期开展试验研究,设3月5日(A)、3月11日(B)、3月16日(C)、3月21日(D)和3月26日(E)5个播期。结果表明,该试验胡麻出苗随播种日期的推迟而推迟,但随着播种期的推迟出苗日数缩短。现蕾期、盛花期、成熟期从早到迟依次是处理A、处理B、处理C、处理D和处理E;生育期最长是处理A,116 d,其次是处理B,113 d,其他处理生育期相同都是110 d。以播期处理3月16日产量最高,达146.521 kg/亩,出苗率最高,平均为85.2%,各项农艺性状和经济性状表现也最好。

曹彦等(2018)研究不同播种时间对乌兰察布地区胡麻主推品种内亚九号生长的影响,对10个不同播种时期内亚九号生育期、株高、工艺长度、有效果数、单株生产力等农艺性状,收获株数及产量等进行分析。结果表明,延迟播期可延长胡麻生育期,早播处理株高较矮,利于胡麻抗倒伏,工艺长度与株高表现出相似规律;适时播种有利于增加单株生产力,产量以播期5月7日最高。

2. 栽培措施的影响

(1)播种密度的影响　杨建春等(2012)通过晋亚10号胡麻品种不同密度水旱条件下的栽培试验,结果表明,胡麻基础群体对产量的贡献高于分茎,在晋西北生产水平下旱地播种量$37.5\sim52.5$ kg/hm$^2$,出苗率70%左右,水地播种量$45\sim60$ kg/hm$^2$,出苗率保持80%~85%是保证晋亚10号胡麻获得高产的理想群体。

叶春雷等(2014)在旱作条件下,研究了播种量和种植密度对胡麻生长的影响,结果表明,播种量对胡麻产量有较大影响,种植密度对胡麻产量的影响较小,旱地胡麻种植的最优组合为播种量900万粒/hm$^2$,行距20 cm,株距20 cm。胡麻的分茎数和单株生产力随播种量的减少而增加,且有利于株高和工艺长度的增加。

张新学等(2015)通过对旱地垄膜集雨沟播种植胡麻分别在播种量为22.5 kg/hm$^2$、37.5 kg/hm$^2$、52.5 kg/hm$^2$、67.5 kg/hm$^2$、82.5 kg/hm$^2$的情况下与传统条播(CK)播量为75 kg/hm$^2$的出苗率、生长量、农艺性状、产量等因素相比较,发现出苗率与播种量成负相关,胡麻生长量与播种量成负相关性,越到胡麻生长后期垄膜集雨沟种植对生长量的提高越明显,并明确旱地垄膜集雨沟播胡麻最适播种量为52.5 kg/hm$^2$。

(2)种植方式的影响　姚虹等(2011)研究不同种植方式对胡麻产量构成因素的影响,设3个试验组:在各试验组胡麻的种植方式分别为覆膜与露地种植、地膜穴播与膜侧种植、连茬与轮茬种植。结果表明,从长势上看,覆膜种植优于露地种植;地膜穴播优于膜侧种植;轮茬优于连茬种植。

杨丽等(2017)研究了不同覆膜栽培方式对干旱无灌溉胡麻田水分动态和胡麻产量的影响。结果表明,覆膜处理可缩短胡麻生育期约3 d,提高出苗率7.3%~11.0%,生长前期增加生物干质量2.11~4.31倍,后期增加16.97~22.31倍;水分利用效率较CK高出19.73%~26.00%,籽粒产量提高23.60%~29.67%。综合考虑经济效益和生产可操作性,覆膜栽培优于露地栽培,穴播优于条播,残膜穴播优于揭膜后全膜穴播,残膜穴播是兼顾可操作性和经济效益的胡麻栽培方式。

陈军等(2018)研究不同栽培模式对胡麻土壤酶活性及产量变化特征的影响。结果表明,合理的作物种植模式可以明显影响作物的产量及产量构成,轮作制度有效地缓解了胡麻连作带来的连作危害,而间作处理在一定程度上打破了连作可能带来的负面效应,但是效果有限。

(3)施肥的影响 贾海滨等(2013)研究了施 N 量对胡麻干物质积累分配及产量的影响。结果表明,胡麻干物质积累随施 N 量增加进程加快。苗期至盛花期、青果期至成熟期干物质积累速率分别随施 N 量增加而提高、降低,不同施 N 处理最高干物质积累速率均出现在盛花期。胡麻完成干物质积累的时间随施 N 量增加而提前,中 N 水平干物质积累速率最大。施 N 对长生育期胡麻品种干物质分配无明显影响,对短生育期胡麻品种影响较大。合理施 N 可有效提高胡麻单株有效果数和千粒质量,单位面积产量与单株干物质量呈显著正相关,N 肥农学效率随施 N 量增加而降低。河北省张家口市和内蒙古自治区鄂尔多斯试验区最优施 N 量分别为 90.00 kg/hm$^2$、36.80 kg/hm$^2$,比传统不施 N 肥分别增产 30.84%、16.84%。

沈建楠(2013)研究不同 P 肥施用量对胡麻生育性状及产量的影响试验。结果表明,不同 P 肥施用量对胡麻幼苗长势及各生育期的影响不明显,但是随着 P 肥施用量的增加,胡麻株高变化较小,P 肥施用量对胡麻各产量构成因素有明显影响,对胡麻产量影响较大。P 肥施用量为 5.0 kg/亩表现最好,比不施用 P 肥增产 23.70 kg/亩,增产率 35.95%;比施用 P 肥 2.5 kg/亩增产 14.44 kg/亩,增产率 19.20%。不同 P 肥施用量对胡麻产量有明显的增产作用,当施纯 P 量为 5.96 kg/亩时,最高产量为 85.82 kg/亩。

高鸿飞等(2011)进行了胡麻配方施肥校正试验。结果表明,施用不同配方肥对胡麻生育期有一定的影响,但影响较小,无机肥配方肥、习惯施肥处理生育期均为 134 d,较待开发配方肥、腐殖酸配方肥处理提早 6 d。

闫志利等(2012)在甘肃省白银市、兰州市和内蒙古自治区鄂尔多斯市进行了田间试验。以不施肥($T_1$)和施用化肥($T_2$)为对照,比较了施用农家肥($T_3$)、胡麻油渣($T_4$)和"调补"生物肥($T_5$)、"窝里横"生物肥($T_6$)对胡麻生长的影响。胡麻最大干物质积累速率一般出现在现蕾期,播种时间较迟时会延至青果期。3 个试验区不同肥料处理胡麻干物质积累直线增长天数从多到少以及干物质积累最大增长速率从高到低排序均表现一致,分别为 $T_3>T_2>T_4>T_5>T_6>T_1$ 和 $T_4>T_2>T_3>T_6>T_5>T_1$。各施用有机肥处理成熟期花果干物质分配比率均比对照($T_1$、$T_2$)有所提高,所以生产上应大力推行胡麻油渣、农家肥施用技术,促进胡麻有机生产的发展。

## 第二节 胡麻生育过程的有关代谢

### 一、胡麻的碳代谢

(一)光合作用

1. C3 途径 C3 途径是指在某些高等植物光合作用的暗反应过程中,一个 $CO_2$ 分子在 RuBP(1,5-二磷酸核酮糖)羧化酶的催化下,在有镁离子的环境中,被一个 RuBP 固定后形成两个三碳化合物(3-磷酸甘油酸)。而后 3-磷酸甘油酸消耗 1 分子 ATP,在甘油酸激酶的作用下形成 1,3-二磷酸甘油酸。又消耗 1 分子 NADPH,形成 3-磷酸甘油醛。之后在磷酸丙糖酶的作用下,形成 3-磷酸丙糖。继续消耗 1 分子 ATP,重新形成 RuBP。后来经过一系列复杂的生化反应,一个碳原子将会被用于合成葡萄糖而离开循环。剩下的五个碳原子经一系列变化,最后在生成一个 1,5-二磷酸核酮糖,循环重新开始。循环运行六次,生成一分子的葡萄糖。

这样一类 $CO_2$ 被固定后最先形成的化合物中含有三个碳原子的植物,被称为 C3 植物。

胡麻属于 C3 植物。C3 植物叶片的结构特点是:叶绿体只存在于叶肉细胞中,维管束鞘细胞中没有叶绿体,整个光合作用过程都是在叶肉细胞里进行,光合产物只积累在叶肉细胞中。其光补偿点比 C4 植物来得高,光饱和点比 C4 植物来得低。

C3 途径中碳的固定途径也是高等植物的光合碳同化的基本途径,该途径被称为卡尔文循环,整个循环又可分为三个阶段(图 2-2)。

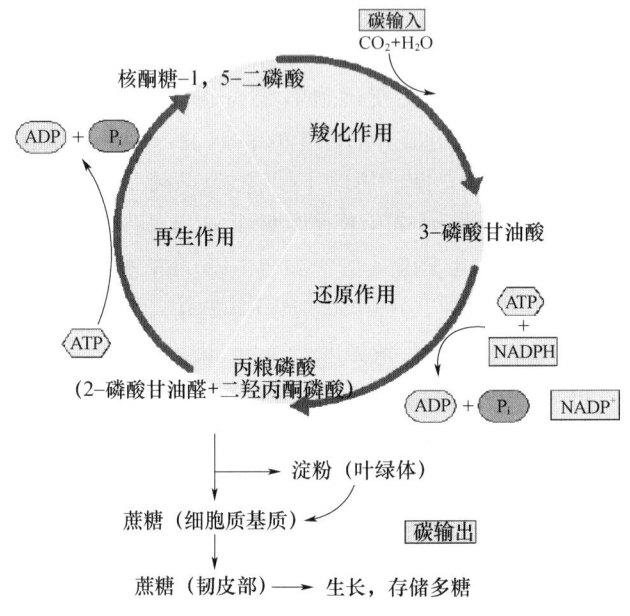

图 2-2 卡尔文循环示意图(陆志峰,2017)

(1)$CO_2$ 的固定(羧化阶段) 在绿色细胞内的 $CO_2$ 并不是直接被还原的,而是先和某种受体结合,以后再进行还原反应。$CO_2$ 与受体的结合过程称为 $CO_2$ 的固定。在绿藻和许多高等植物中,二磷酸核酮糖(RuBP)是 $CO_2$ 的受体,它在二磷酸核酮糖羧化酶(ribulose bisphosphate carboxylase)催化下与 $CO_2$ 作用生成二分子磷酸甘油酸(3-PGA)。

(2)还原 包括两个反应,在上述反应中生成的 3-磷酸甘油酸,在磷酸甘油酸激酶作用下发生磷酸化生成 1,3-二磷酸甘油酸;再在脱氢酶催化下被 NADPH 还原为 3-磷酸甘油醛(GAP)。

(3)二磷酸核酮糖的再生(再生阶段) 在 C3 循环中,固定 $CO_2$ 要不断消耗 1,5-二磷酸核酮糖(RuBP),因此就需要有 RuBP 的再生过程,否则这种固定 $CO_2$ 的戊糖循环便无法继续进行。RuBP 的再生,是指由 3-磷酸甘油醛再转变为 RuBP 的一系列反应,在这一系列反应中包括有磷酸化的三、四、五、六和七碳糖的生成和参与。

2. 实现 C3 途径的酶系统

(1)1,5-二磷酸核酮糖羧化酶/加氧酶(Rubisco) 广泛分布于具光合功能的细胞器中,它是一个含量很丰富的酶,据估计全世界 Rubisco 的量约有 $4×10^7$ 吨(梅杨等,2007)。它是光合作用 C3 碳反应中重要的羧化酶,在光合作用中卡尔文循环里催化第一个主要的碳固定反应,在叶绿体基质中催化 $CO_2$ 与 RuBp 即 1,5-二磷酸核酮糖结合生成 2 分子 3-磷酸甘油酸,进而发生一系列反应,将 ATP 中的化学能转化到葡萄糖中。与一般的酶相比,Rubisco 具有 2 个显著的特征：一是非专一性，即 Rubisco 既能催化羧化反应，也能催化加氧反应，具有双功能性；二是低效性，即 Rubisco 的催化效率极其低下（每秒固定 1~12 个 $CO_2$）（梅杨等，2007）。

（2）3-磷酸甘油酸激酶（PGAK） 3-磷酸甘油酸在 PGAK 的催化下，形成 1,3-二磷酸甘油酸（DPGA），PGA 是一种有机酸，尚未达到糖的能级，为了把 PGA 转化成糖，要消耗光反应中产生的同化力。ATP 提供能量，NADPH 提供还原力使 PGA 的羧基转变成 GAP 的醛基，这也是光反应与暗反应的联结点，当 $CO_2$ 被还原为 GAP 时，光合作用的贮能过程即告完成。

（3）3-磷酸甘油醛脱氢酶（GAPDH） 由 GapA 和 GapB 两种亚基组成，依赖 NADPH 进行光合反应的碳固定（Avilan et al, 2012），是卡尔文循环中催化光合最初产物 3-磷酸甘油酸（3-PGA）还原成 3-磷酸甘油醛的关键调节酶，3-磷酸甘油醛既是叶绿体光合产物输出的一种形式，又是形成核酮糖-5-磷酸的底物，因此，GAPDH 活性的高低会影响光合作用的运转效率，以及光合产物的积累和胡麻产量。

3. 光合产物的积累与分配　光合产物主要是糖类，包括单糖（葡萄糖和果糖）、双糖（蔗糖）和多糖（淀粉），其中以蔗糖和淀粉最为普遍。不同植物的主要光合产物不同。大多数高等植物如棉花、大豆的光合产物是淀粉，水稻和小麦以积累蔗糖为主，洋葱、大蒜的光合产物是葡萄糖和果糖，不形成淀粉。

糖类曾被认为是光合产物中的唯一产物，而其他物质（如蛋白质、脂肪和有机酸）是植物利用糖类再度合成的。这些物质一部分是再度合成的，但也有一部分确是光合作用的直接产物，特别是在藻类和高等植物正在发育的叶片中。利用 $CO_2$ 供给小球藻，在未产生糖类以前，就发现有氨基酸（如丙氨酸、甘氨酸等）和有机酸（如丙酮酸、苹果酸）产生。

（1）淀粉在叶绿体中合成　淀粉是在叶绿体内合成的。当卡尔文循环形成磷酸丙糖（TP）时，经过各种酶的催化，先后形成 1,6-二磷酸果糖、6-磷酸果糖、6-磷酸葡萄糖、1-磷酸葡萄糖、ADP-葡萄糖，最后合成淀粉。

（2）蔗糖在细胞质中合成　蔗糖是在细胞质基质中合成的。叶绿体中形成的磷酸丙糖，通过磷酸转运体（phosphate translocator）运送几个到细胞质基质。在各种酶的作用下，磷酸丙糖先后转变为 1,6-二磷酸果糖、6-磷酸葡萄糖、1-磷酸葡萄糖、UDP-葡萄糖、6-磷酸蔗糖，最后形成蔗糖并释放出 Pi，Pi 通过磷酸转运体进入叶绿体。

（3）淀粉和蔗糖合成的调节　如前所述，磷酸丙糖是光合作用合成的最初糖类，也是光合产物从叶绿体运输到细胞质的主要形式。它既可形成淀粉，暂时贮藏在叶绿体中，又可被运到细胞质基质中合成蔗糖，蔗糖又可运到非光合组织中去。因此，在叶绿体里的淀粉合成和在细胞质基质里的蔗糖合成呈现竞争反应。当细胞质中的 Pi 浓度低时，就限制磷酸丙糖从叶绿体运出，这就促进淀粉在叶绿体基质中形成。相反，细胞质基质中 Pi 浓度高时，叶绿体的磷酸丙糖与细胞质基质的 Pi 交换，输出到细胞质基质合成蔗糖。

Pi 和磷酸丙糖控制着蔗糖和淀粉合成途径中的几种酶，其中 ADPG 焦磷酸化酶是调节淀粉生物合成途径的主要酶，此酶活性是被 3-磷酸甘油酸活化，而被 Pi 抑制，白天，光合作用形成较多 3-磷酸甘油酸，与 ADPG 焦磷酸化酶结合后，便催化形成淀粉。晚上，光合磷酸化停止，积累在叶绿体里的 Pi 浓度升高，便抑制淀粉形成。因此，白天或光照下 [3-磷酸甘油酸]/[Pi] 的比值高时，合成淀粉活跃；在夜晚不但抑制淀粉合成，而且白天合成仍滞留于叶绿体中的淀粉，就水解为麦芽糖和葡萄糖，再度合成为蔗糖，有些蔗糖运到生长着的器官（如幼苗、幼叶、花芽）供生长发育，有些运到茎、果实、种子等做贮存用。因此，白天在叶绿体中常见许多淀粉，到晚上，淀粉就消失了。

### 4. 胡麻的光饱和点和光补偿点

(1) 光饱和点　在一定的光照强度范围内,光合作用随光照强度的上升而增强,但光照强度达到一定的数值以后,光合作用维持在一定的水平而不再提高,此现象称为光饱和现象(light saturation),而此时的光照强度临界值称为光饱和点(light saturation point,LSP)。植物出现光饱和点实质是强光下暗反应跟不上光反应从而限制了光合速率随着光强的增加而提高,因此,限制饱和阶段光合作用的主要因素有$CO_2$扩散速率(受$CO_2$浓度影响)和$CO_2$固定速率(受羧化酶活性和RuBP再生速率影响)等。通过对不同光响应曲线进行比较分析,一般最大净光合速率较大的植物在光强4000 $\mu mol/(m^2 \cdot s)$以上时就能表现出较大的光合速率,且植物光合作用的产物主要来源于较高光强下的光合作用积累,所以最大净光合速率是光合能力较强的表现因素。

(2) 光补偿点　光照强度在光饱和点以下时,随光强减弱,光合速率也降低,当光强减弱到某一值时,光合作用吸收的$CO_2$与呼吸作用释放的$CO_2$处于动态平衡,这时的光照强度称为光补偿点(light compensation point,LCP)。植物在光补偿点时有机物的形成与消耗相等,即净光合速率等于零,没有光合产物积累,加上夜间的呼吸消耗,还会造成光合产物的亏缺。一般认为,植物在光补偿点时,有机物的形成和消耗相等,不能累积干物质,其数值的大小体现植物利用弱光的能力,同时也是作为植物耐阴性的一个重要指标,光补偿点值越低,意味着植物利用弱光的能力越强。关于胡麻的光饱和点和光补偿点资料中介绍极少,光饱和点和光补偿点是蔬菜光合作用的两个重要物理量。大多数蔬菜的光饱和点在4万~5万 lx,西瓜、番茄可达7万~8万 lx。光饱和点高是强光蔬菜的特性,应将这些蔬菜安排在一年中光照条件最好的季节栽培,光饱和点低,说明该类蔬菜能充分利用弱光。大多数蔬菜的光补偿点在1500~2000 lx,光补偿点高低,反映该类蔬菜需要光照强度的强弱,一般茄果类及西瓜的光合强度都比叶菜类高。蔬菜生产上,常用的遮阳网栽培、仿日光温室栽培、间作套种、植株调整、整枝搭架等,都是利用各种蔬菜光补偿点和光饱和点特性进行栽培的具体措施。

### (二) 呼吸作用

呼吸作用是细胞内的有机物在一系列酶的作用下逐步氧化分解,同时释放能量的过程,是所有活细胞的共同特征。在呼吸过程中被氧化的物质称为呼吸底物。植物体内含量最丰富的3大类有机物质——碳水化合物、蛋白质及脂类都可作为呼吸底物,但最为普遍的是碳水化合物中的葡萄糖;有时己糖磷酸也可作为呼吸底物。在有氧条件下,$O_2$参加反应,植物体内的有机物被彻底氧化成$CO_2$和水。在无氧条件下,植物体内的有机物可通过脱氢、脱羧等方式氧化降解,但经氧化后大部分的碳仍呈有机态,其中还保留较多的能量,是一种不彻底的氧化。通常所说的呼吸作用一般指有氧呼吸,总化学反应式为:

$$C_6H_{12}O_6 + 6O_2 = 6CO_2\uparrow + 6H_2O + 能量$$

有氧呼吸的全过程,可分为三个阶段:第一个阶段称为糖酵解途径(Embden Meyerhof Pathway,EMP),一个分子的葡萄糖分解成两个分子的丙酮酸,在分解的过程中产生少量的氢(用[H]表示),同时释放出少量的能量,这个阶段是在细胞质基质中进行的;第二个阶段称为三羧酸循环(Tricarboxylic Acid Cycle,TCA循环),丙酮酸经过一系列的反应,分解成$CO_2$和氢,同时释放出少量的能量,这个阶段是在线粒体基质中进行的;第三个阶段(呼吸电子传递链,electron transport chain of respiratory)是前两个阶段产生的[H],经过一系列的反应,与$O_2$结合而形成水,同时释放出大量的能量,这个阶段是在线粒体内膜中进行的。以上三个阶段中的各个化学反应是由不同的酶来催化的。在生物体内,1 mol的葡萄糖在彻底氧化分解以后,共释放出大约 2694.7 kJ 的能量,其中有 916.2 kJ 左右的能量储存在 ATP 中(30 个 ATP,1mol ATP 储存 30.54 kJ 能量),其余的能量都以热能的形式散失了(呼吸作用产生的能量仅有 34% 转化为 ATP)。

1. 糖酵解和三羧酸循环

(1)糖酵解(glycolysis)　是指在无氧条件下,葡萄糖在细胞质中被分解成为丙酮酸的过程,期间每分解一分子葡萄糖产生两分子丙酮酸以及两分子 ATP,属于糖代谢的一种类型。有十步反应,包括三种关键酶(限速酶):己糖激酶、6-磷酸果糖激酶、丙酮酸激酶。具体反应如图 2-3。

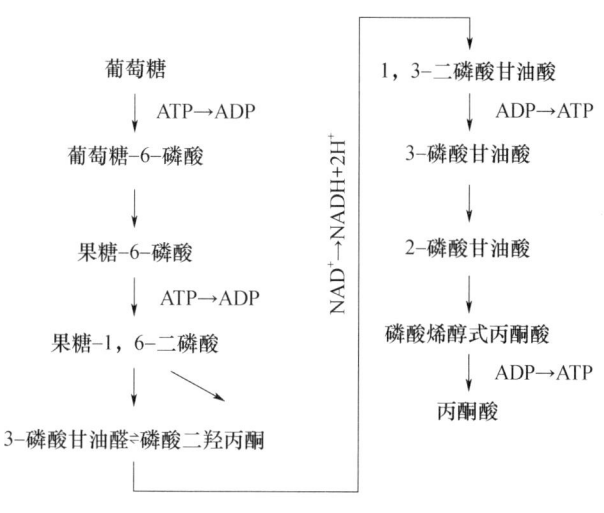

图 2-3　糖酵解过程(高荣嵘制图)

糖酵解可分为两个阶段,准备阶段和放能阶段。

① 准备阶段　有两种形式,一种形式是 1 个 6C 的葡萄糖转化为 2 个 3C 化合物 PGAL(phosphoglyceraldehyde),消耗 2 个 ATP 用于葡萄糖的活化,另一种是以"葡萄糖-1-磷酸"形式进入 EMP,仅消耗 1 个 ATP。两种形式,在这一阶段都没有发生氧化还原反应。

葡萄糖磷酸化(Phosphorylation)。"葡萄糖氧化"是放能反应,但"葡萄糖"是较稳定的化合物,要使之放能就必须给予"活化能"来推动此反应,即必须先使"葡萄糖"从"稳定状态"变为"活跃状态",活化 1 个葡萄糖需要消耗 1 个 ATP——由 ATP 放出 1 个高能磷酸键,约放出 30.5 kJ 自由能,大部分变为热量而散失,小部分使磷酸与葡萄糖结合生成"葡萄糖-6-磷酸"。催化酶为"己糖激酶",此反应必须有 $Mg^{2+}$ 的存在。

"葡萄糖-6-磷酸"在"葡萄糖磷酸异构酶"催化下重排生成"果糖-6-磷酸"。

"果糖-6-磷酸"经"磷酸果糖激酶-1"酶催化生成"果糖-1,6-二磷酸"。此步反应再消耗 1 分子 ATP。此步同样是"ATP 的 γ-磷酸基团"经酶的作用转移到底物上生成目标产物。

"果糖-1,6-二磷酸"在催化酶为"醛缩酶"的作用下,断裂成"3-磷酸甘油醛"(glyceraldehyde 3-phosphate)和"磷酸二羟丙酮"。

"磷酸二羟丙酮"在催化酶为"丙糖磷酸异构酶"的作用下催化为"3-磷酸甘油醛"。

② 放能阶段　1 分子的 PGAL 在酶的作用下生成 1 分子的丙酮酸。在此过程中,发生一次氧化反应生成一个分子的 NADH,发生两次底物水平的磷酸化,生成 2 分子的 ATP。这样,一个葡萄糖分子在糖酵解的第二阶段共生成 4 个 ATP、2 个 NADH 和 2 个 $H^+$,产物为 2 个

丙酮酸。

"3-磷酸甘油醛"在催化酶为"3-磷酸甘油醛脱氢酶"的作用下,氧化生成"1,3-二磷酸甘油酸"(1,3-bisphosphoglycerate),释放出 2 个 e-和 1 个 $H^+$,传递给电子受体 $NAD^+$,生成 NADH,并且将能量转移到高能磷酸键中。

不稳定的"1,3-二磷酸甘油酸"失去高能磷酸键,生成"3-磷酸甘油酸"(3-phosphoglycerate),能量转移到 ATP 中,1 个"1,3-二磷酸甘油酸"生成 1 个"ATP"。催化酶为"磷酸甘油酸激酶"。此步骤中发生第一次底物水平磷酸化。

"3-磷酸甘油酸"在催化酶"磷酸甘油酸变位酶"的作用下,重排生成"2-磷酸甘油酸"(2-phosphoglycerate)。

"2-磷酸甘油酸"在催化酶"烯醇化酶"的作用下,脱水生成"磷酸烯醇式丙酮酸"——PEP(phosphoenolpyruvate)。

PEP 将磷酸基团在催化酶"丙酮酸激酶"的作用下,转移给 ADP 生成 ATP,同时形成丙酮酸。此步骤中发生第二次底物水平磷酸化。

在糖酵解的第一阶段,1 个葡萄糖分子活化中要消耗 2 个 ATP。因此在糖酵解过程中 1 个葡萄糖生成 2 分子的丙酮酸的同时,净得 2 分子 ATP 和 2 分子 NADH 和 $H^+$,NADH 和 $H^+$通过不同的穿梭途径进入到线粒体参与呼吸链,产生不同数量的 ATP(α-磷酸甘油穿梭将 H 交给 FAD,后产生 1.5 个 ATP;苹果酸-天冬氨酸穿梭将 $H^+$交给 $NADH^+$ $H^+$,后者产生 2.5 个 ATP)。

糖酵解进行到丙酮酸后,在有氧的条件下,通过一个包括三羧酸和二羧酸的循环而逐步进行分解,直到形成 $CO_2$ 和水,故这个过程为三羧酸循环(简写为 TCA 环),这个循环是英国生物化学家 H. Krebs 首先发现的,所以又名为 Krebs 环,这是生物化学领域中一项经典性成就,1953 年因此被授予诺贝尔生理学和医学奖。三羧酸循环又称柠檬酸循环,因此柠檬酸是此循环中的重要中间产物。三羧酸循环是在细胞中的线粒体的基质内进行的。线粒体具有三羧酸循环各反应的全部酶。

(2)三羧酸循环  三羧酸是用于将乙酰 CoA 中的乙酰基氧化成 $CO_2$ 和还原当量的酶促反应的循环系统。该循环的第一步是由乙酰 CoA 与草酰乙酸缩合形成柠檬酸。反应物乙酰辅酶 A(Acetyl-CoA)(一分子辅酶 A 和一个乙酰相连)是糖类、脂类、氨基酸代谢的共同的中间产物,进入循环后会被分解最终生成产物 $CO_2$ 并产生 H,H 将传递给辅酶Ⅰ—尼克酰胺腺嘌呤二核苷酸($NAD^+$)(或者叫烟酰胺腺嘌呤二核苷酸)和黄素腺嘌呤二核苷酸(FAD),使之成为 $NADH+H^+$ 和 $FADH_2$。$NADH+H^+$ 和 $FADH_2$ 携带 $H^+$ 进入呼吸链,呼吸链将电子传递给 $O_2$ 产生水,同时偶联氧化磷酸化产生 ATP,提供能量。如图 2-4。

三羧酸循环可分为三个阶段:柠檬酸的生成、氧化脱羧和草酰乙酸的再生。是一个由一系列酶促反应构成的循环反应系统,在该反应过程中,首先由乙酰辅酶 A 与草酰乙酸缩合生成含有 3 个羧基的柠檬酸,经过 4 次脱氢,1 次底物水平磷酸化,最终生成 2 分子 $CO_2$,并且重新生成草酰乙酸的循环反应过程。

① 柠檬酸生成阶段  乙酰 CoA 不能直接被氧化分解,必须改变其分子结构才有可能。乙酰 CoA 和草酰乙酸在柠檬酸合酶催化下,形成柠檬酰 CoA,然后加水生成柠檬酸并放出 CoA-SH。

② 氧化脱羧阶段  这个阶段包括 4 个反应,即异柠檬酸的形成、异柠檬酸的氧化脱羧、α-酮戊二酸氧化脱羧和琥珀酸生成,此阶段释放 $CO_2$ 并合成 ATP。

③ 草酰乙酸的再生阶段 通过上述2个阶段反应,乙酰CoA的两个碳以$CO_2$形式释放了,四碳的草酰乙酸转变成四碳琥珀酸。为保证后续的乙酰CoA能继续被氧化脱羧,琥珀酸必须重新经过延胡索酸和苹果酸,最后生成草酰乙酸。

④ 次脱氢过程 第一次脱氢在异柠檬酸脱氢酶作用下,异柠檬酸的仲醇氧化成羰基,生成草酰琥珀酸(oxalosuccinic acid)的中间产物,后者在同一酶表面,快速脱羧生成α-酮戊二酸(α-ketoglutarate)、NADH和$CO_2$,此反应为β-氧化脱羧,此酶需要镁离子作为激活剂。此反应是不可逆的,是三羧酸循环中的限速步骤,ADP是异柠檬酸脱氢酶的激活剂,而ATP、NADH是此酶的抑制剂。

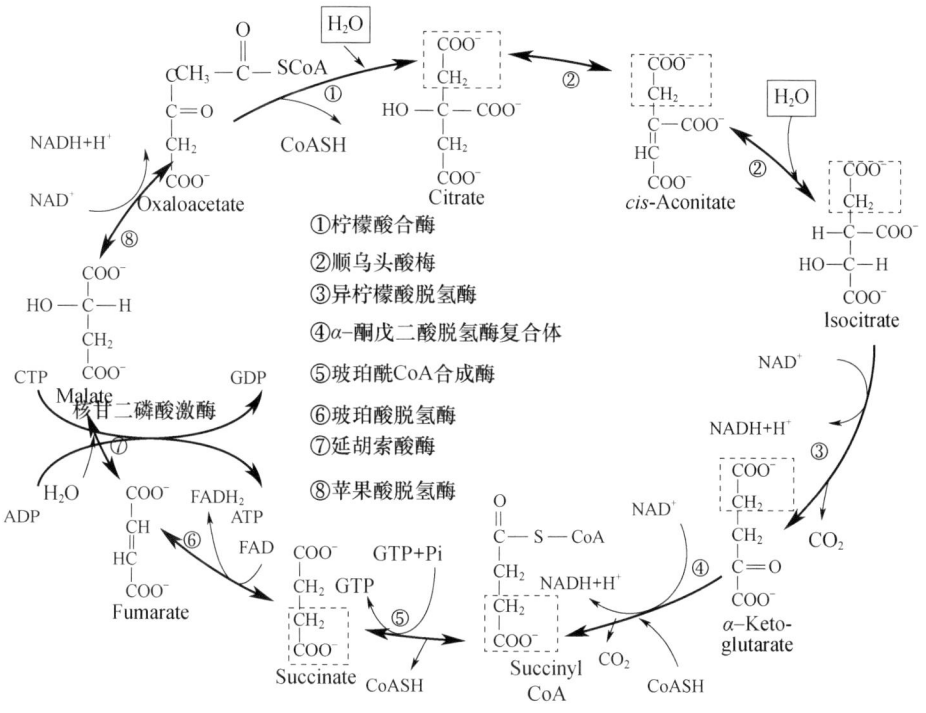

图2-4 三羧酸循环(引自常桂英等,2017)

(Citrate:柠檬酸;cis-Aconitate:顺乌头酸;Isocitrate:异柠檬酸;α-Ketoglutarate:α-酮戊二酸;succinyl CoA:琥珀酰CoA;succinate:琥珀酸;fumarate:延胡索酸;malate:苹果酸;oxaloacetate:草酰乙酸;CoASH:辅酶A)

第二次脱氢在α-酮戊二酸脱氢酶系作用下,α-酮戊二酸氧化脱羧生成琥珀酰-CoA、NADH+$H^+$和$CO_2$,反应过程完全类似于丙酮酸脱氢酶系催化的氧化脱羧,属于α-氧化脱羧,氧化产生的能量中一部分储存于琥珀酰的高能硫酯键中。此反应也是不可逆的。α-酮戊二酸脱氢酶复合体受ATP、GTP、NADH和琥珀酰-CoA抑制,但其不受磷酸化/去磷酸化的调控。

第三次脱氢由琥珀酸脱氢酶(succinatedehydrogenase)催化琥珀酸,氧化成为延胡索酸。该酶结合在线粒体内膜上,而其他三羧酸循环的酶则都是存在线粒体基质中的,这酶含有铁硫中心和共价结合的FAD,来自琥珀酸的电子通过FAD和铁硫中心,然后进入电子传递链到$O_2$,丙二酸是琥珀酸的类似物,是琥珀酸脱氢酶强有力的竞争性抑制物,所以可以阻断三羧酸循环。

第四次脱氢(草酰乙酸再生)在苹果酸脱氢酶作用下,苹果酸仲醇基脱氢氧化成羰基,生成草酰乙酸(oxalocetate),$NAD^+$是脱氢酶的辅酶,接受氢成为NADH+$H^+$。

三羧酸循环是提供生命活动所需能量的主要来源,更是物质代谢的枢纽。

2. 胡麻的 $CO_2$ 饱和点和补偿点　$CO_2$ 浓度影响暗反应阶段,制约 C3 的形成。$CO_2$ 是光合作用的原料,大气中 $CO_2$ 的浓度对光合作用影响强烈,有时起限制因子的作用。植物对 $CO_2$ 吸收利用具有补偿点和饱和点。$CO_2$ 补偿点是植物光合作用吸收的 $CO_2$ 与呼吸作用释放的 $CO_2$ 相等时,环境中 $CO_2$ 的浓度相对稳定。各种植物的补偿点不同,玉米、高粱、谷子等 C4 植物的补偿点一般小于 10 ppm,称低 $CO_2$ 补偿点植物;小麦、水稻、棉花、大豆等 C3 植物的补偿点为 40~150 ppm,称为高 $CO_2$ 补偿点植物。当大气中 $CO_2$ 的浓度超过 $CO_2$ 补偿点后,随 $CO_2$ 浓度的增加,光合强度将不断增强;当 $CO_2$ 浓度增加到一定限度,植物的光合强度不再增强,这时环境中 $CO_2$ 的浓度称 $CO_2$ 饱和点。大气中 $CO_2$ 的浓度超过饱和点以后,将引起原生质中毒或气孔关闭抑制光合作用的进行。农作物光合作用 $CO_2$ 的最适浓度为约 1000 ppm,现在大气中 $CO_2$ 的浓度约为 350 ppm,大大超过补偿点而远离饱和点,$CO_2$ 浓度的增加,必定加快光合作用的强度,增加农作物的光合产量,从而加快植物生长。

关于胡麻的 $CO_2$ 饱和点和补偿点资料中未见报道,笔者认为胡麻是 C3 植物,因此归于高 $CO_2$ 补偿点植物。

## 二、胡麻的氮代谢

N 素是蛋白质、遗传材料以及叶绿素和其他关键有机分子的基本组成元素,所有生物体都需要 N 来维持生活。作为构成活体生物组织最基本的化学元素,N 在 O、C、H 之后位列第四。N 是构成蛋白质的主要成分,对茎叶的生长和果实的发育有重要作用,是与产量最密切的营养元素。在第一穗果迅速膨大前,植株对 N 素的吸收量逐渐增加。N 素能合成蛋白质,促进细胞分裂和增长。N 素对植物生长发育的影响是十分明显的。当 N 素充足时,植物可合成较多的蛋白质,促进细胞的分裂和增长,因此植物叶面积增长快,能有更多的叶面积用来进行光合作用。N 素也是合成叶绿素的组成部分,叶绿素 a 和叶绿素 b 中都有含 N 化合物。叶绿素是植物制造碳水化合物的工厂。氮素在自然界的循环如图 2-5。

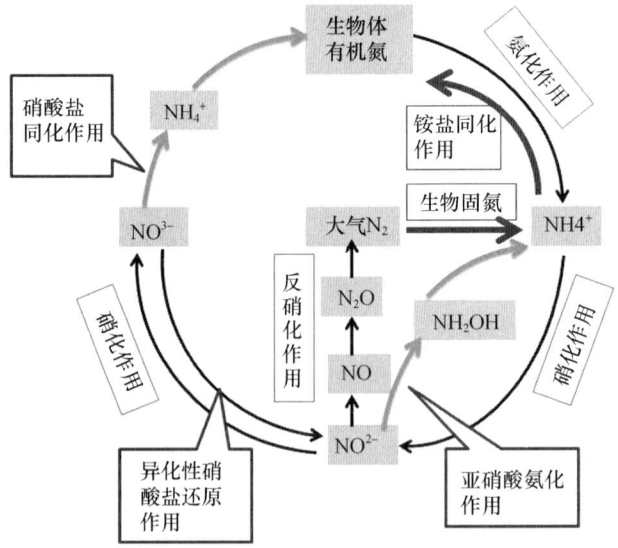

右上两个箭头表示微生物与植物的共同作用;左上两箭头和右下两个箭头表示生物固氮循环中的重要环节

图 2-5　氮素在自然界的循环(陈乔制图)

胡麻籽粒干物质的来源，不仅仅只有叶片制造的光合产物，除叶片之外的其他营养器官在保持绿色时，也能进行光合作用，制造同化物质。N是构成蛋白质的主要物质基础，在作物代谢中扮演着至关重要的角色，不仅影响作物产量，而且影响作物品质（Dordas，2010）。

（一）氮素的吸收和同化

植物吸收的N主要是无机态氮，包括铵态氮和硝态氮，低浓度的亚硝酸盐虽然也能被植物吸收，但是其本身被吸收量较小，高浓度对植物有害，并无实际营养价值。某些可溶性的有机含氮化合物，也能被植物少量吸收，比如氨基酸、酰胺态氮等。

1. 铵态氮的吸收与同化

（1）铵态氮的吸收　铵进入植物细胞有多种途径，例如：质膜上存在一种非选择性阳离子通道可以转运铵。由于铵的化学性质与钾离子类似，钾离子通道也可允许铵的通过。另外，铵也可以通过水通道蛋白AtTIP跨膜向液泡内运输。在高等植物中，高亲和力的AMT铵转运蛋白是介导植物根系从土壤中跨膜运输铵态氮的主要途径。AMT分为两个亚类AMT1（包括AMT1;1，AMT1;2，AMT1;3，AMT1;4，AMT1;5）和AMT2（包括AMT2;1）；每个亚类又包括不同的家族成员，在不同的部位发挥作用。

根系吸收的氨态氮，会被同化，或者储存在根细胞的液泡中，抑或转移到地上部。一般认为氨态氮在植物体内未进行长距离运输，但是植株的木质部可以达到一定的铵浓度，表明铵盐从根系向地上部转移了。涉及铵盐在根系木质部装载和在地上部卸载的转运蛋白目前还未知。

（2）铵态氮的同化　$NH_4^+$主要通过GS和GOGAT途径形成氨基酸，其中GS是$NH_4^+$同化过程的关键酶。除了通过GS-GOGAT途径外，谷氨酸脱氢酶（GDH）和天冬酰胺合成酶（AS）也是同化$NH_4^+$的两个酶。

不论是铵态氮还是硝态氮，高等植物都是主要通过特定的转运蛋白对其进行吸收。吸收后的N素一部分在根系中直接同化利用，一部分在叶片中同化利用。不同N源在植物体内的运移、存储等过程是有很大差别的，但硝态氮和氨态氮都是植物需要的良好氮源，吸收到作物体后，除硝态氮需先还原成$NH_4^+$（$NH_3$）以外，其余同化过程完全相同。

2. 硝态氮的吸收与同化

（1）硝态氮的吸收　土壤中的硝态氮通过径流的方式运输到根系表面，并且通过主动运输的方式被植物吸收。高等植物中负责吸收硝酸盐的主要是NRT型硝态氮转运蛋白家族的成员。NRT1是低亲和性的硝酸盐转运系统的组成成分，NRT2是高亲和性的硝酸盐转运系统的组成成分。

不考虑硝酸盐转运蛋白的类型，硝酸盐通过质膜向内运输，需要克服强烈的电位梯度，因为带负电荷的硝酸根离子不仅需要克服负的质膜电位，还有内部较高的硝酸盐浓度梯度。因此硝酸盐的吸收是一个消耗能量的过程。硝酸盐转运蛋白跨膜运输硝酸盐，伴随着氢离子的同向转移，相反地，$H^+$-ATP酶需要消耗ATP，由氢离子泵向外运输氢离子以维持质膜上的氢离子梯度。硝酸盐通过植物细胞质膜如图2-6所示。

被根系吸收的硝态氮主要有以下几种去向：（a）在细胞质中，通过硝酸还原酶被还原成$NO_2^-$；（b）通过细胞膜流出原生质体，再次到达质外体内；（c）存储在液泡中；（d）通过木质部运输到地上部被还原利用。

（2）硝态氮的同化　在细胞质中，$NO_3^-$在硝酸还原酶（NR）的作用下还原成$NO_2^-$。$NO_2^-$

在质体中被亚硝酸还原酶(NiR)还原成 $NH_3$。形成的 $NH_3$ 在谷氨酰胺合成酶(GS)和谷氨酸合成酶(GOGAT)的作用下形成氨基酸(图 2-7)。

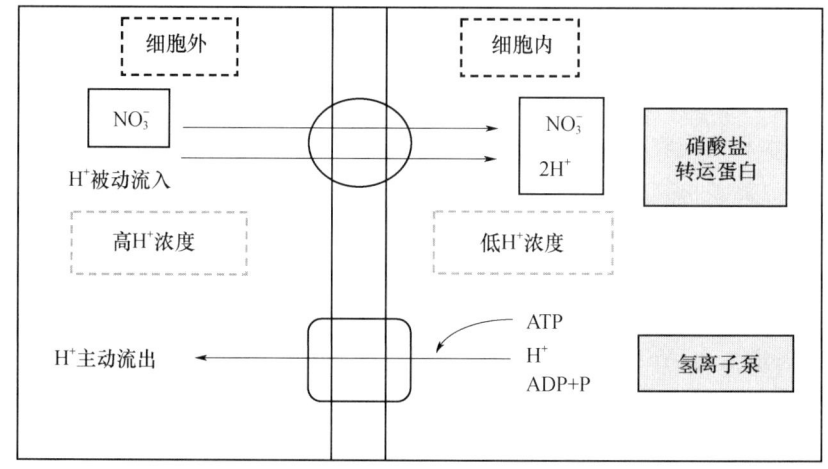

图 2-6　硝酸盐通过植物细胞质膜示意图(Marschner,2012)

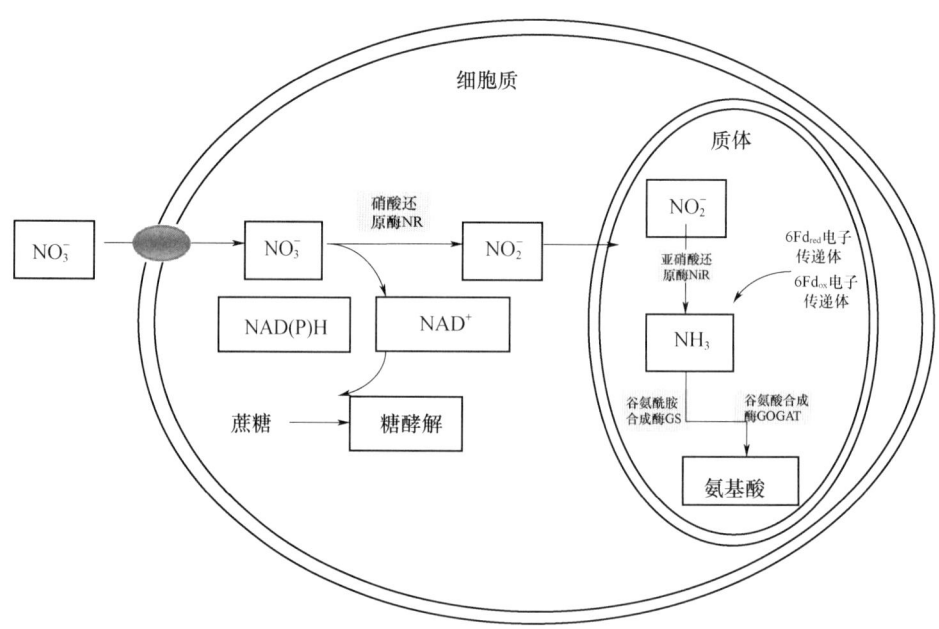

图 2-7　植物体内硝态氮同化示意图(陈乔制图)

(二)氨基酸的生物合成

植物对 N 的吸收形式主要有铵态氮和硝态氮。铵态氮可直接与植物体内的有机物结合成氨基酸、蛋白质和其他含氮化合物,而硝态氮不能直接结合,在植物体内需经硝酸还原酶和亚硝酸还原酶的作用才能与有机物结合形成含氮化合物。植物可利用的氮化物中,只有氨是能直接掺入有机物的。蛋白质氨基酸的碳架来自光合固定碳,酵解 TCA 循环中的几个中间体(3-磷酸甘油酸,4-磷酸赤藓糖,5-磷酸核糖,磷酸烯醇式丙酮酸,丙酮酸,α-酮戊二酸,延胡索酸和草酰乙酸)。植物细胞内普遍存在转氨酶。许多氨基酸都可作为氨基的供体,其中最重要的是谷氨酸,它可由 α-酮戊二酸与无机态氨合成,然后,再通过转氨基作用转给其他 α-酮酸合成相应的氨基酸。这样,谷氨酸便作为氨基的转换站。

各种氨基酸的生物合成途径各异,但其碳骨架的形成却具有共性,主要来源于几条代谢途径的中间产物。根据氨基酸合成途径的相似性把它们归为六大族:谷氨酸族:包括 Glu、Gln、Pro、Arg、Lys;天冬氨酸族:包括 Asp、Asn、Met、Thr;丝氨酸族:包括 Ser、Cys、Cys-Cys;丙酮酸族:包括 Ala、Val、Leu;芳香族:包括 Phe、Tyr、Trp;组氨酸族:包括 His。氨基酸生物合成如图 2-8 所示。

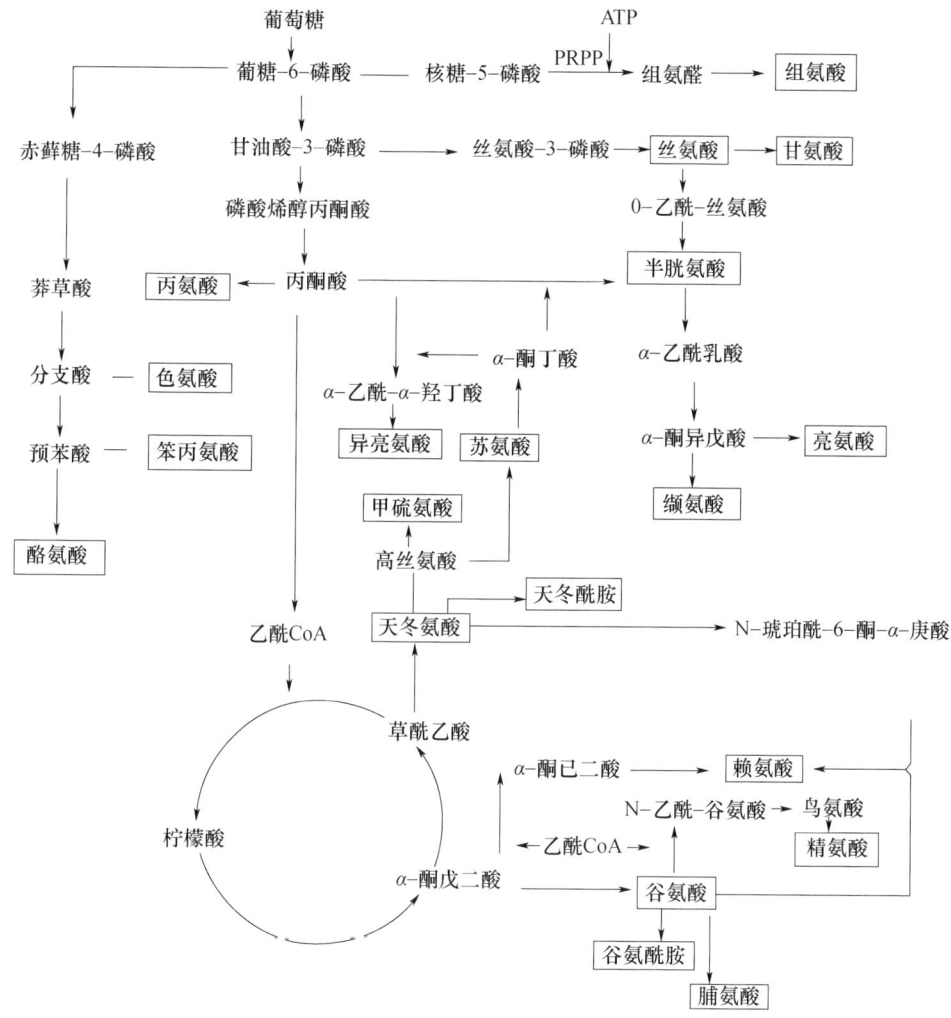

图 2-8 氨基酸生物合成图(陈乔制图)

发生部位主要在细胞叶绿体和线粒体。

(三)蛋白质的生物合成

蛋白质合成是指生物按照从脱氧核糖核酸(DNA)转录得到的信使核糖核酸(mRNA)上的遗传信息合成蛋白质的过程。不同的组织细胞具有不同的生理功能,是因为它们表达不同的基因,产生具有特殊功能的蛋白质。参与蛋白质生物合成的成分至少有 200 种,其主要体是由 mRNA、tRNA、核糖核蛋白体以及有关的酶和蛋白质因子共同组成。蛋白质生物合成可分为五个阶段:氨基酸的活化、多肽链合成的起始、肽链的延长、肽链的终止和释放、蛋白质合成后的加工修饰。

1. 氨基酸的活化　在进行合成多肽链之前,必须先经过氨基酸的活化,然后再与其特异的 tRNA 结合,带到 mRNA 相应的位置上,这个过程靠 tRNA 合成酶催化,此酶催化特定的氨基酸与特异的 tRNA 相结合,生成各种氨基酰 tRNA,每种氨基酸都靠其特有合成酶催化,使之和相对应的 tRNA 结合,在氨基酰 tRNA 合成酶催化下,利用 ATP 供能,在氨基酸羧基上进行活化,形成氨基酰-AMP,再与氨基酰 tRNA 合成酶结合形成三联复合物,此复合物再与特异的 tRNA 作用,将氨基酰转移到 tRNA 的氨基酸臂(即 $3'$-末端 CCA-OH)上。

2. 多肽链合成的起始、肽链的延长、肽链的终止和释放　核蛋白体循环分为启动、肽链延长及终止 3 个阶段。启动过程中形成启动复合体,此时需要 GTP 和 ATP;肽链延长阶段,每增加一个氨基酸,就按进位、转肽、脱落和移位这四个步骤重复进行;终止阶段,需终止因子 eRF 参与,eRF 使给位的转肽酶变为水解作用,合成好的肽链被水解并从核蛋白体上释放。

3. 蛋白质合成后的加工修饰　新生多肽链不具备蛋白质的生物学活性,必须经过复杂的加工过程才能转变为具有天然构象的功能蛋白质,这一加工过程称为翻译后修饰,翻译后修饰使得蛋白质组成更加多样化,从而使蛋白质结构上呈现更大的复杂性。

发生部位主要在细胞叶绿体和线粒体。

### 三、胡麻的脂肪代谢

#### (一)脂肪代谢的酶系统

综合已有研究资料和结论,脂肪代谢的关键酶有乙酰-CoA 羧化酶、脂肪酸合成酶、脂肪酸去饱和酶、脂肪酸延长酶等。

1. 乙酰-CoA 羧化酶　乙酰-CoA 羧化酶广泛地存在于生物界,此反应制约着脂肪酸合成第一阶段的速度。本反应由两个步骤组成,即利用 ATP 把 $CO_2$ 固定在酶所结合的生物素上和把 $CO_2$ 转移给乙酰辅酶 A 的反应。大肠杆菌或植物中的这种酶可以区分为催化这两个反应的蛋白质和结合生物素的蛋白质。

赵虎基等(2003)、王扶林等(2006)分别报道了植物乙酰辅酶 A 羧化酶的分子生物学与基因工程和植物中的乙酰辅酶 A 羧化酶(ACCase)。两篇文章指出了乙酰辅酶 A 羧化酶催化乙酰辅酶 A 生成丙二酸单酰-CoA,是脂肪酸合成中第一个限速步骤。ACCase 在植物中有两种形式:异质型(heteromeric) ACCase(简称 ACCaseⅡ)和同质型(homoerie) ACCase(简称 ACCaseⅠ)。异质型主要存在于双子叶植物和非禾本科单子叶植物的质体中,具有 4 个亚基:一个生物素羧基载体蛋白(biotin carboxyl carrier protein,BCCP)亚基,一个生物素羧化酶(biotin carboxylase,BC)亚基,转羧酶(biotin teansearboxylase,CT)的两个亚基 CTα 和 CTβ。在活性状态下,前两个亚基呈现同型二聚体,而 CTα 和 CTβ 是异型二聚体。同质型 ACCase 主要存在于植物的胞质中,它的肽链排列顺序是 BC、BCCP、C 和 C,形成了三个功能结构域,活性状态下呈现同型二聚体。同质型 ACCase 催化产生的丙二酰辅酶 A 用于脂肪酸链的延伸及类黄酮等许多次生代谢产物的合成。

2. 脂肪酸合成酶　植物脂肪酸合成酶(Faatty acid synthetasecom-plex,FAS)为原核形式的多酶复合体,由酰基载体蛋白(ACP)、β 酮脂酰 ACP 合酶、β-酮脂酰 ACP 还原酶、β 羟丁酰 ACP 脱水酶、β 烯脂酰 ACP 还原酶、脂酰-ACP 硫脂酶等部分构成。

酰基载体蛋白(ACP)是构成脂肪酸合成酶的骨架蛋白,它的辅基(磷酸泛酰疏基乙胺 phosphopantetheine)上的磷酸基团与 ACP 的丝氨酸残基以磷酯键相接,另端的-SH 基与脂酰基形成硫酯键,这样形成的分子可把脂酰基从一个酶反应转移到另一个酶反应。酰基载体蛋白在植物体内存在多个 ACP 同工酶。

卢善发等(2000)在植物脂肪酸的生物合成与基因工程中报道了 β-酮脂酰 ACP 合酶有 3 种:第 1 种 β-酮脂酰 ACP 合酶(KASI),作用于碳链长度介于 4～14 个碳之间的酰基 ACP;第 2 种 β-酮脂酰 ACP 合酶(KASII),则催化棕榈酰 ACP(palmitoyl-ACP,C16-ACP)与丙二酰 ACP 之间的聚合反应,产生硬脂酰 CP(stearoyl-ACP,C18-ACP);第 3 种 β-酮脂酰 ACP 合酶(KASm),以乙酰 CoA 和丙二酰 CoA 为底物。β-酮脂酰 ACP 还原酶和烯脂酰 ACP 还原酶均有两种等位形式,一种与 NADPH 相连,一种与 NADP 相连。β-酮脂酰 ACP 还原酶在脂肪酸合成过程中起作用的为第 1 种。

脂酰-ACP 硫脂酶可分为两大类,FatA 和 FatB。FatA 偏爱 18:1-ACP 作为底物,其次是对 18:0-ACP 和 16:0-ACP 有一定的活性。FatB 主要作用于 C8～C18 的饱和脂酰-ACP。由于酶对底物的特异性导致了脂肪酸在组成上的差异,即脂酰-ACP 硫脂酶对所合成的脂肪酸种类有一定的决定作用,例如,在种子中过量表达拟南芥硫脂酶基因 FATB1,可使种子中的 C16:0 脂肪酸增加 4 倍,然而扰乱 FATB1 的表达,C16:0 减少,且饱和脂肪酸含量减少。脂酰-ACP 硫脂酶编码基因已从向日葵等多种植物中克隆。

3. 脂肪酸去饱和酶　杨志刚等(2013)报道了脂肪酸去饱和酶(fatty acid desaturase,FAD)几乎存在于所有生物中,且种类较多。根据脂肪酸去饱和酶作用底物的不同可以分为 3 类:(1)酰基-CoA 去饱和酶:此酶是一种膜结合蛋白,能在与辅酶 A 结合的脂肪酸的烃链上引入双键,多存在于动物及真菌的内质网膜上;(2)可溶性的酰基-ACP 去饱和酶:此酶是一类酰基载体蛋白,能将与此蛋白相结合的脂肪酸去饱和,在其烃链上引入双键,存在于植物质体的基质中;(3)酰基-lipid 去饱和酶:此酶是一类膜结合蛋白,能将结合于甘油酯上的脂肪酸去饱和形成双键,或在糖脂结合的脂肪酸烃链上引入双键,存在于内质网膜、植物的叶绿体膜及一些杆菌的质膜上。

何早柯等(2017)报道了油葵脂肪酸去饱和酶基因 HaFAD2-1 的克隆与功能鉴定,结果显示 HaFAD2-1 基因编码一个长 378 个氨基酸的脂肪酸去饱和酶蛋白分子质量 43719 等电点(pI)为 8.38 具有 3 个高度保守的组氨酸簇脂肪酸甲酯气相色谱分析结果表明 HaFAD2-1 基因在酿酒酵母中获得表达能将油酸转化为亚油酸证明克隆得到的 HaFAD2-1 具有完整的催化功能。

4. 脂肪酸延长酶　是膜结合的多酶复合体。在一个细胞中含有多个延长酶系统,包括 β-酮脂酰合酶、β-酮脂酰还原酶、脱水酶和烯脂酰还原酶等,分为催化缩合、还原、脱水和再还原四步,功能与 FAS 类似,只是将乙酰-CoA 用中链或长链酰基 CoA 代替,反应过程中各种酰基均以酰基-CoA 形式参与反应,而不是以酰基-ACP 形式参与反应。

(二)脂肪的生物合成和分解

1. 脂肪酸的合成　综合已有资料,脂肪酸的生物合成部位主要在质体中,也即叶绿体中。也有报道认为饱和脂肪酸的合成主要在胞液中,线粒体也能合成,叶绿体也有微弱合成功能。

有研究认为,在脂肪代谢中,植物体内首先合成的是饱和脂肪酸,然后在脂肪酸脱饱和酶的作用下形成不饱和脂肪酸。油料作物是利用 $CO_2$ 作碳原合成脂肪酸。

脂肪酸的合成是在质体中进行的,脂肪酸多种多样,链的长短不同,不饱和程度也不同。但首先合成的都为 16 碳或 18 碳的饱和脂肪酸,一般称之为脂肪酸的从头合成。脂肪酸合成的前体物质为乙酰辅酶 A(乙酰-CoA),乙酰-CoA 在乙酰-CoA 羧化酶(acetyl-CoAcar-boxy-lase,ACCase)作用下生成丙二酸单酰一 CoA(malo.ny1.CoA)(又称丙二酰 CoA),接着在脂肪酸合成酶复合体(FAS)的催化下,以丙二酸单酰-CoA 和乙酰-CoA 为底物进行聚合反应,以每次增加两个碳的频率合成酰基碳链。

黄卓烈等(2004)描述了聚合反应的第一阶段为酰基转移阶段:丙二酸单酰-CoA 的丙二酰基在丙二酸-单酰 CoA-ACP 转移酶催化下从 CoA 转到酰基载体蛋白(acyl carrier protein,ACP)上,生成丙二酸单酰-ACP。同时乙酰-CoA 的乙酰基在乙酰-CoA-ACP 转移酶的作用下转移到 ACP 上,生成乙酰-ACP,随后乙酰基又被转移到 β-酮酯酰 ACP 合酶(β-ketoacyl-ACPsynthase)的半胱氨酸巯基上。第二阶段为循环阶段:第一步(缩合),上一阶段反应中的乙酰基(与酶的-SH 相连)与丙二酸单酰-ACP 在酮酯酰 ACP 合酶作用下发生缩合反应生成乙酰乙酰 ACP,形成碳-碳键和释放 $CO_2$,$CO_2$ 的释放使这一反应变得不可逆;第二步(还原),乙酰乙酰-ACP 在 β-酮酯酰 ACP 还原酶(p-ketoacyl-ACPreduc-tase)作用下生成 β-羟丁酰 ACP;第三步(脱水),在 β-羟丁酰 ACP 脱水酶(β-hydroxacyl-ACP dehydratase)作用下 β 羟丁酰 ACP 在 α 与 β 位的碳原子之间脱水生成巴豆酰(反式丁烯酰)-ACP;第四步(再还原),巴豆酰-ACP 在 β-烯酯酰 ACP 还原酶(enoyl-ACP reduc-tase)作用下生成丁酰-ACP;第一次还原反应以 NAD-PH+H 为还原剂,第二次以 NADPH+H 或 NADH+H 为还原剂。丁酰-ACP 再经转酰基作用与新的丙二酸单酰-ACP 重复上述缩合、还原、脱水、再还原的过程,经过数次循环后,即可生成 C16 和 C18 饱和脂肪酸。

周奕华等(1998)植物种子中脂肪酸代谢途径的遗传调控与基因工程中指出脂肪酸的合成可在脂酰-ACP 硫脂酶(acyl-ACP thioesterase)的作用下终止。脂酰-ACP 硫脂酶水解酰基-ACP,释放游离脂肪酸。在油料作物中,16 碳或 18 碳脂肪酰基 ACP 特异性的硫酯酶大量存在,因此,其大部分脂肪酸为 16 碳或 18 碳脂肪酸。而终止后的不同碳链长度的游离脂肪酸,在酰基 CoA 合成酶(aeyl-CoAsythetase)的作用下合成脂酰 CoA,并从质体转运到内质网或胞质之中。脂肪酸合成可参考图 2-9。

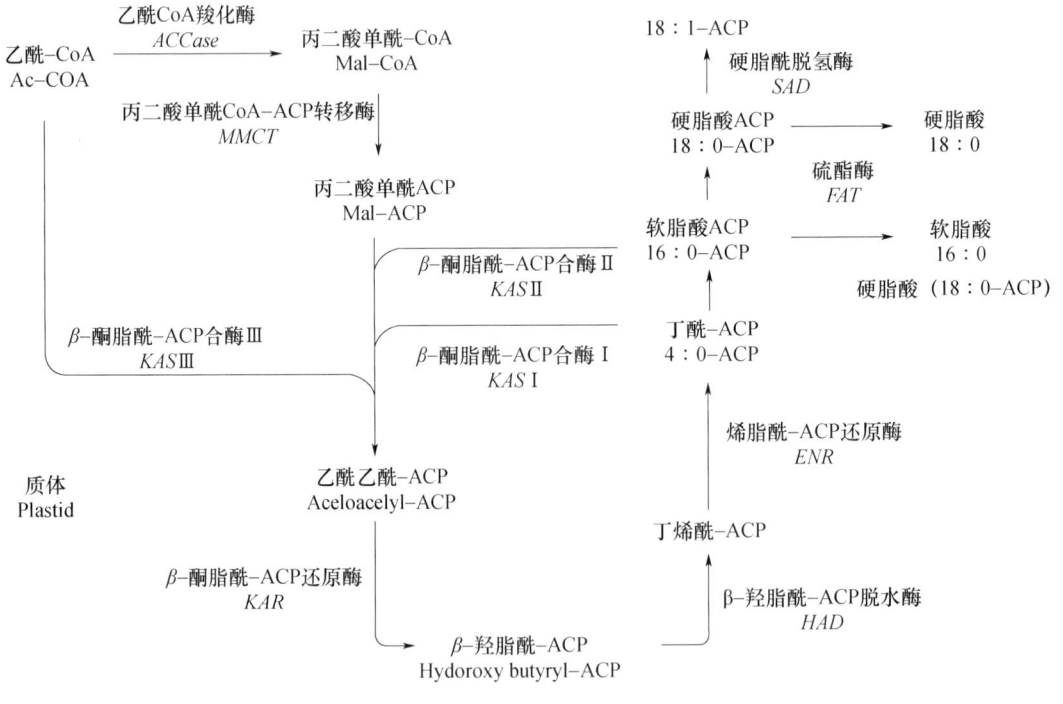

图 2-9 脂肪酸从头合成(蔡曼等,2018)

2. 脂肪的合成　脂肪酸通过酯化反应可以形成脂肪。

赵翠格等(2010)在植物种子油脂的生物合成及代谢基础研究进展中报道了植物种子油脂是由脂肪酸和甘油合成的高级脂肪酸甘油酯，以三酰甘油的形式储存于种子中。在种子发育过程中首先在质体中合成 16 或 18 碳饱和脂肪酸及油酸(c18:1)，接着这些脂肪酸进入内质网，脂肪酸碳链可延伸生成超长链脂肪酸或在脱饱和酶的催化下继续脱饱和生成多不饱和脂肪酸，最后各种脂肪酸与 3 磷酸甘油结合生成三酰甘油。油脂合成和蛋白质合成所需的原料均来源于糖类物质的分解。油脂代谢与蛋白质代谢是否存在底物竞争及两者能否相互转化依种子的类型而定。此外，光照可以促进绿色油料种子中油脂的积累。

3. 分解　生化反应部位在细胞线粒体中。

脂肪在乙醛酸循环体中降解产生还原碳进入细胞质，经糖异生途径(线粒体中)最终形成碳水化合物，进而进行各种代谢活动。对于幼苗来说，无法将子叶贮存的油脂转运到其他组织，因此，这些脂类必须先转变为可转运的碳化合物形式，一般是蔗糖，才能转运到根和生长快速的组织中，为幼苗的生长和发育提供碳源和能量。这一过程包括多个步骤，需要油质体、乙醛酸循环体、线粒体等细胞器的共同参与才能完成。种子萌发过程中脂肪转化为糖类过程见图 2-10。

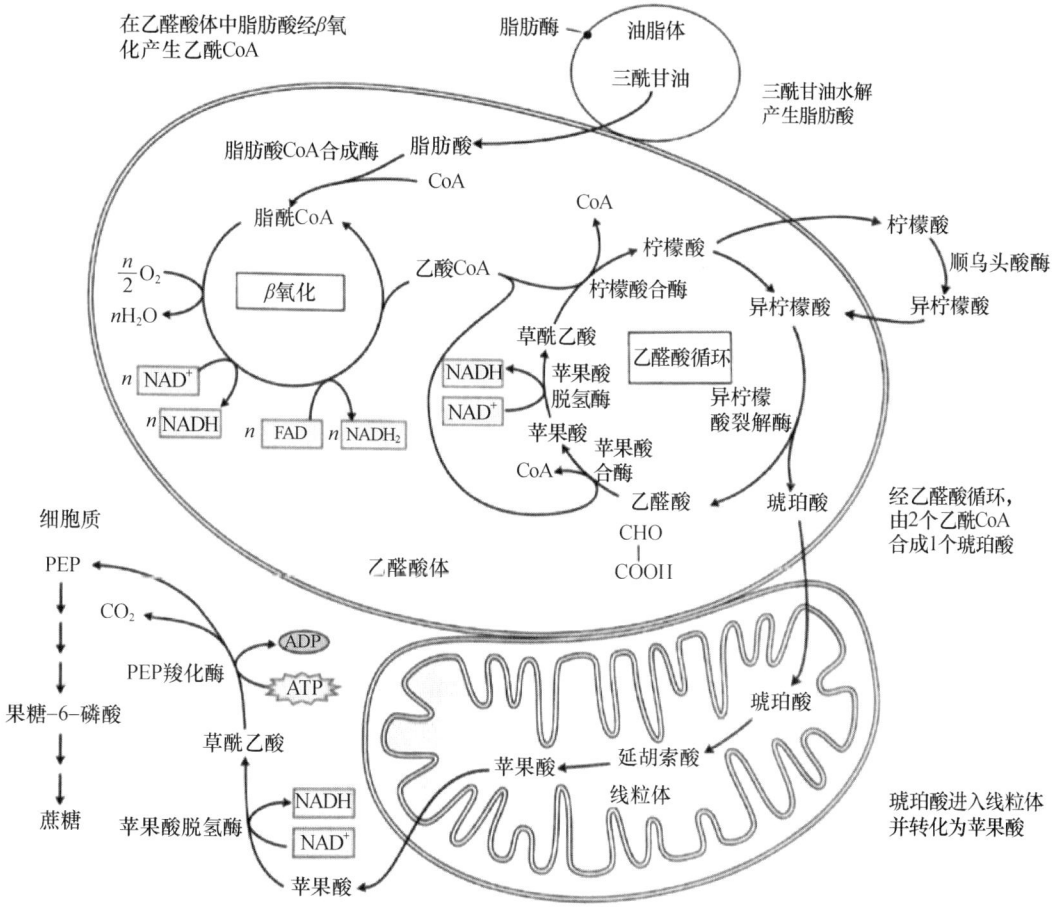

图 2-10　种子萌发过程中脂肪转化为糖类(宋纯鹏，2015)

(1)脂类转变为蔗糖的基本过程　随着种子萌发,脂类转化成蔗糖的过程被启动,该过程起始于油质体,三酰甘油先被水解为游离的脂肪酸,随后被氧化降解为乙酰CoA,脂肪酸的氧化在乙醛酸循环体中进行,乙醛酸循环体是存在于油类种子中、由单一的双层磷脂膜包裹的囊泡,属植物过氧化物酶体的一种。在乙醛酸循环体和细胞质中乙酰CoA经进一步代谢形成琥珀酸。而后,琥珀酸进入线粒体先被转化为延胡索酸,进而形成苹果酸,苹果酸进入胞质通过糖异生作用再转化成葡萄糖,最终形成蔗糖。在大多数储油种子中,接近30%的乙酰CoA经呼吸代谢氧化降解为细胞提供能量,其余部分被转化为蔗糖。

(2)脂肪酶介导的水解作用　脂类向碳水化合物转化的第一步是由脂肪酶催化三酰甘油水解为3分子脂肪酸和1分子甘油。在脂肪降解期间,油体和乙醛酸循环体通常在空间上也十分靠近。

(3)脂肪酸的β氧化　进入乙醛酸循环体的脂肪酸由脂酰CoA合成酶催化形成脂酰CoA。脂酰CoA是β氧化途径的最初底物,含有$n$个碳原子的脂肪酸经β氧化产生$n/2$分子的乙酰CoA,在β氧化中,每形成1分子乙酰CoA,同时产生1分子NADH,并把$1/2\ O_2$还原为$H_2O$。

(4)乙醛酸循环　乙醛酸循环的功能是将2分子的乙酰CoA转化为琥珀酸。乙醛酸循环是由多个连续的酶促反应组成,由脂肪酸经β氧化而来的乙酰CoA进入乙醛酸循环。首先,乙酰CoA和草酰乙酸反应生成柠檬酸,接着被转移到细胞质中,在顺乌头酸酶催化下,发生异构化生成异柠檬酸。异柠檬酸又被送进乙醛酸循环体中,并经过两步乙醛酸循环所特有的反应转化成苹果酸。首先,异柠檬酸被异柠檬酸裂合酶分解成琥珀酸和乙醛酸。琥珀酸被转运至线粒体中。接下来,在苹果酸合酶催化下,乙醛酸和第二个乙酰CoA缩合而生成苹果酸。然后,苹果酸被转运到细胞质,细胞质中有苹果酸脱氢酶的同工酶,此酶催化苹果酸脱氢氧化生成草酰乙酸。草酰乙酸又被送入乙醛酸循环体,在此,草酰乙酸和另一分子的乙酰CoA结合,进行新一轮乙醛酸循环。乙醛酸的产生保证了乙醛酸循环的继续进行,而琥珀酸则到线粒体中被进一步转化。

(5)线粒体的作用　琥珀酸从乙醛酸循环体进入线粒体,经柠檬酸循环的两步反应生成苹果酸。位于线粒体内膜的二羧酸转移系统将产生的苹果酸运出线粒体和琥珀酸交换。然后,胞质苹果酸脱氢酶将苹果酸氧化成草酰乙酸,然后,逆糖酵解(经糖异生途径)转变为碳水化合物。要实现这种转变就必须克服丙酮酸激酶所催化的不可逆反应,即由PEP羧化激酶催化,利用ATP磷酸化作用,将草酰乙酸转化成PEP和$CO_2$。

## 四、胡麻的水分代谢

(一)水分的生理作用

水在生长着的植物体中含量最大,原生质含水量为80%~90%,其中叶绿体和线粒体含50%左右;液泡中则含90%以上。组织或器官的含水量随木质化程度增加而减少,含水最少的是成熟的种子,一般仅10%~14%,或更少。代谢旺盛的器官或组织含水量都很高。原生质只有在含水量足够高时,才能进行各种生理活动。各种生化反应都须以水为介质或溶剂来进行。水是光合作用的基本原料之一,它参加各种水解反应和呼吸作用中的多种反应。植物的生长,通常靠吸水使细胞伸长或膨大。膨压降低,生长就减缓或停止。

(二)胡麻的需水量和需水节律

刘春英(2013)在灌水量和灌溉方式对胡麻生长发育和产量的影响中指出了胡麻不同生育

时期的需水量和需水规律。胡麻的不同生育期对水分需求有一定的差异,盛花期是胡麻的营养生长和生殖生长同时进入旺盛期,此期的耗水强度达生育期最大值,这段时期各个处理均表现为土壤水分较前三个时期低。与种子萌发时期的土壤水分相比,盛花期土壤水分含量 10 个处理平均降低了 35.8%。因此在盛花期灌水对胡麻增产有一定的作用。随着灌水量的增加,单株分茎数越高,播种的时候,要保持土壤的湿度在 65% 以上。萌发及出苗阶段,保持土壤湿度在 50% 以上。胡麻的生殖生长和营养生长同时进入旺盛期是在现蕾到开花期,在此期间胡麻的耗水量达到生育期的最大值。开花期应该保持土壤湿度在 70%~75%。盛花期以后,进入胡麻生长的后期,土壤湿度大概要保持在 50%~55%。

胡麻各个生育期的灌水对产量和产量性状的影响通过试验表明:灌水量对叶绿素、根鲜重影响差异显著,盛花期不灌水对胡麻株高的差异不显著,苗期不灌水和分茎期灌水对株高、叶绿素和根系鲜重、影响尤为明显。青果期灌水对产量的影响差异极显著。胡麻全生育期的需水量与产量的研究结果表明,胡麻年需水量大约 220 $m^3$/亩左右,灌水次数三次分茎期、现蕾期、盛花期各一次,相应产量在 140 kg/亩左右。

张玉玲(2009)对胡麻需水量及灌溉制度试验总结报告了胡麻的需水规律和田间需水量:土壤湿度较大的单株分茎数较高,其日耗水量在 1 $m^3$ 以上,需水模系数 10% 左右,播种的土壤湿度保持在 65% 以上,生长前期土壤湿度保持在 50% 以上。现蕾—开花是胡麻的营养生长和生殖生长同时进入旺盛期,此期的日耗水强度最高达 5~6 $m^3$,需水模系数在 40% 以上。开花期土壤湿度宜在 70%~75%。盛花后,胡麻进入生长后期,此期的土壤湿度宜控制在 50%~55%,日耗水强度最高达 2 $m^3$,需水模系数在 20% 左右。胡麻的需水量随产量的变化而变化,产量 160 kg/亩,需水量在 260 $m^3$/亩左右波动。

(三)根系吸水的动力

根系吸水的动力有两种,根压和蒸腾拉力,后者较为重要。

1. 根压(root pressure)　植物根系的生理活动使液流从根部上升的压力,称为根压(root pressure)。

根压把根部的水分压到地上部,土壤中的水分便不断补充到根部,这就形成根系吸水过程,这是由根部形成力量引起的主动吸水。从植物茎的基部把茎切断,由于根压作用,切口不久即流出液滴。从受伤或折断的植物组织溢出液体的现象,称为伤流。没有受伤的植物如处于土壤水分充足、天气潮湿的环境中,叶片尖端或边缘也有液体外泌的现象。这种从未受伤叶片尖端或边缘向外溢出液滴的现象,称为吐水。根压的两种解释分别是渗透论和代谢论。渗透论是指根部导管四周的活细胞由于新陈代谢,不断向导管分泌无机盐和有机物,导管的水势下降,而附近活细胞的水势较高,所以水分不断流入导管;同样道理,较外层细胞的水分向内移动。代谢论认为,呼吸释放的能量参与根系的吸水过程。

2. 蒸腾拉力(transpirational pull)　植物因蒸腾失水而产生的吸水动力叫作蒸腾拉力。叶片蒸腾时,气孔下腔附近的叶肉细胞因蒸腾失水而水势下降,所以能从旁边细胞取得水分。同理,旁边细胞又从另外一个细胞取得水分,如此下去,便从导管要水,最后根部就从环境吸收水分。这种吸水完全是蒸腾失水而产生的蒸腾拉力所引起的。

(四)胡麻的水分循环与平衡

水分平衡(water balance)是指植物吸水、用水、失水的和谐动态关系或者是在某一特定时段进入某一特定空间范围内的水量等于流出该空间范围的水量与该空间在该时段前后所含水分变化量的代数和。植物的水分平衡是相对的、动态的平衡,不是绝对的、静止的平衡,如果这种相对平衡的状态由于某种原因而遭到破坏,就会直接影响植物的正常生育,严重时甚至威胁植物的生存。

王龙昌等(2003)在黄土丘陵半干旱区旱地作物水分平衡特征与水分生态适应性中论述了胡麻的分枝至坐果期是胡麻的需水临界期。这一时期,胡麻植株生长发育迅速,水分蒸散强烈,由于处在旱季向雨季的过渡阶段,降水量和需水量之间存在较大的差距,干旱年份水分满足率约为40%~50%,丰水年份约为70%~80%,这一阶段的水分供需错位是导致胡麻产量低和不稳定的症结所在。因此,在水分资源欠缺的旱作农区,应建立与降水规律相适应的种植制度,才能实现旱地种植业生产的高产稳产和水分资源的高效利用。

吴兵等(2013)为寻求干旱半干旱地区一膜两年用栽培条件下胡麻最适宜种植密度,探讨不同密度条件下旱地胡麻的增产机理,在大田环境下,分析比较了300万~1200万粒/hm$^2$(D1~D7,以150万粒/hm$^2$为间隔)7种密度处理对旱地胡麻生育进程中土壤水分、叶面积、灌浆速率、干物质积累、籽粒产量及水分利用效率的影响。结果表明:低种植密度下一膜两年用胡麻对水分的利用效果显著,有利于光合面积及同化产物积累量的增加。不同密度下土壤贮水量差异主要体现在现蕾期,为其由营养生长向生殖生长过度提供必需水分保证。叶面积对密度处理的响应基本与之一致,各生育时期均以D1最高,且在现蕾期较最低D6处理显著高210.85%。各处理下灌浆速率变化主要体现在花后30d、花后50d,此时D1均较高,分别较最低D7处理高55.12%与71.83%。全生育期D1均表现出最高的干物质积累量,生育后期D1、D2、D3、D4继续保持增长,而D5、D6、D7呈现有所下降的态势。籽粒产量亦以D1最高,达1837.95 kg/hm$^2$,其余依次为D3(1617.30 kg/hm$^2$)、D2(1598.40 kg/hm$^2$)、D6(1533.30 kg/hm$^2$)、D4(1501.35 kg/hm$^2$)、D5(1495.05 kg/hm$^2$)和D7(1441.80 kg/hm$^2$),水分利用效率与产量变化趋势基本一致,随密度增加而下降,最高D1较最低D7增加30.69%。说明300万粒/hm$^2$种植密度是一膜两年用胡麻兼顾节本增效、保水高产的最适种植密度,适宜在旱作农业区推广应用。

# 参考文献

蔡曼,柳延涛,王娟,等,2018.植物种子油脂合成代谢及其关键酶的研究进展[J].中国粮油学报,33(1):131-139.

曹彦,冯志慧,梅雪,等,2018.不同播种时间对胡麻品种内亚九号生长及产量的影响[J].现代农业科技(14):20-21.

常桂英,邢力,叶飞,等,2017.生物化学[M].北京:化学工业出版社.

常耀军,王桂芳,杨建明,等,2016.原州区胡麻全生育期气候条件分析及主要气象灾害的影响[J].现代农业(9):107-108.

陈军,王立光,叶春雷,等,2018.栽培模式对甘肃旱区胡麻地土壤酶活性及胡麻产量的影响[J].甘肃农业科技(5):42-46.

党占海,赵玮,2016.中国现代农业产业可持续发展战略研究:胡麻分册[M].北京:中国农业出版社.

高炳德,索全义,白进玲,等,2001.播种期对胡麻物质代谢及产量形成的影响[J].内蒙古农业科技(土肥专辑):9-11.

高凤云,张辉,贾霄云,等,2014.不同播种期对亚麻产量和品质的影响[J].中国麻业科学(3):146-150.

高鸿飞,朱勇臣,李成虎,2011.胡麻配方施肥校正试验[J].现代农业科技(10):56,58.

何丽,杜彦斌,张金,等,2017.干旱对胡麻现蕾期光合特性及产量的影响[J].西北农林科技大学学报(自然科学版),45(4):59-64.

何早柯,周茜萍,王梦瑶,等,2017.油葵脂肪酸去饱和酶基因HaFAD2-1的克隆与功能鉴定[J].江苏农业学报,33(2):273-279.

黄卓烈,朱利泉,2004.生物化学[M].北京:中国农业出版社.

贾海滨,闫志利,牛俊义,等,2013.施氮量对胡麻干物质积累分配及产量的影响[J].河北科技师范学院学报,27(4):25-31.

李淑珍,孙琳丽,马玉平,等,2014.气候变化对宁夏固有地区胡麻发育进程和产量的影响[J].应用生态学报,25(10):2892-2900.

李卫芳,张明农,1997.油菜叶的结构及其光合特性[J].安徽农业科学(3):213-215.

梁东升,王毅荣,2007.甘肃胡麻产量对气候变化的区域响应[J].中国农业气象,28(4):409-411.

刘春英,2013.灌水量和灌溉方式对胡麻生长发育和产量的影响[J].甘肃科技纵横.42(6):73-75.

卢善发,等,2000.植物脂肪酸的生物合成与基因工程[D].植物学通报,17(6):481-49.

陆志峰,任涛,鲁剑巍,等,2016.缺钾油菜叶片光合速率下降的主导因子及其机理[J].植物营养与肥料学报,22(1):122-131.

陆志峰,2017.钾素营养对冬油菜叶片光合作用的影响机制研究[D].武汉:华中农业大学.

梅杨,李海蓝,谢晋,等,2007.核酮糖-1,5-二磷酸羧化酶/加氧酶(Rubisco)[J].植物生理学报(2):363-368.

米君,2006.胡麻[M].北京:金盾出版社.

牛芬菊,李小燕,张雷,等,2014.榆中县旱地胡麻组合型微垄全膜覆盖侧播适宜播种期研究[J].农业开发与装备(3):32-33.

蒲金涌,邓振镛,姚小英,等,2004.甘肃省胡麻生态气候分析及种植区划[J].中国油料作物学报,26(3):37-42.

乔志红,2008.北方高寒地区胡麻栽培技术[J].河北农业科技(24):12-12.

沈建楠,刘娟,李春霞,2013.不同磷肥施用量对胡麻生育性状及产量的影响[J].现代农业科技(21):14,18.

宋纯鹏,2015.植物生理学(第5版)[M].北京:科学出版社.

孙洪涛,傅卫东,柳新,1986.在温室条件下人工光照与温度对亚麻生长发育的影响[J].中国麻作(3):35-36.

孙润,雷俊,尚军林,等,2017.黄土高原半干旱区春小麦、胡麻物候变化特征分析[J].干旱气象,35(5):761-766.

王扶林,吴关庭,郎春秀,2006.植物中的乙酰辅酶A羧化酶(ACCase)[J].植物生理学通讯,42(1):lO-14.

王龙昌,卞新民,2003.黄土丘陵半干旱区旱地作物水分平衡特征与水分生态适应性[C]//中国作物学会学术年会文集.

吴兵,高玉红,谢亚萍等,2013,种植密度对一膜两年用胡麻灌浆速率、水分利用效率及产量的影响[J],核农学报,27(12):1912-1919.

谢亚萍,牛俊义,2017.胡麻生长发育与氮营养规律[M].北京:中国农业出版社.

谢亚萍,牛小霞,牛俊义,等,2017.钾肥和密度对胡麻干物质及钾积累转运和产量的影响[J].干旱地区农业研究,35(6):194-200.

徐人鹏,姚泽恩,尹永智,2013.不同光强对胡麻幼苗生长发育特性的影响[J].现代农业科技(8):9-13.

闫志利,郭丽琢,方子森,等,2012.有机肥对胡麻干物质积累、分配及产量的影响研究[J].中国生态农业学报,20(8):988-995.

杨建春,吴瑞香,2012.不同栽培密度对晋亚10号胡麻产量及农艺性状的影响[J].耕作与栽培(6):10-11.

杨丽,祁双桂,李青梅,等,2017.不同覆膜栽培方式对胡麻水分利用效率和产量的影响[J].西北农业学报,26(5):728-737.

杨志刚,郭子好,姚琴琴,等,2013.脂肪酸去饱和酶基因的研究进展[J].生物技术通报(12):21-26.

姚虹,马建军,2011.不同种植方式对胡麻产量构成因素的影响[J].安徽农业科学,39(30):18460-18462.

姚玉璧,邓振镛,王润元,等,2006.气候变化对甘肃胡麻生产的影响[J].中国油料作物学报,28(1):49-54.

姚玉波,关凤芝,吴广文,等,2015.温度对不同亚麻品种发芽的影响[J].黑龙江农业科学(1):16-18.

叶春雷,石有太,罗俊杰,等,2014.种植密度对旱地胡麻产量及品质的影响[J].甘肃农业科技(4):11-13.

尤莉,邸瑞琦,李卉,等,2005.内蒙古胡麻生长发育与气候条件的关系[J].内蒙古气象(1):35-36.

张惠玲,刘明春,马兴祥,等,2003.河西走廊胡麻生育气候条件分析及适生种植区划[J].中国农业气象,24(1):51-54.

张新学,曹秀霞,安维太,等,2015.种植密度对旱地垄膜集雨沟播胡麻干物质积累及产量的影响[J].农业科学研究,36(03):35-37,41.

张玉玲,2009.胡麻需水量及灌溉制度试验总结报告[J].农业科技与信息(19):35.

赵翠格,刘暖,李凤兰,等,2010.植物种子油脂的生物合成及代谢基础研究进展[J].种子,29(4):56-62.

赵虎基,王国英,2003.植物乙酰辅酶A羧化酶的分子生物学与基因工程[J].中国生物工程杂志,23(2),12-16.

赵兴全,吴春洪,2005.土壤水分条件对亚麻生长发育的影响[J].黑龙江气象(2):16-18,20.

周奕华,陈正华,1998.植物种子中脂肪酸代谢途径的遗传调控与基因工程[J].植物学通报,15(5):16-23.

Avilan L, Maberly S C, Mekhalfi M, et al, 2012. Regulation of glyceraldehyde-3-phosphate dehydrogenase in the eustigmatophyte Pseudocharaciopsis ovalis is intermediate between a chlorophyte and adiatom[J]. European journal of phycology, 47(3):207-215.

Dordas C A, 2010. Variation of physiological determinates of yield in linseed in respose to nitrogen fertilization [J]. Industrial Crops and Products, 3(3):455-465.

Marschner H, 2012. Marschner's mineral nutrition of higher plants[M]. Academic Press.

Yuan L, Loqué D, Kojima S, et al, 2007. The organization of high-affinity ammonium uptake in Arabidopsis roots depends on the spatial arrangement and biochemical properties of AMT1-type transporters[J]. The Plant Cell, 19(8):2636-2652

# 第三章　胡麻实用栽培技术

## 第一节　胡麻常规栽培技术

### 一、主要栽培技术环节

根据各地区长期以来对胡麻栽培的相关试验和生产经验的总结,对于胡麻栽培都有成功的经验和成熟的技术,胡麻栽培技术体系的主要技术环节可概括为以下方面:

地块选择和播种前的土地准备;种子的选择及播前处理;适期播种和播种方法,包括播期的选择、播种密度、播种深度以及合理密植;施足基肥;田间管理,主要包括定苗、中耕除草、科学追肥、合理灌溉、防治病虫草害;适时收获。在整个栽培管理过程中,要采用合理的种植方式,如间作、套作、轮作以及覆盖栽培等。

### 二、选地整地

胡麻具有抗旱、耐寒、耐瘠薄等特点,具有极强的抗逆性,主要分布在高寒、干旱、瘠薄的农业区域。胡麻对土壤质地要求不高,在沙地、壤土、黏土均可生长。胡麻对土壤要求不严,种植在干旱瘠薄地也能生长,但是土壤质地较黏、含氮较多时,胡麻籽粒含油率会有所降低。水肥条件好,氮磷钾配合适当时,则籽粒含油率显著提高。胡麻生育期相对较短,根系并不发达,因此土层深厚、土质疏松的地块更为适宜。

(一)茬口选择

茬口对胡麻出苗率、产量和品质均有影响,前茬作物会带走土壤中部分营养成分,并且土壤中残留的植株体、根际微生物及伴随作物发生的杂草、病虫害都会对土壤有很大的影响,因此,轮作倒茬既可减轻病虫危害也可改善土壤的营养条件。胡麻对前茬作物的要求不太严格,豆类、马铃薯、小麦、莜麦、玉米等均可作为好茬口,高粱、谷子、黍子、荞麦、甜菜等茬口,长势相对差,对胡麻产量和品质影响较大。

张素梅(2017)通过对11种不同茬口后茬胡麻生长发育、产量、品质的影响进行分析,结果表明,谷茬影响胡麻出苗,其余不同茬口对胡麻出苗影响差异不显著,玉米、萝卜、油菜和高粱茬较胡麻茬出苗率有显著提高作用。不同茬口对胡麻生长发育影响较大,特别是对胡麻株高、长势状况影响较为显著,荞茬(甜荞、苦荞)、芸芥茬口影响后茬胡麻生长发育,植株长势迟缓,叶片发黄,茎秆细弱,生育期延迟,在实际生产中胡麻种植应注重避开这些茬口。不同茬口产量差异较为明显,芸芥茬、荞茬和油菜茬产量最低,麦茬、豆茬、高粱茬和玉米茬均有助于胡麻产量的提高。综合表现为麦茬最优,其次为高粱茬、玉米茬、谷茬、荞茬、胡麻茬,油菜茬最次,为不适宜种植茬口。

郭秀娟等(2016)通过4种不同前茬耕地上胡麻干物质积累规律及产量构成因子的变化,分析其对胡麻产量和品质的影响,为胡麻合理接茬复种提供理论依据。不同前茬作物使胡麻不同生长期干物质积累量总体呈上升趋势,在生理成熟期达到最大值。结果表明,不同前茬作物使胡麻不同生长期干物质积累量总体呈上升趋势,对质量积累都有增加作用,其中豆茬(T3)处理胡麻干物质积累量最大。荞麦茬(T2)、谷茬(T1)对胡麻工艺长度和株高影响较大,豆茬(T3)、荞麦茬(T2)对单株有效蒴果数和千粒重影响大于其他几种茬口。与T0相比,4种茬口使胡麻籽粒中硬脂酸含量都有所提高,对胡麻含油率、亚麻酸、亚油酸、油酸和棕榈酸等品质性状的影响无明显差异。与T0相比,豆茬是最优前茬,荞麦茬、谷茬次之,薯茬最差。

李建鑫(2012)通过研究表明,豆类、小麦、马铃薯等为胡麻的良好前茬,玉米、糜子等秋禾作物茬较差,谷子、荞麦茬最差。胡麻最忌连作,连作消耗同一养分过多,因而产量最低,还易引起严重的病害,出苗率低,死苗多。

侯保俊等(2011)从胡麻高产技术角度,表明胡麻不宜连作或迎茬,连作或迎茬容易引起病虫害,同时会使土壤中的营养元素单一化,土壤养分比例失调,降低土壤肥力,造成减产。据有关资料,连作比轮作一般减产35%~50%,轮作地块发生立枯病仅占5%,而连作地块高达60%。另外,不同茬口对胡麻产量有一定影响。在胡麻栽培中,不但不能迎茬,而且轮作周期应在3~5年以上,前茬以玉米、莜麦、大豆、甜菜为好。

乔海明等(2010a)通过对不同胡麻品种不同前作进行研究分析,胡麻各品种前茬作物不同,生育性状也有很大差异,不同品种表现一致规律,莜麦茬口生育性状优于荞麦茬口。结果表明,荞麦前作对胡麻出苗期及出苗率影响不大,但出苗后胡麻生长缓慢,植株矮小,推迟现蕾,延长生育期。品种之间差异不大,以"坝亚9号"表现最明显。荞麦前作对胡麻经济性状及产量影响较大,不同品种主要经济性状及产量水平都有降低趋势,但降低幅度有所不同。"坝亚9号"荞麦前作产量降低幅度最高达91.9%。荞麦前作对胡麻苗期及成株期病害发生影响不大,苗期和成株期调查病株率、死株率差异不明显。和莜麦前作相比,荞麦前作对胡麻生育性状、经济性状和产量水平有较大影响,种植胡麻应避免选择荞麦前作。

(二)地块选择

胡麻一般在5 cm深的地温稳定在7~7.5 ℃时,气温达4.5~5 ℃时进行播种。胡麻种子发芽的最适温度是20 ℃,长出2对真叶后,可以忍受短期-4 ℃的低温,蒴果发育和种子形成期间最适宜的温度是17~22 ℃,超过25 ℃时植株易枯死,造成蒴果发育不良。胡麻抗旱能力强,年降水量为300~500 mm的地区均可种植。种植胡麻不适宜选择沼泽土、渍水地、沙性易旱地种植,以及低洼、下湿、不通水的地块。应选择地势平坦、土壤肥沃、土层深厚,保水保肥力强、排水良好、pH值6.5~7.0的微酸性或中性土壤。更适宜选择污染少的旱坡、丘陵地或中等肥力的水地,尤其是三年以上未种胡麻,持水保肥能力强,杂草较少,土地平整的优质沙壤土为最好。

(三)整地

胡麻是喜凉爽和干燥气候的长日照作物,在胡麻全生育期要求≥10 ℃积温1700~2200 ℃·d,在积温1800~2000 ℃·d时可获稳产。胡麻属直根系,幼苗根系纤弱,胡麻种子小,幼芽顶土力弱,因此在耕作栽培上要保持土壤疏松平整,保墒,以利于胡麻保苗,同时胡麻植株前期生长缓慢,后期对水分和养分要求较高且集中,因此,必须进行精细整地。

在前茬作物收获后应及时深耕蓄墒,以利于接纳更多的雨水,做到秋水春用,耕深一般在20 cm以上,随耕随耱并结合翻地施入底肥,以有机肥为主,一般施有机肥35000 kg/hm²、三料过磷酸钙150~220 kg/hm²、硫酸钾60~90 kg/hm²。采用秋深耕蓄墒,有利于改善土壤理化性质,减轻病虫杂草的危害。冬压封墒,封住地上裂缝,可以防止风蚀跑墒。早春土壤表层解冻时进行耙磨保墒,以粉碎土块及表皮,切断毛细管,防止土壤水分蒸发。播前松土塌墒,随犁施入肥料,耕后耙磨,使上虚下实底墒湿润。胡麻籽粒较小,幼苗顶土力差,因此在整地时耙糖要细平,清除残茬,春季镇压,使土壤上虚下实无坷垃,以利于胡麻出苗。

### 三、选用良种

(一)良种标准

良种是增产的首要条件。目前生产上使用的亚麻品种也较多。播种用的种子,要选用纯净、饱满、有光泽、无病的种子。为防止种子带菌,播前要进行种子处理,可选用种量3%的炭疽美或多菌灵拌种,减缓病害蔓延。

整齐性:在区域试验中,所描述的主要性状、形态特征和生物学特性表现一致。

稳定性:在两年区域试验中,其相应的特征特性基本保持一致。

特异性:与其他品种比较,主要性状有明显差异。

抗病性和耐病性:具有鉴定委员会指定部门或机构出具的抗病、耐病性鉴定报告。

生育期:在正常气候条件下,从出苗到成熟所用时间不得晚于当地品种7 d。

品种含油率在40%以上。

(二)良种简介

1. 陇亚12号

选育单位:甘肃省农业科学院作物研究所。

特征特性:生育期88~126 d,平均为107 d。油用型品种。幼苗直立,株型紧凑,花为蓝色,种子褐色。株高59.6 cm,工艺长度38.7 cm,有效分茎0.5个,主茎分枝5.2个,单株果16.3个,每果6.9粒,千粒重7.2 g,单株生产力0.75 g。品质优良,含油率平均为40.49%,其他脂肪酸油酸含量为24.91%、亚油酸含量为13.36%、亚麻酸含量为52.04%。中抗枯萎病、抗旱、抗倒伏,生长整齐一致。

产量表现:在2007—2008年国家胡麻区试中,2007年13个试点中有6个试点增产,平均折合亩产124.88 kg,居第三位,较对照陇亚8号增产0.27%,增产不显著。2008年13个试点中有7个试点增产,平均折合亩产132.58 kg,居第三位,较对照陇亚8号减产1%,减产不显著。两年26个试点中有13个试点增产,平均折合亩产128.73 kg,居第四位。在2009年生产试验中,9个试点有5个试点增产,平均折合亩产120.35 kg,较对照陇亚8号增产2.99%,居第二位。在宁夏西吉、隆德、固原、新疆伊犁和甘肃兰州5个试点中,较对照陇亚8号分别增产11.3%、14.0%、27.2%、3.1%和5.1%,平均增产12.14%,其中在宁夏固原表现比当地主要推荐品种宁亚14号增产16.45%。

适宜范围:适宜在甘肃、内蒙古、宁夏、山西、新疆等胡麻主产区种植。

2. 陇亚10号

选育单位:甘肃省农业科学院作物研究所。

特征特性:生育期98~128 d,属中熟品种。种子褐色,花蓝色,幼苗直立,株型较紧凑,株高47~77 cm,工艺长度水地为35~55 cm,旱地为40~45 cm,属油纤兼用型品种。主茎有效分枝5~7个,单株果数17~25个,每果6.5~8.1粒,千粒重7.4~9.3 g。与对照陇亚8号相比,主要表现在果多、果大、千粒重高,群体整齐一致,抗倒伏性好,适宜套种,适应性广。含油率39.46%~42.10%,平均为40.89%,亚油酸含量54.03%。高抗胡麻枯萎病,兼抗白粉病。

产量表现：在 2002—2004 年甘肃省区试中，3 年 19 个点次平均折合亩产为 128.12 kg，较对照陇亚 8 号增产 4.62%，19 个点次试验中有 12 个点次增产，增幅 2.89%～20.48%。在 2003—2004 年国家区试中，两年平均折合亩产分别为 135.02 kg、144.37 kg，较对照陇亚 8 号分别增产 3.7%、18.16%，均居参试品种第一位，两年 15 点次试验中，有 12 点次增产，平均折合亩产为 139.7 kg，较陇亚 8 号增产 10.86%，增产达显著水平。在多点次生产试验中，较对照品种增产 5%～20%。2009—2010 年，在胡麻产业技术体系新品种筛选试验中，2 年 12 点次平均折合亩产 122.4 kg，居 40 个筛选品种第一位。在全国 8 个综合试验站 11 点次的示范中，平均亩产 122.1 kg，居 25 个示范品种的第四位。

适宜范围：适宜甘肃、内蒙古、宁夏、新疆、山西、河北等胡麻主产区及黑龙江、吉林、云南等胡麻新产区种植。

3. 陇亚 11 号

选育单位：甘肃省农业科学院作物研究所。

特征特性：生育期 95 d，属中熟品种。株高 50～64 cm，花蓝色，千粒重 7.2～7.6 g，种皮褐色。含油率为 40.09%～41.09%，平均为 40.69%，脂肪酸组成为：棕榈酸 5.98%，硬脂酸 4.43%，油酸 24.95%，亚油酸 15.38%，亚麻酸 49.26%。高抗枯萎病，抗白粉病。抗倒伏、抗旱性能较强，农艺性状优良，生长势较强，成熟时无贪青现象，整齐一致，稳产性能好。

产量表现：在 2005—2007 年甘肃省区域试验中，3 年平均折合亩产 121.69 kg，较统一对照陇亚 8 号增产 5.34%，增产达到显著水平，居参试品系的第一位。3 年 19 点次试验中有 13 点次增产，增产幅度为 0.5%～38.8%。在 2005—2006 年国家区试中，折合亩产分别为 133.15 kg、144.13 kg，较对照陇亚 8 号分别增产 0.35% 和 2.41%，两年平均折合亩产 138.74 kg，较对照增产 1.4%，居参试材料第一位。两年 22 点次试验中 13 点次增产。在多次生产试验中较主栽品种增产 8.87%～21.39%。

适宜范围：适宜甘肃兰州、河西走廊、白银、定西等省内产区及河北、宁夏、新疆和内蒙古等胡麻主产区推广种植。

4. 陇亚杂 1 号

选育单位：甘肃省农业科学院作物研究所。

特征特性：生育期 92～113 d，属早熟品种。幼苗直立，株型紧凑。株高 36～62 cm，工艺长度 30 cm 左右。花蓝色，单株果粒数多。种皮褐色，千粒重 7 g 左右。抗倒伏能力强。苗期生长势较强，无贪青晚熟现象，整齐一致。品质优良，含油率 41.63%，属油用型品种。高抗枯萎病。

产量表现：在 2008—2009 年甘肃省区试中，2008 年平均折合亩产为 132.59 kg，较对照增产 6.89%，增产达显著水平，居参试材料第二位，7 点次试验中有 6 点次较对照增产，增产幅度为 6.36%～26.92%。2009 年平均折合亩产 128.36 kg，较对照增产 13.99%，居参试材料第一位，增产达极显著水平，7 点次试验中有 6 点次较对照增产，增产幅度为 8.11%～29.78%。在 2 年 14 试点次的甘肃省区域试验中，有 12 个点增加，增产点次达 85.7%，平均折合亩产 130.4 kg，较对照陇亚 8 号增产 10.27%，增产达极显著水平，居参试材料第一位，生产试验中较主栽品种增产 10% 以上。

适宜范围：适宜甘肃兰州、张掖、白银、平凉、定西及河北、宁夏、新疆和内蒙古等胡麻主产区推广种植。

5. 陇亚杂 2 号

选育单位：甘肃省农业科学院作物研究所。

特征特性：生育期 94～115 d，属中早熟类型。幼苗直立。株高 35～62 cm，工艺长度 35 cm。花瓣蓝色，种子褐色，单株果数多，千粒重较高。抗病、抗倒伏，综合性状优良，群体整齐一致，无贪青现象，落黄好。品质优良，含油率为 41.82%。高抗枯萎病。

产量表现：在 2008—2009 年甘肃省区试中，2008 年平均折合亩产为 132.59 kg，较对照陇亚 8 号增产 7.0%，增产达显著水平，居参试材料第一位，5 点次增产，增产幅度为 0.62%～18.31%。2009 年平均折合亩产为 120.88 kg，较对照陇亚 8 号增产 6.84%，增产达显著水平，居参试材料第三位，5 点次增产，增产幅度为 6.7%～25.84%。两年平均折合亩产 126.44 kg，较对照陇亚 8 号增产 6.92%，增产达极显著水平，居参试材料第二位。在 2009—2010 年国家区试中，平均折合亩产分别为 128.06 kg、138.47 kg，较对照陇亚 8 号分别增产 10.62%、6.74%。两年平均折合亩产 133.27 kg，较对照陇亚 8 号增产 8.57%，增产达极显著水平。25 个试点中有 21 个点增产，增产点占 84%。在大面积生产试验中较对照增产 8.50%～12.15%。

适宜范围：适宜甘肃兰州、张掖、白银、平凉、定西及河北、宁夏、新疆和内蒙古等胡麻主产区推广种植。

6. 宁亚 19 号

选育单位：固原市农业科学研究所。

特征特性：生育期 92～109 d，属中早熟类型。株高 56.44 cm，工艺长度 38.56 cm，属油麻兼用型。单株有效分枝数 8.3 个，单株结果数 17.2 果，蒴果中等，成熟后不开裂，每果粒数 7.8 粒，籽粒卵圆形，千粒重 7.52 g。幼苗直立，叶片宽度中等偏窄，叶密度较大，叶色深绿，花瓣蓝色，种子浅褐色，株型紧凑，结果集中，分枝能力不强。粗脂肪含量为 37.58%，丰产性好，抗病性强，耐旱，抗倒伏。

产量表现：在 2007 年区域试验中平均亩产 139.12 kg，比宁亚 14 号增产 13.11%。2008 年生产试验中平均亩产 143.89 kg，比宁亚 14 号增产 21.28%。2009 年生产试验中平均亩产 145.08 kg，比宁亚 14 号增产 23.79%。两年生产试验平均亩产 144.49 kg，比宁亚 14 号增产 22.54%。2010 年进行大面积示范繁种，旱地亩产 75～100 kg，在水肥条件较好的条件下亩产可达 150 kg 以上。

适宜范围：适宜在宁夏旱地和水地种植，也可在周边地区种植。

7. 宁亚 14 号

选育单位：固原市农业科学研究所。

特征特性：生育期 95～115 d，属中熟类型。株高 61.59 cm，工艺长度 44.19 cm，属油麻兼用型。株型紧凑，结果比较集中，单株有效分枝 6.1 个，有效结果 8.7 个，每果粒数 7.8 粒，千粒重 8.01 g，籽粒褐色。主要特性是丰产性好，适应性广，产量稳定性比较好，抗胡麻枯萎病能力较强。

产量表现：1992 年区域试验种子平均亩产 98.2 kg，较对照宁亚 10 号增产 20.3%。1993 年区域试验种子平均亩产 87.8 kg，较对照宁亚 10 号增产 3.5%。1994 年区域试验种子平均亩产 69.1 kg，较对照宁亚 10 号增产 19.3%。三年生产试验种子亩产 69.2～95.7 kg，较宁亚 10 号增产 10.8%～34.5%。

适宜范围：适宜在宁夏旱地和水地种植，也可以在毗邻省区的周边地区种植。

8. 宁亚 15 号

选育单位：固原市农业科学研究所。

特征特性：生育期 92～112 d，属中早熟类型。株高 65.4 cm，工艺长度 50 cm，属油麻兼用型。单株有效分枝4.5个,花蓝色,有效结果10个,每果粒数6.7粒,成熟后不裂果,籽粒卵圆形,种皮浅褐色。幼苗直立,叶片中等宽度,叶密度较大,叶色深绿,株型紧凑,结果集中,基本无分茎。丰产,抗枯萎病,耐寒,耐旱,抗倒伏。幼苗生长缓慢。

产量表现:1992年区域试验亩产111.37 kg,较对照宁亚10号增产36.42%,较宁亚12号增产11.13%。1993年区域试验亩产91.32 kg,较对照宁亚10号增产7.64%。1994年试验亩产72.5 kg,较对照宁亚10号增产25.24%。1997年区试亩产54.32 kg,较宁亚10号增产9.94%。

适宜范围:适宜在宁夏旱地和水地种植,也可在周边地区种植。

9. 宁亚16号

选育单位:固原市农业科学研究所。

特征特性:生育期95~98 d,属中早熟类型。株高55.13 cm,工艺长度41.21 cm,属油麻兼用型。株型紧凑,结果比较集中,单株有效分枝6.99个,有效结果8.1个,每果粒数7.9粒,千粒重8.01 g,籽粒浅褐色。主要特性是丰产性好,适应性广,产量稳定性比较好,而且抗胡麻枯萎病能力比较强。

产量表现:1998年在宁夏固原、彭阳、西吉、同心、隆德五县进行区域试验,种子亩产30.86~183.40 kg,平均亩产94.27 kg,比对照宁亚10号增产4.23%~37.48%,平均增产15.89%。1999年区域试验,种子亩产49.2~95.5 kg,比对照宁亚10号增产8.7%~22.4%,平均增产15.93%。2000年在宁夏固原、彭阳、西吉、隆德四县进行生产试验,种子亩产53.2~107.1 kg,比对照宁亚10号增产7.3%~18.4%,平均增产14.1%。

适宜范围:适宜在宁夏旱地和水地种植,也可在周边地区种植。

10. 宁亚17号

选育单位:固原市农业科学研究所。

特征特性:生育期90~105 d,属中早熟类型。株高52.9 cm,工艺长度37.1 cm,属油麻兼用型品种。株型紧凑,结果集中,单株有效分枝6.7个,单株结果10.5个,每果粒数7.8粒,千粒重7.3~8.4 g,籽粒浅褐色。主要特性是耐旱,高抗胡麻枯萎病。籽粒含粗脂肪37.58%。

产量表现:2002年区域试验平均亩产137.1 kg,比对照宁亚14号增产14.72%。2003年区域试验平均亩产106.2 kg,比对照宁亚14号增产11.48%。两年区域试验平均亩产121.65 kg,比对照宁亚14号增产13.07%。2003年生产试验平均亩产101.4 kg,比对照增产7.46%。

适宜范围:适宜在宁夏旱地和水地种植,也可在周边地区种植。

11. 坝亚12号

选育单位:张家口市农业科学院。

特征特性:生育期105~110 d,属中熟品种。幼苗直立,花蓝色,种皮褐色,株高48.7~72.8 cm,工艺长度35.5~53.1 cm,主茎分枝4.6~5.6个,单株果13.45~19.6个,单果7.1~8.3粒,千粒重7.34~8.41 g,单株生产力0.64~0.852 g。籽实含油量达40.7%,亚麻酸含量在47.2%~49.8%。苗期生长快,田间群体整齐一致,抗倒伏性强,耐水肥,抗旱性强,高抗胡麻枯萎病,落黄好,适应范围广。

产量表现:1997—1999年进行品系鉴定,三年平均亩产106.1 kg,较坝亚6号增产17.37%。2000—2002年进行品种比较,三年平均亩产118.86 kg,较坝亚6号增产16.71%,2003—2005年参加张家口市区试,三年平均亩产127.24 kg,较陇亚8号增产11.13%、较坝亚7号增产9.87%。2006年进行五个点的生产鉴定试验,亩产78~133.3 kg,较坝亚7号增产

5.2%~33.6%。2007—2008年参加全国区试,亩产65.63~168.89 kg,较陇亚8号增产3.55%~55.37%。

适宜范围:适宜在张家口坝上、承德丰宁围场、山西和内蒙古等邻近省区、甘肃的定西地区、宁夏固原、吉西和隆德地区种植。

12. 坝选3号

选育单位:张家口市农业科学院。

特征特性:生育期97~104 d,属中熟偏早类型品种。株高51.7~65.7 cm,工艺长度35.4~46.3 cm,主茎分枝数3.6~6.9个,单株有效果12.7~36.6个,每果8.2~9.4粒,单株粒重0.58~2.02 g,千粒重6.41~6.57 g。籽实含油量达42.77%,亚麻酸含量49.8%,亚油酸含量14.8%。幼苗直立,花蓝色,种皮红褐色,有光泽。苗期生长快,田间群体整齐一致,抗倒伏性强,耐水肥,抗旱性强,高抗胡麻枯萎病,落黄好,适应范围广。

产量表现:2002年进行品系鉴定,亩产128.8 kg,较坝亚6号增产32.37%。2003—2004年进行品种比较,平均亩产143.1 kg,较坝亚6号增产21.58%,较坝亚7号增产27.31%。2003—2005年进行河北省胡麻五个点区试,三年平均亩产127.67 kg,较陇亚8号增产17.82%,较坝亚7号增产11.85%。2006年进行生产鉴定,亩产68.5~145 kg,除塞北管理区外,较坝亚7号增产2.7%~123.08%。2007年繁育0.5亩,亩产165.8 kg,较坝亚7号增产50.45%。由于坝选3号增产显著,从2007年开始,在河北尚义、沽源、张北、内蒙古的化德、宝昌、兴和大面积引种种植。

适宜范围:适宜河北坝上各县,承德丰宁围场,山西和内蒙古等相邻省区中上等肥力种植。

13. 坝亚11号

选育单位:张家口市农业科学院。

特征特性:生育期101~107 d,属中熟类型品种。株高51~75 cm,工艺长度38~62 cm,主茎分枝数3.8~4.8个,单株9.6~11.5个桃,单桃8.3~8.9粒,千粒重6.57~7.03 g,单株生产力0.44~0.56 g。幼苗直立,花蓝色,种皮褐色,抗倒伏性强,耐水肥,适应范围广,籽实含油量39.74%。

产量表现:1997—1998年进行品系鉴定,两年平均亩产145.8 kg,较坝亚6号增产36.9%。1998—2000年进行品种比较试验,三年平均亩产124.1 kg,较坝亚6号增产10.02%。2001—2002年参加河北省六个试点区试,两年平均亩产94.92 kg,较坝亚6号增产11.28%。2003年进行生产鉴定,平均亩产113.2 kg,较坝亚6号增产24.9%。2004—2005年示范试验平均亩产108.6 kg,增产19.2%。

适宜范围:适宜张家口坝上,承德丰宁围场,山西和内蒙古等相邻省区中或中下等肥力旱滩地土壤上种植。

14. 坝亚9号

选育单位:张家口市农业科学院。

特征特性:生育期100~114 d,属中熟类型品种。株高64.1~71.8 cm,工艺长度40.3~49.8 cm,主茎分枝数4.36~5.1个,主茎分茎0.17~0.57个,单株11.68~14.38个桃,单桃6.6~6.7粒,千粒重6.06~6.23 g,单株生产力0.39~0.45 g。幼苗直立,花蓝色,种皮褐色。抗倒伏性强,耐水肥,适应范围广,籽实含油量39.62%~40.25%。

产量表现:1993—1995年进行品系鉴定,三年平均亩产86.7 kg,较品种753增产31.76%。1996—1998年进行品种比较试验,两年平均亩产101.54 kg,增产8.15%。1998—1999年参加河北省六个点亚麻区域试验,两年平均亩产 92.95 kg,较陇亚 7 号平均增产 16.71%,较坝亚 6 号增产 6.4%。2000—2002 年生产鉴定,2003—2005 年示范推广,平均增产均达 10%以上。

适宜范围:适宜张家口坝上,承德丰宁围场,山西和内蒙古等相邻省区的旱薄地及中下等肥力土壤上种植。

15. 伊亚 4 号

选育单位:新疆伊犁哈萨克自治州农业科学研究所。

特征特性:生育期 96～110 d。株高 65～72 cm,工艺长度 46～52 cm,单株分枝 5～6 个,单株果数 10～15 个,千粒重 7.2 g,含油率 41.7%。抗胡麻枯萎病和立枯病,抗倒伏和抗寒性强,适应性强而稳定性好。

产量表现:2004 年在新疆伊犁州农科所品系比较中,伊亚 4 号亩产 214.5 kg,比对照伊亚 2 号增产 11.1%。2005—2006 年参加全国胡麻品种区域试验,两年 22 个点次,平均亩产 161 kg,比对照陇亚 8 号增产 4.2%,产量居 11 个参试品种第二位,含油率位居第一位,达 41.7%,综合评价为优。

适宜范围:适宜在新疆伊犁河谷胡麻产区种植。新疆和全国胡麻产区可引种试种。

16. 内亚 9 号

选育单位:内蒙古自治区农牧业科学院特色作物研究所。

特征特性:生育期 90～105 d,为中早熟型。幼苗叶片狭小而细长,全缘,无叶柄和叶托,叶绿色。株高 59.81 cm,工艺长度 35.90 cm,单株分枝 4～5 个,全株有效果 16～24 个。花瓣蓝色,种子褐色。每果 7～9 粒,千粒重 6.0 g 左右。群体生长整齐,成熟一致,落黄好,不贪青。含油率 43.69%～44.60%,亚麻酸含量 51.29%。抗旱,抗倒伏,抗枯萎病兼抗立枯病,综合性状优良。

产量表现:2009 年和 2010 年全国胡麻品种联合区域试验中,平均亩产 140.21 kg,位居第一,比对照陇亚 8 号增产 12.45%,两年 25 个试点中,有 21 个点增产。2011 年参加全国胡麻品种生产试验结果,12 个试点中有 11 个试点增产,平均折合亩产 134.81 kg,位居第一,平均产量比对照陇亚 8 号增产 13.93%。在宁夏固原市表现比当地主推品种宁亚 4 号增产 61.85%。

适宜范围:≥10 ℃年积温 1800～3200 ℃·d 地区,即适宜在内蒙古自治区阴山南麓中等肥力水地、阴山北麓旱坡地以及周边同等土壤气候条件的地区,如甘肃、宁夏、新疆、山西、河北等胡麻主产区水旱地种植。

17. 轮选 2 号

选育单位:内蒙古自治区农牧业科学院特色作物研究所。

特征特性:生育期 100～108 d,为中熟型。属油纤兼用型胡麻品种。株高 60～70 cm,工艺长度 40～45 cm,全株有效果 16～20 个,每果 8.2～8.4 粒,主茎分枝 4.1～4.9 个,千粒重 6.2 g 左右。花蓝色,种子褐色。生长整齐,成熟一致,落黄好,不贪青。含油率 41.36%～42.56%,亚麻酸含量 50.63%。抗旱,抗倒伏,高抗枯萎病。

产量表现:2003—2004 年参加第七轮全国胡麻联合区域试验,2003 年全国 8 个试点,平均折合亩产 132.08 kg,比对照陇亚 8 号增产 1.42%,2004 年全国 7 个试点,平均折合亩产 127.71 kg,比对照陇亚 8 号增产 6.13%。2006 年参加全国胡麻新品系生产示范,平均亩产 137.87 kg,比对照陇亚 8 号增产 2.05%。最高产量达 150 kg。

适宜范围:≥10 ℃年积温 1800～3200 ℃·d,即适宜在内蒙古自治区阴山南麓、北麓及毗邻省区胡麻主产区水旱地均可种植。

18. 晋亚9号

选育单位:山西省农业科学院高寒区作物研究所。

特征特性:生育期90~108 d,中早熟品种。株高53~65 cm,工艺长度35~45 cm,主茎分枝4个以上,千粒重6.5 g以上。株型半分散,桃较大,花蓝色。抗胡麻枯萎病,抗旱、抗逆性较强,生产优势强,丰产稳定,对外界环境变化有较强的适应性。含油率40.80%,其脂肪酸组成为棕榈酸6.41%,硬脂酸3.56%,油酸26.38%,亚油酸14.60%,亚麻酸49.05%。

产量表现:2000年参加省生产试验,平均折合亩产69.6 kg,较晋亚7号增产10.5%,2001年参加省生产试验,平均亩产80.4 kg,较晋亚8号增产13.6%,2002年平均亩产81.95 kg,较晋亚8号增产11.8%,三年平均亩产77.3 kg,较晋亚8号增产12.7%。2000—2002年参加全国胡麻品种联合区试,折合亩产分别为101.1 kg、128.96 kg、114.64 kg,平均为114.8 kg,平均较对照陇亚8号增产4.53%,居8个品种的第二位。

适宜范围:适宜山西省以及内蒙古、河北、甘肃等省区的胡麻产区种植。

19. 晋亚10号

选育单位:山西省农业科学院高寒区作物研究所。

特征特性:生育期95~110 d,中熟品种。株高50~56 cm,工艺长度40~50 cm,主茎分枝5个以上,单果着粒8粒以上,千粒重6g左右。籽粒红褐色,花蓝色。含油率39.82%,其脂肪酸组成为棕榈酸5.31%,硬脂酸2.55%,油酸26.75%,亚油酸14.9%,亚麻酸50.49%。

产量表现:2006—2007年参加山西省生产试验,2006年平均折合亩产105.7 kg,较晋亚8号增产10.4%,2007年平均亩产110.4 kg,较晋亚8号增产11.97%,两年10个试点9个增产,平均折合亩产107.8 kg,较晋亚8号增产11.4%。2005—2006年参加全国胡麻品种联合区试,平均折合亩产分别为136.69 kg、140.73 kg,平均为138.74 kg,较对照陇亚8号增产1.4%,位居第一位。

适宜范围:适宜山西省大同、朔州、忻州、吕梁等胡麻产区肥旱地以及内蒙古、甘肃、张家口地区类似生态区种植。

20. 晋亚11号

选育单位:山西省农业科学院高寒区作物研究所。

特征特性:生育期95~110 d,中晚熟品种。株高53~65 cm,工艺长度40 cm以上,主茎分枝5个以上,单果着粒8~10粒,千粒重6g左右。株型紧凑,籽粒褐红色,花蓝色,生长整齐,成熟一致。抗枯萎病,抗倒伏,抗逆性较强,丰产稳定。含油率40.60%,其脂肪酸组成为棕榈酸6.46%,硬脂酸2.95%,油酸25.41%,亚油酸14.26%,亚麻酸50.88%。

产量表现:2008年参加省生产试验,4个试点3个增产,平均折合亩产100 kg,较晋亚8号92.5 kg,增产8.1%,2009年参加省生产试验,平均亩产79.5 kg,较晋亚8号72.9 kg,增产9%,两年平均亩产88.6 kg,较晋亚8号81.6 kg,增产8.58%。2009年参加全国胡麻品种联合区试,13个试点11个增产,折合亩产125.17 kg,较对照陇亚8号增产8.12%。

适宜范围:适宜山西省大同、朔州、忻州、吕梁等胡麻产区的干旱、半干旱及水地种植,以及内蒙古乌兰察布、鄂尔多斯,宁夏、甘肃类似生态区种植。

## 四、播种

(一)种子的播前处理

田间一般不处理或采用药剂拌种,播前多将种子晾晒或用0.3%多菌灵拌种。但为提高胡麻种子萌发率,提高种子活性,国内部分研究机构开展了利用物理或化学方法提高胡麻种子活力增加出苗的探索性研究。如崔红艳等(2015)采用二因素裂区设计,以保水剂和活性炭、硅藻土、凹凸棒为填充剂的包衣材料制作丸粒化胡麻种子,研究了丸粒化处理对胡麻种子萌发和幼苗生长的影响。结果表明:与不加保水剂相比,保水剂质量与种子质量为1∶1时,丸粒种子的活力指数和出苗率显著提高20.11%、18.62%;随着保水剂含量的增加,幼苗的根冠比显著减小3.25%。包衣剂中以活性炭∶凹凸棒=1∶1为填充剂的发芽率和出苗率比不加填充剂的明显提高6.79%、22.41%,幼苗生长最健壮。与未丸粒化的种子相比,当保水剂质量与种子质量为1∶1时,以活性炭∶凹凸棒=1∶1为填充剂的丸粒种子发芽指数、活力指数和出苗率显著提高,而且幼苗的茎粗、叶面积和根冠比分别显著增加11.02%、27.35%、28.07%。可见,适量的保水剂(保水剂质量与种子质量为1∶1)和以活性炭、凹凸棒为填充剂的包衣剂能提高胡麻种子活力,增加出苗率,使幼苗的干物质重增大,根系发达,根冠比提高,为胡麻高产奠定了良好的基础。斯钦巴特尔等(1995)用稀土溶液浸种处理,研究了稀土元素对胡麻种子萌发过程中物质转化的影响,结果表明稀土溶液浸种对胡麻种子萌发过程中脂肪的分解以及游离脂肪酸进一步转化成可溶性糖均有促进作用。此外,赵东晓等(2019)为探讨辐照对胡麻种子的诱变作用,以5个不同剂量的60Co-γ射线对胡麻种子进行辐照处理,观察其对胡麻种子萌发及幼苗生长的影响。结果表明,200Gy剂量60Co-γ辐射可以提高胡麻种子发芽率、发芽指数、活力指数。

(二)适期播种

1. 适宜播期的选择和确定　胡麻适时播种技术是一项重要的增产技术,也是一项行之有效的节本增效技术。提早播种可有效地利用春墒,提高胡麻的出苗率和成株数,增加胡麻的千粒重和果粒数,进而能较大幅度地促进胡麻增产。高炳德等(2001)研究了播种期对胡麻物质代谢及产量形成的影响,为胡麻丰产优质栽培技术和适时早播提供了理论和技术依据。研究发现,适时早播胡麻植株体内糖、氮含量较高,且前期低温有利于花芽分化,胡麻产量和含油量增加。

(1)晋西北胡麻品种和播期选择　在山西省一般应选择抗旱、耐贫瘠、适应性强、分枝分茎能力强、花期较为集中的品种。在山西省旱薄地可种植晋亚7号、晋亚9号,坡梁地可种植晋亚7号、晋亚10号,水地可以种植晋亚8号、晋亚11号、陇亚10号等。播期一般在4月中下旬到5月中上旬。

(2)冀北高寒区胡麻品种和播期选择　经过多年试验示范,坝亚7号、坝选3号、坝亚12号、陇亚杂1号、晋亚10号、内亚9号几个品种品质优良,抗旱性强,均适宜在河北省种植。播期建议中熟品种在5月初、早熟品种在5月中旬播种。

(3)鄂尔多斯土默川地区胡麻品种和播期选择　此地区应选用丰产性高、抗病虫能力强、耐旱、耐贫瘠、含油量高的品种,目前主要可选轮选1号、轮选2号、陇亚8号、陇亚10号、晋亚10号、晋亚11号等。播种时间多在5月中旬左右。

2. 播期对胡麻生育和产量的影响　基本实行春播,个别地区初夏播。胡麻的播种期应根据各地气候特点灵活掌握。根据胡麻种子在1~3℃发芽的特性,一般掌握气温稳定在5℃时,土温达7~8℃为宜。根据白银市农业科学研究所2011年对陇亚杂1号播期的研究表明,胡麻主要经济性状提前一周播种的最优,正常时期播种的居中,推迟一周播种的最差,由此说明,适期早播有利于获得高产。此外,曹彦等(2018)探讨了不同播种时间对乌兰察布地区胡麻主推品种内亚九号生长及产量的影响,对10个不同播种时期内亚九号生育期、株高、工艺长度、有效果数、单株生产力等农艺性状,收获株数及产量等进行研究。结果表明,延迟播期可延长胡麻生育期,早播处理株高较矮,利于胡麻抗倒伏,工艺长度与株高表现出相似规律;适时播种有利于增加单株生产力,产量以播期5月7日最高。由此表明,乌兰察布胡麻最佳播种时期为4月28日至5月7日,适期早播可提高胡麻产量。这主要是因为,适时早播一方面可以充分利用土壤中的水分,利于苗全苗壮;另一方面胡麻在出土前就已通过春化阶段,且在较低温度下,可缓慢通过光照阶段,有更充分的时间进行营养生长,使根系发育良好,抗旱能力增强,从而获得高产。

(三)合理密植

作物产量是作物品种遗传特征和栽培环境条件相互作用的结果。在各种栽培措施中,合理密植和适量施肥是提高作物产量的重要措施。种植密度是作物群体结构的重要特征,建造良好的群体结构即合理密植能有效改善作物对光、肥、水资源的利用效率与库、源的平衡过程,不仅有利于群体内的气体交换,还能够提高籽粒产量。对于密植作物,产量形成需要发挥群体优势,建立适宜的群体结构确保密植作物高产。单位面积有效果数、果粒数和千粒重是胡麻产量构成的三要素。氮肥水平和种植密度对胡麻籽粒产量构成因子的影响达到显著水平。增加种植密度可提高单位面积有效果数,降低果粒数和单株有效果数。有研究表明,与不施用氮肥相比,在施用氮肥 75 kg/hm² 水平下,低密度和中密度处理的单位面积有效果数分别降低了 20.88% 和 5.12%,而高密度提高了 5.62%,果粒数无明显差异,千粒重分别提高了 7.30%、2.94% 和 17.72%。胡麻种植密度的增加,虽然在一定程度上抑制了胡麻单株的有效分茎数、有效蒴果数等,但是在养分和水分适宜的情况下,随着密度的增加,群体的叶面积指数和光能利用率大幅提高,充分发挥了胡麻的群体效应,最终表现为产量的增加(朱珊,2013)。合理密植能提高胡麻叶片光合作用规模和时间,进而提高胡麻产量,在适宜养分条件下,产量表现最佳。

## 五、种植方式

胡麻的种植方式可以分为单作及套作。

(一)单作

单作(sole cropping)指在同一块田地上种植一种作物的种植方式,也称为纯种、清种、净种。单作是胡麻的主要种植方式。可以选择覆膜与露地种植、地膜穴播与膜侧种植和连茬与轮茬种植。与间作相反,在同一块土地上,一个完整的植物生育期内只种同一种作物的种植方式,称为单作,其优点是便于种植和管理,便于田间作业的机械化。

姚虹(2011)研究了不同种植方式对胡麻产量构成因素的影响,以胡麻(Linum usitatissimum L.)种子为材料,研究不同种植方式对胡麻产量构成因素的影响。设3个试验组:在各试验组胡麻的种植方式分别为覆膜与露地种植、地膜穴播与膜侧种植和连茬与轮茬种植,小区面积均为 222.3m²,每组试验设 3 个重复。结果显示:从长势上看,覆膜种植优于露地种植;地膜穴播优于膜侧种植;轮茬优于连茬种植。其中地膜穴播轮茬胡麻长势最佳。从产量和出油率上看,覆膜胡麻较露地产量、出油量分别增加 29.2%($P<0.01$)、16.0%($P<0.01$),增产达到显著水平;穴播较膜侧胡麻产量、出油量分别增加 0.7%($P>0.05$)、0.1%($P>0.05$),穴播种植略高于膜侧种植增产不显著;轮茬较连茬增产、平均出油量分别增加 15.3%($P<0.01$)、3.6%($P<0.01$),增产达到显著水平。

覆膜胡麻采用膜侧种植技术,用膜侧沟播机,通过畜力牵引一次性完成起垄、覆膜、播种3道工序。地膜选用35 cm宽薄膜,垄面宽20 cm,垄高为10 cm,垄沟宽30 cm。垄面覆膜集雨产流,沟内纳雨。在沟内种植2行胡麻,播深3~4 cm。要求下籽均匀,镇压、覆土良好。每公顷播种45~52.5 kg,密度为40万~45万株。覆膜穴播种植,地膜选用100 cm宽薄膜,垄面宽80 cm,垄沟宽25 cm。通过覆膜机一次性完成起垄、覆膜。铺膜后采用穴播机点播,每垄种8行,行距6 cm,穴距8 cm,每穴6~8粒,每公顷播种45~52.5 kg,密度为40万~45万株。露地胡麻采用耧播技术播种。

姚天明(2010)通过对地膜胡麻和露地胡麻在各个时期根系活力及叶绿素含量进行研究,结果表明:地膜覆盖胡麻最大根系活力高于露地胡麻,但地膜胡麻叶片衰老速率高于露地胡麻,因此认为地膜胡麻适宜在高山地区种植。

乔海明等(2010b)分析了胡麻"三早"栽培法的技术原理,提出该项技术是中国胡麻适宜种植区应对逐年高温干旱最实用、最有效的措施,适宜在同类型区域推广。"三早"栽培法主要指适时早播种、适时早管理、适时早收获。胡麻"三早"栽培法的每一技术环节都体现了节水抗旱,在当前气候及生产条件下,符合胡麻绿色有机栽培技术的要求。不但可以在冀西北地区推广应用,而且同样适用于华北、西北等胡麻产区。

杨培军(2014)在宁夏固原市原州区开展了旱地胡麻不同覆膜方式试验研究,结果表明,地膜覆盖种植可有效增加土壤温度,保持土壤水分,降低土壤水分蒸发,提高出苗率,增加胡麻产量。全膜覆土穴播栽培、覆膜不覆土穴播栽培、膜侧栽培比常规种植分别增产41.94%、12.5%、23.39%,增产效果显著。建议在旱地胡麻生产上,推广应用3种覆膜栽培方式,全膜覆土穴播栽培模式应在生产中大力推广应用。

张树海(2013)在原州区大堡村川地进行旱地胡麻不同覆膜种植方式比较试验,结果表明,在5种种植方式中,膜侧栽培胡麻籽粒产量最高,折合单产2166.75 kg/hm$^2$,比常规露地栽培增产29.4%。5种种植方式分别为:处理①常规露地种植(CK),处理②膜侧栽培,处理③全膜穴播栽培,处理④半膜栽培,处理⑤全膜覆土穴播栽培。随机排列,重复3次。小区面积12 m$^2$(长8 m,宽1.5 m)。排距70 cm,区组间距50 cm,四周设保护行。

(二)间、套作

间、套作属于多熟种植方式,是一熟有余、两熟不足地区提高土地利用效率的一种有效农作模式。有充分利用生长季节,充分利用光能,用地养地相结合、提高产值等作用,已经成为提高土地利用率、作物复种指数、减少肥料投入、促进农作物高产高效持续增产的重要技术措施,这是各地常见的种植方式。间作套种是中国传统精耕细作农业的重要组成部分,具有相对稳产、高产的优势。胡麻套种大豆、玉米、马铃薯等相关性研究也很多,大力发展立体复合种植业,增产效益十分显著,为胡麻套种不同经济作物发展探索出了一条高产、优质、高效的新途径。

吴俊玲(2013)介绍了胡麻套种大豆间作玉米及菟丝子的经济效益、优点、栽培技术。胡麻套种大豆间作玉米及菟丝子可减少粮油争地矛盾,既增加粮食作物播种面积,又保证了油料作物的面积,是一种比较合理而适用的种植方式。8行胡麻带宽80 cm,大豆带是60 cm,种植2行大豆。2行大豆之间每隔1m种1株玉米,而在胡麻与大豆之间种植菟丝子。

各地生产实践证明,胡麻有多种间、套作种植方式。

1. 胡麻与粮食作物间套作　王霞等(2014)介绍了胡麻套种小麦及食用向日葵的高产栽培技术。套种方式为种小麦5行、胡麻4行、向日葵1行。小麦行距15 cm,胡麻行距20 cm,向日葵株距 50 cm。小麦播种方式与当地大田相同;向日葵开沟点播,沟深 10 cm,将种子点播在沟底,深度为 3.5 cm,播后覆土,但不合垄;胡麻幼苗顶土力较弱,播前需要精细整地,使土壤疏松平整,当地习惯整畦。胡麻向日葵套种,每公顷向日葵产量可达 3000 kg,胡麻产量可达 2400 kg,纯收益可达两万余元。

白斌等(2016)通过在甘肃中部地区进行的试验研究,在玉米生长前期套种油料作物如胡麻,充分利用玉米生长前期的光、热资源,增加产量,缓解土地压力,进行了胡麻-玉米不同带型配置,结果表明,不同带型配置的土地当量比(LER)在 1.17～1.32,在各种带型配置中胡麻竞争力弱于玉米,1.25 m 带宽(4∶2)的混合产量、产值、土地当量比(LER)分别达到 13385.7 kg/hm²、30613.5 元/hm²、1.32,1.25 m 带宽(4∶2)玉米\胡麻套作模式适宜在平川区沿黄灌区推广。

2. 胡麻与经济作物间套作　孙俊等(2009)以带田种植的形式试验研究了胡麻-向日葵间作高产栽培技术。增产原因:发挥了边行优势,增加了粒重。向日葵间作后改善了田间通风透光条件,比单种向日葵有利,花盘直径比大田增加了 1.2 cm,千粒重比大田增加 22.2 g;向日葵带起垄覆膜,堵截地表径流,起到了贮水保墒、提温的作用;胡麻早播种、早出苗,避免了霜冻危害;变一年一熟为一年二熟,提高了对光热水条件及土地资源的利用率。张文军(2017)总结了甘肃河西地区甜菜套种胡麻高效丰产栽培技术。4 月 10 日左右播种甜菜,4 月 20 日左右播种胡麻。常规田间管理。套种甜菜产量与单种甜菜产量相当,平均增加胡麻产量 3179 kg/hm²,收益比单种甜菜增加 22421.3 元/hm²,是一项值得推广的农业增效、农民增收的高效栽培模式。胡麻套种甜菜,结合甜菜和胡麻的生长特性,合理调整播种期,结合作物植株的高低、根系长短合理搭配,优势互补,利用延长生长期和作物高差的间作效应,以及作物生物学特性和形态特征的互助效应,充分地利用了光热和土地资源。

3. 胡麻与蔬菜间套作　套种的蔬菜种类多样。例如:刘福华等(2006)介绍了宁夏平罗县胡麻套种地膜辣椒的栽培技术。胡麻套种地膜辣椒是一项既能保证油料生产,又能增加经济收入的立体种植模式。辣椒于 4 月初播种,垄作栽培。辣椒播种后即于垄沟内开沟撒播胡麻种子。常规管理。亩产胡麻 120.6 kg,产值 422.1 元,辣椒 2000 kg,产值 1160 元,二项共计 1582.1 元,与本地习惯种植的小麦套种玉米亩产值 1019 元相比,亩增产值 563.1 元,增 55.3%。

王斌等(2016)在甘肃用胡麻套种不同密度的油菜。结果表明,胡麻套种油菜能够显著提高产量和经济效益。在胡麻种植密度为 50 万株/亩的前提下,套种油菜的密度为 0.9 万株/亩时,胡麻与油菜的混合产量达到最高;套种油菜密度为 0.3 万株/亩时经济效益最高。

王红梅等(2017)于甘肃白银市刘川灌区做了胡麻套种豌豆的栽培试验。从品种选择、整地施肥、适期早播、合理密植、田间管理、病虫害防治、及时收获等方面总结了胡麻豌豆同机播种的胡麻套种豌豆高产栽培技术。

4. 化感作用和边际效应　在间套作体系中,不同作物共栖一田。应注意"异株克生"(Allelopathy)也即"化感作用"。也要注意边际效应。以使作物合理组合和搭配。异株克生也叫化感作用,指植物产生的次生代谢产物(化感化合物)在植物生长过程中,通过信息抑制其他植物的生长发育并加以排除的现象就称为异株克生。异株克生现象在自然界中普遍存在,某些植物通过根分泌的有机化合物对其他植物产生影响。植物释放化学物质的部位主要有根系、茎、叶、花和残体等,释放的方式有分泌、挥发、雨水淋洗和残体腐烂等。异株克生分为自毒作用和异毒作用。林业生产上应利用这种有利有害的基本原理,来指导植物之间的组合搭配,组建成高质量、高效益、和谐、稳定的林分结构。

赵利等（2012）采用生物测定法，对地肤（*Kochia scoparia*）根系分泌对胡麻（*Linum usitatissimum*）的化感作用进行了研究。结果表明，不同浓度的地肤根系分泌物对胡麻的发芽势、发芽率、发芽指数和活力指数均有不同程度的抑制作用，且抑制率随着处理浓度的增大而增大；不同浓度的地肤根系分泌物对胡麻根长均表现促进作用，对苗高、根鲜质量和苗鲜质量均表现抑制作用，且无论是促进作用还是抑制作用，均随着处理浓度的升高而增大，但与对照间的差异均不显著，说明地肤根系能够释放化感物质，影响周围植物的生长，根系分泌是地肤释放化感物质的一个途径；地肤根系分泌物影响胡麻种子萌发主要是其抑制了胡麻种子的活力指数，对幼苗生长的影响主要是使胡麻的根变细变长。陈军等（2017）采用浸提液生物测试法研究了不同种植模式土壤水浸提液对胡麻的化感效应。结果表明：不同处理土壤水浸提液对胡麻种子萌发有不同程度的抑制作用，高浓度处理比低浓度处理抑制作用更强，且抑制效应由大到小依次是胡麻连作、胡-麦间作、撂荒、小麦连作，说明胡麻连作更能产生连作障碍，自毒效应明显；不同处理土壤水浸提液对胡麻幼苗的苗鲜重、根鲜重、根长有不同程度的抑制作用，且高浓度主要抑制苗鲜重、根鲜重和根长，低浓度主要抑制根鲜重、根长，胡麻连作和撂荒处理对幼苗生长抑制要大于胡-麦间作和小麦连作处理；不同处理土壤水浸提液对胡麻影响的综合效应随浸提液浓度的升高而增大，而小麦连作高浓度处理比低浓度处理抑制作用变化不明显，且综合效应由大到小依次是胡麻连作、撂荒、胡-麦间作、小麦连作；不同种植模式处理土壤可以减轻胡麻连作产生的化感效应，处理顺序为小麦连作、胡-麦间作、胡麻连作。综上所述，胡麻连作障碍问题确实存在，合理的作物布局有利于改善由于胡麻自身化感物质积累所造成的连作障碍。

乔海明等（2010b）为了创新油用亚麻耕作制度及栽培模式，进一步研究油用亚麻带状种植、间作套种等一系列栽培技术。对不同品种不同播种期油用亚麻边际效应进行研究分析。结果表明，无论从产量结果、单株一般性状、单株主要经济性状看，所选用的3个油用亚麻品种均有明显的边际优势。就品种而言，坝亚12号边际产量优势最明显；就播种期而言，提早播种边际产量优势最明显。

（三）轮作

连作障碍，是指连续在同一土壤上栽培同种作物或近缘作物引起的作物生长发育异常。狭义的连作是指在同一块地里连续种植同一种作物（或同一科作物）。广义的连作是指同一种作物或感染同一种病原菌或线虫的作物连续种植。同一作物或近缘作物连作以后，即使在正常管理的情况下，也会产生产量降低、品质变劣、生育状况变差的现象，这就是连作障碍。

连作障碍症状一般为生长发育不良，产量、品质下降，极端情况下，局部死苗，不发苗或发苗不旺；多数受害植物根系发生褐变、分支减少，活力低下，分布范围狭小，导致吸收水分、养分的能力下降。障碍一般以生长初期明显，后期常可不同程度地恢复。

连作障碍的发生有多种原因，包括养分过度消耗、土壤理化性质恶化、病虫害增加和有毒物质（包括化感物质等）的累积等。它的发生受各种环境条件的影响，连作的次数（一般连作次数越多，年限越长，连作障碍越重）、土壤性质（通常黏土重于沙土，保护地栽培多于露地栽培）及后作水肥管理不当都会加重障碍。

罗影等（2017）为了探究土壤酶活性和土壤养分平衡的作用对胡麻连作障碍的影响，以胡麻为主要试验材料，设置胡麻-小麦轮作（TR）、胡麻连作（TC）、胡麻//小麦间作（TI）、撂荒（TU）等4个处理，采用定位试验的方法，研究不同种植模式下土壤酶活性及其变化，以及土壤养分平衡状况。结果表明，胡麻连作显著降低0～20 cm耕层土壤过氧化氢酶、脲酶、碱性磷酸酶和蔗糖酶活性,整个生育期 TC 分别比 TR 降低 8.73%、4.17%、1.22% 和 4.44%。在空间分布上,4 种土壤酶活性随着土层加深均显著下降,40 cm 和 60 cm 土层处理间差异不显著。土壤养分与酶活性的相关分析表明,连作对土壤养分与酶活性呈现显著的负相关,轮作与土壤养分及酶活性呈显著的正相关关系。轮作、间作等种植模式可在不同程度上缓解、消除连作障碍的影响。研究结果可为缓解和消除胡麻连作障碍提供理论依据和实践探索。

牛小霞等(2017)在甘肃定西高海拔地区的田间试验表明,胡麻与小麦轮作以及胡麻与马铃薯轮作均对杂草有一定的控制作用。

乔海明等(2010a)为了创新胡麻耕作制度和栽培模式,进一步研究胡麻与不同作物轮作方式。对不同胡麻品种不同前作进行研究分析。结果表明,和莜麦前作相比,荞麦前作对胡麻生育性状、经济性状和产量水平有较大影响,种植胡麻应尽量避免选择荞麦前作,莜麦茬口生育性状优于荞麦茬口。

## 六、田间管理

(一)中耕

胡麻苗期生长较慢,易受杂草抑制,加之土壤蒸发量大,易受干旱影响,及时中耕特别重要。中耕不仅达到除草的目的,避免杂草与幼苗争水分、养分,而且可以切断土壤毛细管孔隙,减少土壤水分蒸发,蓄水保墒,提高地温,协调土壤中水、肥、气、热的关系,促进根系生长和土壤微生物活动,提高抗旱、耐盐、保苗的能力,有利于促进胡麻生长。

胡麻出苗后一个月内根系生长迅速,但茎叶生长缓慢,而早春杂草滋生很快,在杂草丛生的胡麻田内,短时间会遮住胡麻幼苗。"苗高欺草,草高欺苗",要及时除草,松土,抗旱保墒,促进根系发育。于现蕾初期进行第二次中耕锄草,锄地入土比第一次深些,有利于胡麻侧根生长发育。胡麻生育后期,视田间杂草情况还要拔除田间杂草。

杨琪等(1984)研究了不同地区胡麻中耕措施及增产效益,于 1982—1983 年在雁北区平川和丘陵区 6 个县共 9 个点进行了胡麻中耕管理增产措施的研究。结果表明,适期中耕是提高旱薄地胡麻单产水平的重要增产措施之一,丘陵区、平川区采取不同的中耕措施比不中耕的有显著的增产效益。平川区在胡麻枞形期深中耕对产量构成影响较大。对胡麻采取不同的中耕措施,在丘陵区和平川区增产效益不同,丘陵区中耕次数增产效益显著,而平川区以中耕时期增产效益显著,这是由两个区的生态环境所决定的。

杨光雁(2003)在胡麻大田中耕管理技术中提到,除草是协调麻株正常生长的重要措施,秋季播种时应除净杂草残物,降低杂草源,胡麻出苗后 25~30 d 处于扎根蹲苗阶段,这时麻株生长慢,杂草生长快,是人工除草的最好时机,在苗高 10~20 cm 时,人工除草 1~2 次,也可采用化学除草。十字花科和阔叶杂草多的麻田地选用除草净,1 年生与多年生禾本科杂草多的麻田地选用除草净或拿捕净。对于杂草类型多的麻田地则选择上述两种药剂混用,这两种药剂对亚麻植株均无危害。亚麻的除草应人工与化除相结合,收获前应进行一次人工除草,拔除高秆杂草和其他植物。

(二)科学施肥

汪磊等(2016)研究发现,一般认为,胡麻为耐瘠薄作物,主要是胡麻长期种植的土地较贫瘠。实际上胡麻需肥量较禾本科作物大,单位产量胡麻子形成需氮、磷、钾素分别较禾本科作物多 30.1%~56.8%、24% 和 21%。索全义等(2001)也认为,胡麻是需肥较多又不耐高氮的作物,同时指出适宜施肥量才能增产。因此,合理施肥对于胡麻高产至关重要。戴庆林等(1981)的研究表明,胡麻的需肥规律与生长发育进程密切相关。氮素吸收在苗期速度较慢,进入枞形期以后明显增快,总体呈现出双驼峰形,其吸收峰值分别出现在出苗后 35~45 d(快速生长期)和出苗后 52~62 d(开花初期)。磷素前期吸收相对缓慢,至枞形期磷吸收量仅占全生育期吸收量的 8.3%,随后速度逐渐加快,吸收高峰出现在现蕾期至开花期之间(8 d)。钾素吸收前期较缓,呈单峰曲线,顶峰出现在植株快速生长期,即出苗后的 35~45 d,月平均吸收速率为 2760.0 g/hm$^2$,是苗期和枞形期的 13 倍左右。前期吸收的钾素主要分布于茎秆,而不同于氮、磷营养主要贮存于籽实中。

为了满足胡麻关键时期的肥力需求,在水地具有灌溉措施的条件下,可适时进行追肥,合理追肥能有效提高胡麻产量,前期(出苗 20 d)施用氮肥可有效促进分枝形成,中期追肥(出苗 40~50 d)能够有效增加单株蒴果数。

高小丽等(2010)在施肥对西北半干旱地区土壤养分、胡麻养分吸收及产量的影响研究中发现施肥处理能增加土壤有机质和速效养分的含量。对有机质而言,有机无机配合处理能显著地增加其含量,效果比无机处理显著。胡麻对氮、磷、钾素的吸收前期较少,主要集中在开花期和成熟期。施肥能促进胡麻籽粒、茎叶、蒴果皮、根系的养分吸收,化肥配施和有机无机配施处理显著高于单施无机肥或者单施有机肥,说明肥料的配合施用能够促进胡麻对养分的吸收,其中以氮磷钾配施效果最为显著。施肥处理能促进胡麻的生长及干物质积累,氮磷配施效果优于单施化肥或单施有机肥。不同生育期胡麻养分吸收量与土壤养分含量均达到了显著的正相关。胡麻干物质积累量与胡麻养分的吸收量在不同生育期均达到了显著或极显著的正相关。胡麻籽粒养分吸收量与产量也达到了极显著的正相关。

1. 有机肥的施用　有机肥料亦称"农家肥料"。凡以有机物质(含有碳元素的化合物)作为肥料的均称为有机肥料。有机肥料是指由动物的排泄物或动植物残体等富含有机质的副产品资源为主要原料,经发酵腐熟后而成的肥料。有机肥有改良土壤、培肥地力、提高土壤养分活力、净化土壤生态环境、保障蔬菜优质高产高效益等特点,是作物生长不可替代的肥料。常用的有机肥料主要有商品有机肥料和农家肥,包括人粪尿、厩肥、堆肥、绿肥、饼肥、沼气肥等。具有种类多、来源广、肥效较长等特点。有机肥料所含的营养元素多呈有机状态,作物难以直接利用,经微生物作用,缓慢释放出多种营养元素,源源不断地将养分供给作物。施用有机肥料能改善土壤结构,协调土壤中的水、肥、气、热,提高土壤肥力和土地生产力。主要作底肥施用。重施底肥是主要施肥方式。有机肥的施用是主要增产手段。这方面的生产经验和研究资料甚多。

闫志利等(2012)为促进胡麻生产实现高产、优质,在甘肃省白银市、兰州市和内蒙古自治区鄂尔多斯市进行了田间试验。以不施肥(T1)和施用化肥(T2)为对照,比较了施用农家肥(T3)、胡麻油渣(T4)和"清调补"生物肥(T5)、"窝里横"生物肥(T6)对胡麻干物质积累、分配规律及产量的影响。结果表明:3 个试验区不同施肥处理明显改变了胡麻干物质积累的进程,干物质积累量从多到少排序均为 T4、T2、T3、T6、T5、T1。生产上应大力推行胡麻油渣、农家肥施用技术,以促进胡麻有机生产的发展。

崔红艳等(2014)以不施肥(T1)和施用化肥(T2)为对照,比较了农家肥(T3)、胡麻油渣(T4)、肉蛋白生物有机肥(T5)、绿能瑞奇精制有机肥(T6)、金阜丰土壤调理剂(T7)、优质豆粕生物有机肥(T8)、黑珍珠生物有机肥(T9)、爸爱我生物有机肥(T10)、HA 有机肥(T11)和益撒 803 生物有机菌肥(T12)等不同有机肥对胡麻产量和品质的影响。结果表明,化肥可明显加快胡麻前期的生长速度；有机肥促进胡麻植株中后期的生长发育,现蕾期以后干物质日积累量明显增加,盛花—青果期达到高峰值,日积累量达 333.51 mg/(株·d),比 T1 显著增加 20.80%。施用有机肥处理的产量均显著高于 T1 处理,T4、T8 比 T2 处理分别显著增产 9.92%、10.38%。胡麻产量与有效分茎数和单株有效果数呈极显著正相关,相关系数为 0.84 和 0.82。施用有机肥处理的胡麻籽粒粗脂肪含量显著高于 T1 处理,T8 处理的亚麻酸含量比 T2 处理的显著增加了 3.78%。

崔红艳等(2014)通过两年的田间试验,以施用化肥(T1)为对照,比较了施用农家肥(T2)、胡麻油渣(T3)、1号生物肥(T4)和 2 号生物肥(T5)对土壤水分、胡麻干物质生产和产量的影响。结果表明,T3 处理明显增加了青果期和成熟期 0~100 cm 的土壤贮水量,促进胡麻植株中后期的生长发育,且现蕾期以后干物质日积累量明显增加,盛花期到青果期达高峰值。与对照(T1)相比,T3 处理的营养器官开花前贮藏同化物向籽粒的转运量和花后干物质积累量分别显著增加了 2.7%~2.9%、1.1%~1.7%,而且花后干物质同化量对籽粒的贡献率也最大。施有机肥对胡麻增产和提高土壤水分利用效率均有一定的影响,T3 处理比 T1 处理显著增产 9.6%~11.8%,而 T2、T4、T5 处理分别比 T1 处理减产 0.5%~2.2%、19.6%~20.5%、18.0%~18.6%。T3 处理明显提高水分利用效率,比 T1 处理显著增加 11.4%~12.6%；T4、T5 处理的水分利用效率分别比 T1 处理显著降低 14.0%~17.1%、10.5%~14.4%。研究表明,胡麻油渣对增加土壤贮水量和提高胡麻产量有较好的效果。

杨天庆等(2016)通过田间试验,以不施肥为对照(CK),研究了单施化肥、不同比例氨基酸配方有机肥与化肥配施和单施氨基酸配方有机肥对胡麻干物质积累分配规律、产量、品质及氮肥利用效率的影响。结果表明:(1)氨基酸配方有机肥对胡麻出苗率具有明显促进作用,且随着氨基酸配方有机肥施用量的增加胡麻出苗率提高。(2)氨基酸配方有机肥促进了胡麻干物质积累进程,增加了干物质积累总量,如在成熟期时,30%氨基酸配方有机肥与 70%化肥配施处理的干物质积累总量最大,比不施肥、单施化肥和单施有机肥处理分别显著增加 60.52%、37.01% 和 29.97%；且氨基酸配方有机肥与化肥配施处理的产量与不施肥、单施化肥、单施生物有机肥相比分别增加了 72.07%、16.47%、13.30%。(3)不同比例氨基酸配方有机肥与化肥配施的处理下均可改善胡麻的品质,提高胡麻氮肥利用效率,其中在 30%氨基酸配方有机肥替代化肥(T30)的情况下胡麻干物质积累、产量及亚麻酸含量最高,60%氨基酸配方有机肥替代化肥的情况下胡麻亚油酸含量较高。研究认为,30%氨基酸配方有机肥与 70%化肥配施对当地胡麻生产的影响效果最佳。

崔红艳等(2014)为探索肥料运筹对胡麻产量的调控效应,在相同氮、磷、钾条件下,以不施肥(CK1)和施化肥(CK2)为对照,比较了施用胡麻油渣(T1)、农家肥(T2)、化肥与胡麻油渣配施(T3)、化肥与农家肥配施(T4)对张亚 2 号胡麻籽粒产量的影响,并利用 Logistic 方程 $y=A/(1+Be^{-Cx})$ 比较了不同施肥处理胡麻籽粒灌浆过程。结果表明,不同施肥条件下,胡麻灌浆期的千粒重与开花后天数的关系均符合 Logistic 方程,且决定系数达到 0.99 以上。影响胡麻籽粒产量的主要因素是灌浆天数,其次是千粒重。不同施肥处理对胡麻灌浆特征参数有较大的影响,其中有机肥与化肥配施的影响最明显。

高小丽等(2010)通过田间小区试验,研究了不同施肥对胡麻籽粒、茎叶、蒴果皮和根系养分的吸收状况及产量构成的影响。结果表明,与对照相比,科学合理施肥不但在一定程度上增加了胡麻 N、P、K 养分含量,而且大幅度地增加了胡麻的产量,以化肥氮磷钾处理的效果最为显著,其氮、磷、钾素的总吸收量分别增加了 56.67%、52.48% 和 146.20%,氮、磷、钾的养分收获指数最大值分别是 0.661、0.755 和 0.341。

2. 氮肥的施用　氮肥是指以氮（N）为主要成分，具有 N 标明量，施于土壤可提供植物氮素营养的单元肥料。氮肥是世界化肥生产和使用量最大的肥料品种；适宜的氮肥用量对于提高作物产量、改善农产品质量有重要作用。氮肥按含氮基团可分为氨态氮肥、铵态氮肥、硝态氮肥、硝铵态氮肥、氰氨态氮肥和酰胺态氮肥。化学氮肥生产的主要原料是合成氨（生成合成氨的哈伯法装置于 1909 年建成，并在德国首先实现工业化，成为氮肥工业的基础），20 世纪 40 和 50 年代，硫酸铵是最主要的氮肥品种；60 年代，增加了硝酸铵；70 年代以来，尿素成为主导的氮肥品种。碳酸氢铵是中国 20 世纪 80 年代主要生产的氮肥品种之一。

尿素是人工合成的第一个有机物，广泛存在于自然界中，如新鲜人粪中含尿素 0.4%。别名：碳酰二胺、碳酰胺、脲。分子式：$CO(NH_2)_2$，因为在人尿中含有这种物质，所以取名尿素。尿素含氮（N）46%，是固体氮肥中含氮量最高的。尿素是生理中性肥料，在土壤中不残留任何有害物质，长期施用没有不良影响。但在造粒中温度过高会产生少量缩二脲，又称双缩脲，对作物有抑制作用。中国规定肥料用尿素缩二脲含量应小于 0.5%。缩二脲含量超过 1% 时，不能做种肥、苗肥和叶面肥，其他施用期尿素含量也不宜过多或过于集中。尿素是有机态氮肥，经过土壤中的脲酶作用，水解成碳酸铵或碳酸氢铵后，才能被作物吸收利用。因此，尿素要在作物的需肥期前 4~8 d 施用。尿素适用于作基肥和追肥，有时也用作种肥。尿素在转化前是分子态的，不能被土壤吸附，应防止随水流失；转化后形成的氨也易挥发，所以尿素也要深施覆土。

谢亚萍等（2014）通过田间试验，研究不同施氮量对胡麻产量、氮素积累转运及氮肥利用率的影响。结果表明，在试验地土壤肥力条件下，无论施氮与否，胡麻各器官不同生育阶段氮素养分吸收、累积和转运规律的基本趋势一致，但其变化量与施氮量有极大关系。施氮量为 55.2 kg/hm² 时，叶和茎中的氮素向籽粒的转移量、转移率及对籽粒氮素的贡献率最大；叶中氮素向籽粒的转移量、转移率及贡献率要分别比茎高出 89.18%、83.36% 和 86.36%。胡麻籽粒中 47.10%~57.66% 的氮素来源于叶，22.46%~30.94% 的氮素来源于茎，21.00%~30.48% 来自籽粒生长后期从土壤中吸收。施氮量为 27.6 kg/hm²、55.2 kg/hm²、82.8 kg/hm² 时，胡麻籽粒产量分别比不施氮增加了 10.21%、16.92% 和 15.55%。施氮量为 27.6~55.2 kg/hm² 时，氮肥的表观利用率、偏生产力分别为 51.10%~68.63% 和 51.54~97.16 kg/kg。试验条件下，综合考虑产量、氮肥利用率及生态环境，施氮量在 27.6~55.2 kg/hm² 为宜。

崔红艳等（2015）以陇亚杂 1 号为研究对象，设置 4 个施氮量（纯 N）水平：不施氮（N0，0 kg/hm²）、低氮（N1，78.75 kg/hm²）、中氮（N2，105 kg/hm²）、高氮（N3，131.25 kg/hm²），采用土柱栽培法研究了氮肥运筹对胡麻根系形态和氮素利用率的影响。结果表明：施氮抑制了胡麻枞形期根系的生长，现蕾期后根长、根系直径、根表面积和根体积均随着施氮量增加而增加，当超过一定施氮量（N2）时又呈下降趋势。中氮处理增加了胡麻生育后期根系在 40 cm 以下土层的分布，随着施氮量的增加，根系分布呈现高氮（N3）浅根化趋势。胡麻的根冠比随着生育进程的推进逐渐降低，但中氮处理显著提高了生育后期的根冠比。胡麻成熟期各器官氮素积累量和分配比例表现为：籽粒＞茎＞根＞叶＞非籽粒生殖器官，籽粒在氮素的分配上占有绝对优势，而且在中氮水平（N2）时籽粒中氮素分配比例最高，显著高于其他处理。与不施氮相比，施氮处理下籽粒产量增加，中氮水平下的氮素籽粒生产效率最高。综合籽粒产量和氮素利用结果表明，在本试验条件下，施氮量 105 kg/hm² 为有利于实现胡麻高产和高效的最优氮肥运筹模式。

3. **磷肥的施用** 磷肥以磷为主要养分的肥料。全称磷素肥料。磷肥肥效的大小(显著程度)和快慢决定于磷肥中有效的五氧化二磷的含量、土壤性质、施肥方法、作物种类等。根据来源可分为:(1)天然磷肥,如海鸟粪、兽骨粉和鱼骨粉等。(2)化学磷肥,如过磷酸钙、重过磷酸钙、钙镁磷肥、磷矿粉等。

谢亚萍等(2013)通过田间试验,研究了不同施磷量对胡麻干物质积累分配规律及磷素利用效率的影响。结果表明,不同施磷量均有效地促进了胡麻植株地上部干物质的积累。营养生长期,以促进茎秆和叶片干物质积累为主。进入生殖生长期后,以促进蒴果及籽粒干物质积累为主。不同施磷量条件下胡麻干物质积累量、磷素积累量与出苗后天数的关系均符合 Logistic 方程。中磷水平(99.36 kg/hm$^2$)下胡麻收获指数最大、磷肥施用效果最优、转化为经济产量的能力最强,可提高胡麻籽粒产量50%以上。

剡斌等(2015)为了探明不同氮磷肥投入与胡麻非结构性碳水化合物(non-structure carbohydrate,NSC)的生产和产量形成的关系,通过大田试验分析了氮磷配施后胡麻植株 NSC 的生产、转运和分配规律以及其与产量形成的关系。结果表明,胡麻叶中 NSC 累积量随施氮量的增加呈先增后减的变化趋势,随施磷量的增加而增加。胡麻植株各器官 NSC 的含量与其氮浓度呈负相关关系,与其磷素浓度呈正相关关系。开花前储藏的 NSC 对产量的贡献率为10.97%~33.92%,施氮可降低花前 NSC 对产量的贡献率,而施磷可提高花前 NSC 对产量的贡献率。花前 NSC 的转移效率为17.19%~41.00%,施氮后转移效率降低,但施磷后转移效率提高。花后光合产物对产量的贡献率较高,为39.26%~73.68%,且高氮高磷处理能显著提高花后光合产物对胡麻产量的贡献率。花前胡麻叶片中 NSC 含量与产量和有效蒴果数呈显著的正相关,相关系数分别为0.887、0.667;花后胡麻叶中 NSC 含量与胡麻植株有效蒴果数、蒴果大小、千粒重和产量均呈显著正相关,相关系数分别为0.734、0.774、0.687和0.816。

吴兵等(2016)针对旱地胡麻施肥不合理的问题,以陇亚杂1号为材料,研究不同氮磷配施水平对油用亚麻磷素营养转运分配和磷肥利用效率的影响。试验设2个施氮(纯 N)水平:75 kg/hm$^2$(N1)、150 kg/hm$^2$(N2);2个施磷(纯 P$_2$O$_5$)水平:75 kg/hm$^2$(P1)、150 kg/hm$^2$(P2),共4个施肥处理(N1P1、N1P2、N2P1 和 N2P2),以不施氮磷肥为对照(N0P0)。结果表明:不同施肥水平条件下,胡麻不同生育时期各器官磷素养分积累量的变化趋势基本一致,且在盛花至完熟期积累得最多。叶片是胡麻磷素转移的主要器官,N2P1 处理比 N1P1、N1P2 和 N2P2 处理磷素转移量增加72.52%、43.52%和25.03%(P<0.05);籽粒中38.07%~51.88%的磷素是由叶片转运而来,不同施肥水平下以 N2P1 处理的叶片中磷素对籽粒磷素的贡献率最大,比 N0P0 处理增加36.28%(P<0.05)。胡麻各器官中磷素的分配比例以籽粒最多,占40.11%~45.86%;茎秆次之,占31.34%~36.36%。与 N0P0 处理相比,N1P1、N1P2、N2P1 和 N2P2 处理的胡麻籽粒产量分别显著增加18.95%、32.26%、50.41%和38.29%。在N2P1 水平下,胡麻植株磷素收获指数、磷肥农学利用效率和表观利用率均最高,分别为45.86%、6.54kg/kg 和21.51%。结合产量和磷肥利用效率,试验条件下,氮、磷分别为150 kg/hm$^2$ 和75 kg/hm$^2$ 的高氮低磷配施是实现旱地胡麻高产高效的最佳施肥处理。

4. **钾肥的施用** 钾肥,全称钾素肥料。以钾为主要养分的肥料,植物体内含钾一般占干物质重的0.2%~4.1%,仅次于氮。钾在植物生长发育过程中,参与60种以上酶系统的活化,光合作用,同化产物的运输,碳水化合物的代谢和蛋白质的合成等过程。肥效的大小,决定于其氧化钾含量。主要有氯化钾、硫酸钾、草木灰、钾泻盐、磷酸一钾(磷酸二氢钾)等。大都能溶于水,肥效较快。并能被土壤吸收,不易流失。钾肥施用适量时,能使作物茎秆长得坚强,防止倒伏,促进开花结实,增强抗旱、抗寒、抗病虫害能力。具有钾(K 或 $K_2O$)标明量的单元肥料就是钾肥(potash fertilizer)。能提高土壤供钾能力和植物的钾营养水平。

钾肥的施用除取决于土壤的供钾能力外,还受作物种类、农业生产水平和气候及土壤条件等因素的影响。土壤中钾的含量、形态及其转化和供钾能力是合理分配和施用钾肥的重要依据。土壤的全钾含量变幅较大,一般为0.1%~3%,平均约为1%。土壤中的钾包括3种形态:①矿物钾。主要存在于土壤粗粒部分,约占全钾的90%左右,植物极难吸收。②缓效性钾。约占全钾的2%~8%,是土壤速效钾的供给源。③速效性钾。指吸附于土壤胶体表面的代换性钾和土壤溶液中的钾离子。植物主要是吸收土壤溶液中的钾离子。当季植物的钾营养水平主要决定于土壤速效钾的含量。一般速效性钾含量仅占全钾的0.1%~2%,其含量除受耕作、施肥等影响外,还受土壤缓放性钾贮量和转化速率的控制。

孙小花等(2015)介绍,以胡麻"坝选3号"为材料,于2011—2012年在河北省张家口市开展田间试验。结果是与不施钾处理相比,低、中和高钾水平下籽粒产量分别增产14.9%~24.12%、29.93%~30.11%和15.65%~23.13%,且中钾处理下增产幅度最大。综合胡麻钾素积累、转运与分配规律以及籽粒产量,本试验区同等肥力土壤条件下,要实现胡麻高产高效以施钾量37.5 kg/hm$^2$为宜。

5. 微量元素肥料的施用　微量元素包括硼、锌、钼、铁、锰、铜等营养元素。虽然植物对微量元素的需要量很少,但它们对植物的生长发育的作用与大量元素是同等重要的,当某种微量元素缺乏时,作物生长发育受到明显的影响,产量降低,品质下降。另一方面,微量元素过多会使作物中毒,轻则影响产量和品质,严重时甚至危及人畜健康。随着作物产量的不断提高和化肥的大量施用,对微量元素肥料的施用逐渐迫切。在微量元素肥料中,通常以铁、锰、锌、铜的硫酸盐、硼酸、钼酸及其一价盐应用较多。

微量元素肥料,通常简称为微肥。是指含有微量营养元素的肥料,庄稼吸收消耗量少(相对于常量元素肥料而言)。作物对微量元素需要量虽然很少,但是,它们同常量元素一样,对作物是同等重要的,不可互相代替。微肥的施用,要在氮、磷、钾肥的基础上才能发挥其肥效。同时,在不同的氮、磷、钾水平下,作物对微量元素的反应也不相同。一般说来,低产土壤容易出现缺乏微量元素的情况;高产土壤,随着产量水平的不断提高,作物对微量元素的需要也会相应增高。因此,必须补施微肥,但若企图减少大量元素肥料的施用量,而只靠增施微肥来获得高产,也是错误的。微肥是经过大量的科学试验与研究,已经证实具有一定生物学意义的,植物正常生长发育不可缺少的那些微量营养元素,在农业上作为肥料施用的化工产品,像硼肥、锌肥、锰肥、钼肥、铜肥、铁肥、钴肥都属于微肥。这些微量元素占作物体干重的百分数大致是:锰0.05%、铁0.02%、锌0.01%、硼0.005%、铜0.001%、钼0.0001%。土壤中任何一种速效态微量元素供应不足,作物就会出现特殊的症状,产量减少,品质下降,甚至收成无望。

李兴华等(2013)以"张亚2号"胡麻种子为试验材料,采用沙培盆栽的方法,以霍格兰全价营养液为对照,以全价营养液中分别缺少N、P、K、Mg、S、Ca、Fe、B、Mn、Cl、Zn、Cu、Mo元素为13个处理,进行了单因素试验,探讨大量及微量元素对胡麻幼苗生长发育的影响。结果表明:所有处理对胡麻幼苗子叶大小、真叶数目、株高、茎粗、干物质积累、侧根长度和条数均有一定程度的影响。B元素对胡麻幼苗叶片的影响较显著,缺B处理的植株子叶大而浓绿,真叶数目大于对照;S元素对胡麻幼苗株高的影响显著,4叶期时,缺S处理的株高为对照的62%;各元素对胡麻幼苗茎粗的影响不显著;B、Cl、Zn和Mo元素对胡麻幼苗侧根的影响显著,4叶期时,缺B、Cl和Mo处理的植株侧根长度分别为对照侧根长度的548.4%、267.7%、358.4%,6叶期时,缺

Zn 处理的植株侧根长度仅为对照侧根长度的 12.1%；N 和 B 元素对胡麻幼苗鲜质量和干质量的影响显著,8 叶时,缺 N 和 B 处理的干质量分别为对照干质量的 251.3%、319.7%。

钱爱萍等(2014)采用随机区组试验设计,研究磷酸氢二铵与尿素、磷酸氢二铵与磷酸二氢钾、磷酸氢二铵与微量元素配施对胡麻出苗、农艺性状和产量的影响。结果表明,在宁夏南部山区生态区域,微量元素与肥料配施对胡麻种子产量、农艺性状及出苗有一定影响,磷酸氢二铵与氧化锌混配种子产量最高,折合产量为 1126.20 kg/hm²。

(三)合理灌溉

在北方高原半干旱地区。胡麻栽培过程中,科学合理灌溉也是重要的栽培技术环节。胡麻苗期苗小叶小,生长缓慢,但根系发育很快,而且温度较低,耗水量小,因此需水较少。现蕾后,进入营养生长和生殖生长并进的旺盛生长发育时期,而且气温上升较快,对水分反应极为敏感,此期对水分要求迫切。开花期由于进行生殖生长,耗水量大增,且植株蒸腾较大,对土壤水分的要求迫切。因此现蕾至开花期需水最多。籽实期是胡麻果实、种子发育和油分积累的时期,此期仍要求较多的土壤水分,而进入成熟期后则需水较少。灌水的关键时期是现蕾前后两次水,有"头水足,二水赶"的经验,即枞形期(现蕾前)灌头水,且头水要充足,使胡麻进入快速生长期;现蕾开花期灌二水,满足现蕾对水分的需要,以促进多分枝,多开花,多结蒴果。若在开花期和籽实期各浅灌一水,则可提高种子产量和含油率。

1. 灌溉时期　根据生育进程的需水节律进行灌溉。吕彦彬等(2009)研究了水分对胡麻产量的影响。对胡麻播前和生长期进行不同的供水,分析不同供水时间和供水量对胡麻产量的影响。结果表明,胡麻播前供水比生长期供水更能有效地提高产量,以播前供水 80mm 最佳。在正常年份,天然降水基本可以满足胡麻对水分的生理需求。

2. 灌水量　刘春英(2013)为研究不同生育期和不同灌水方式对胡麻生长发育和产量的影响,在甘肃省榆中县进行了小区试验。随着灌水定额的增加,对胡麻的各个农艺性状都有明显的影响。当灌水定额达到 220 m³/亩时,产量不会再增加,并且不同的灌溉方式会导致产量的下降。

崔红艳等(2015)为了探讨不同灌水条件下胡麻的需水规律,在 2012 年和 2013 年田间试验条件下,以陇亚杂 1 号为材料,研究了不同灌水处理对胡麻耗水特性、籽粒产量及其水分利用效率的影响。试验设置 5 个处理:不灌水(CK)、分茎水 80 mm(T1)、分茎水 60 mm+盛花水 40 mm(T2)、分茎水 80 mm+盛花水 40 mm(T3)、分茎水 60 mm+现蕾水 40 mm+盛花水 40 mm(T4)。结果表明:随着灌水量的增加,总耗水量逐渐增加,土壤贮水量和降水量占总耗水量的比例降低。土壤贮水量占总耗水量比例的变异系数显著大于降水量占总耗水量比例的变异系数,表明土壤贮水利用率的可调控幅度较大。灌溉的 T2 处理,土壤贮水量占总耗水量的比例较灌水量多的 T4 处理显著增加了 59.37%(2012 年)、52.85%(2013 年),表明 T2 处理明显增加了胡麻对土壤贮水的吸收利用。胡麻的阶段耗水量和耗水模系数表现为盛花至成熟＞现蕾至盛花＞分茎至现蕾,2012 年的生长季阶段耗水量明显大于 2013 年。籽粒产量随着灌水量的增加先升高后降低,其中 T2 处理的籽粒产量和水分利用效率显著高于其他处理,与对照处理相比,分别显著增加了 45.90%、20.50%(2012 年),40.72%、11.71%(2013 年)。结果表明,T2 处理为本试验条件下高产节水的最佳灌水处理。

孙银霞(2016)以陇亚杂 1 号为材料,研究了不同灌水处理对胡麻籽粒产量和水分利用效率的影响。结果表明,胡麻的总耗水量随着灌水量的增加而增加。与不灌水处理相比,现蕾期灌水 180 mm 处理和盛花期灌水 180 mm 处理的产量水分利用效率分别显著增加了 17.14%

和 9.26%。胡麻籽粒折合产量随灌水量的增加,呈现先增加后降低的趋势,其中现蕾期灌水 180 mm 处理的折合产量最高,达 2461.32 kg/hm²,较不灌水处理显著增产 952.29 kg/hm²,增产率 63.11%;盛花期灌水 180 mm 处理的折合产量为 2354.55 kg/hm²,较不灌水处理增产 56.03%。综上,现蕾期灌水 180 mm 是胡麻兼顾高产和节水的最佳灌溉方式。

燕鹏等(2017)为探讨不同灌水条件下胡麻田土壤水分动态特征和增产效果,以陇亚杂 1 号为材料,研究了不同灌溉处理对胡麻田土壤水分、籽粒产量和水分利用效率的影响。试验设置 5 个处理:不灌水(T0)、分茎水 80 mm(T1)、分茎水 60 mm+盛花水 40 mm(T2)、分茎水 80 mm+盛花水 40 mm(T3)、分茎水 60 mm+现蕾水 40 mm+盛花水 40 mm(T4)。结果表明:分茎期灌水而现蕾期不灌水有利于增加现蕾期 80~140 cm 土层含水量。在盛花期,T2 处理 120~140 cm 土层含水量分别比 T3、T4 处理增加了 11.40% 和 11.08%,这表明 T2 处理对此时期深层土壤水分的提高有明显的促进作用。胡麻成熟期表层土壤的含水量与盛花期相比有所下降,而 100~200 cm 土层的水分随灌水量的增加而明显增加,导致土壤中的无效水增多。随着灌水量增加,农田耗水量增加,而土壤贮水消耗量、降雨量和土壤贮水消耗量占农田总耗水量的比例均降低。可见,减少灌溉量可以提高胡麻对土壤贮水的吸收利用,降低了农田总耗水量,从而更有效地增加灌溉水分利用效率。与 T0 处理相比,T2 处理的籽粒产量和产量水分利用效率分别显著增加 36.50% 和 12.27%。因此,在本试验条件下,T2 处理具有明显的增产节水效益。试验结果可为节水灌溉措施提供参考。

3. 水肥互作　高珍妮(2015)为明确灌水和施氮对油用亚麻抗倒伏能力和产量的影响,以陇亚杂 1 号为材料,于 2012—2013 年以灌溉量为主处理(W1:2700 m³/hm²;W2:3300 m³/hm²),施氮量为辅处理纯氮量分别为 N0:0 kg/hm²(对照);N1:37.5 kg/hm²(低氮);N2:112.5 kg/hm²(中氮);N3:225 kg/hm²(高氮),研究灌溉量和施氮量对与油用亚麻抗倒性能相关的形态学特性、茎秆强度、抗倒伏指数及茎秆化学组分含量、产量构成因子及产量的影响。结果表明,随灌溉量的增加,茎秆强度和抗倒伏指数下降,株高增加,重心上移,茎粗、茎壁厚度降低,地上部干重增加,根干重减少,根冠比下降,同时茎秆中纤维素、木质素、可溶性糖和淀粉的含量下降;随施氮量的增加,茎秆强度和抗倒伏指数先升高后降低,株高和重心高度增加,茎粗、茎壁厚度、根干重和根冠比先增后减,地上部干重增加,茎秆中各化学组分含量及产量也先增加后降低。进一步分析发现抗倒伏指数与茎秆强度、茎粗、茎壁厚度、根干重、根冠比、纤维素含量、木质素含量、可溶性糖含量及淀粉含量均呈正相关关系,与株高、重心高度、地上部干重呈负相关关系。低灌水处理(W1)的茎秆强度、抗倒伏指数和产量分别比高灌水处理(W2)高 30.55%、41.06% 和 0.53%,过多灌水不利于油用亚麻茎秆抗倒伏性能和产量的提高;中氮处理(N2)的茎秆强度分别比不施氮(对照)和高氮(N3)处理高 36.8% 和 3.95%,产量分别高 15.9% 和 0.8%,可见油用亚麻的栽培中施氮量不能过高或过低。因此,生产上采用适宜的灌溉量和施氮量是防止油用亚麻倒伏、获得高产、提高生产效益的重要措施。在本试验区,同等肥力土壤条件下,以灌溉量 2700 m³/hm² 和纯施氮量 112.5 kg/hm² 为宜。

崔红艳等(2015)以陇亚杂 1 号胡麻为试验材料,设计田间水(主区)、氮(副区)两因子裂区试验,水分设置分茎水(60 mm,W1)、分茎水+开花水(W2,60 mm+40 mm)、分茎水+现蕾水+开花水(W3,60 mm+40 mm+40 mm)3 个处理,施纯氮量设置 0(N1)、75.0(N2)、112.5(N3)、150.0(N4)kg/hm² 共 4 个水平,考察水氮互作对胡麻干物质积累与分配以及籽粒产量的影响,探讨不同水氮配合下胡麻的增产机制。结果显示:(1)灌溉量和施氮量对胡麻主要生育时期的干物质积累与分配有显著影响,胡麻籽粒产量的水氮互作效应达到极显著水平,其中水分效应大于氮肥效应。(2)同一施氮量水平下,W2 处理明显增加了胡麻成熟期籽粒的干物质分配量和花后干物质同化量对籽粒的贡献率,且籽粒产量显著高于其他处理 10.51%～27.99%。(3)灌水量相同条件下,开花后干物质同化量对籽粒的贡献率以 N3 水平的最高,显著高于其他施氮水平 7.90%～42.43%;在 W2、W3 处理下,施氮水平为 N3 时胡麻籽粒产量最高,但施氮量过多,籽粒产量反而显著下降 7.96%～9.62%。研究表明,水氮协调在胡麻干物质积累和分配中起着关键的作用,而干物质的积累和分配又与籽粒产量密切相关。在本试验条件下,施纯氮量为 112.5 kg/hm$^2$、全生育期在分茎期和开花期灌 2 次水(60 mm+40 mm)处理为胡麻节水减氮较为适宜的水氮组合。

高玉红等(2016)为了摸清目前胡麻生产现状下间作系统、水分和肥料对作物生长发育及其产量形成的综合效应,通过田间试验,研究了水肥互作对胡麻//大豆间作系统中胡麻氮素的耦合效应及其对籽粒产量的影响。结果表明:施氮 150 kg/hm$^2$ 处理下胡麻茎秆含氮量较施氮 75 kg/hm$^2$ 和 225 kg/hm$^2$ 处理极显著高出 10.05%～23.58%。水氮互作条件下,施氮 150 kg/hm$^2$、灌水 2 次或 3 次能够促进胡麻苗期、分茎期、青果期和成熟期根系和茎秆含氮量,且该处理根系含氮量较施氮 75 kg/hm$^2$、现蕾期灌一次水处理极显著高 4.13%。水、氮单因素及水氮互作对胡麻根、茎、叶片、籽粒中氮素的耦合效应表现为:水氮互作条件下胡麻根、茎、果皮含氮量与籽粒产量呈极显著正相关关系。亚麻酸含量为施氮 150 kg/hm$^2$、灌水 2 次较施氮 75 kg/hm$^2$、灌水 1 次处理显著高 9.22%。间作胡麻现蕾期和盛花期结合施氮 150 kg/hm$^2$ 各灌一次水或现蕾期、盛花期和青果期各灌一次水是沿黄灌区胡麻生产比较适宜的水肥管理措施。

**4. 节水灌溉** 节水灌溉(water-saving irrigation)以最低限度的用水量获得最大的产量或收益,也就是最大限度地提高单位灌溉水量的农作物产量和产值的灌溉措施。主要措施有:渠道防渗、低压管灌、喷灌、微灌和灌溉管理制度。

乔海明等(2014)开展节水灌溉条件下油用亚麻密度氮磷钾四因素正交旋转组合高产栽培模型研究。为优化坝上地区水浇地种植业结构,在节水灌溉栽培条件下,采取四因素正交旋转组合设计,研究了施用氮、磷、钾肥对油用亚麻产量作用效果。油用亚麻从出苗后的整个生长期降水量仅 142.5 mm,比常年减少 50% 以上,试验降水条件属于极度干旱。通过现蕾期、开花期、灌浆期每次 13.3 m$^3$/亩灌水,满足了油用亚麻正常生长。通过优化解析结果表明:播种密度 66.8 万/亩有效粒,施用氮肥 12.8 kg/亩、磷肥 7.3 kg/亩、钾肥 6.9 kg/亩,油用亚麻产量最高达 239.7 kg/亩。提出了一种适宜本地区油用亚麻节水、高产、高收益栽培模式。

马文礼(2005)开展了宁夏引黄灌区结构节水型农作机制研究,通过选取小麦、玉米、马铃薯、油葵、胡麻五种作物,在相应的种植方式下,进行不同灌溉水平的定点定位试验,对宁夏引黄灌区不同作物及种植模式的耗水及水分利用效率进行研究,在此基础上选择节水型作物和它们的组合模式,结合区域调查进行作物种植结构优化调整研究综合考虑了灌区水资源的供需平衡,实现生态、经济、社会三大效益的协调统一,并在此基础上建立起宁夏引黄灌区作物及种植模式多目标优化模型,并对优化结果进行了评价。

(四)防病治虫除草

具体见第四章。

## 七、适期收获

当胡麻进入黄熟期,即上部叶片黄萎,下部叶片脱落,茎秆和 75% 蒴果变黄,种子变硬即可收获。收获过早,成熟不够,影响产量;收获过晚,蒴果易爆裂,造成落粒而减产。收获前应拔除结籽的杂草和芸芥等,留种田还应拔去不同品种的胡麻植株和劣株,以保证种子质量。收获常采用人工收割或联合收割机收获。

## 第二节 胡麻特色栽培技术

### 一、覆膜栽培

地膜覆盖作为一项有效的农业增产技术,在中国有着较快的普及速度。目前,在中国北方干旱、半干旱地区胡麻栽培技术推广的方法主要包括垄膜沟播、旱地胡麻全膜覆盖穴播,全膜胡麻一膜两用免耕栽培、旱地周年覆盖栽培、组合型微垄全膜秋季覆盖垄侧栽培等多种模式,适合不同栽培特点的作物。

(一)垄膜覆盖沟播

垄膜沟播栽培技术是根据旱作农田覆膜垄沟种植微集流富集叠加高效利用的技术原理,采取垄上覆膜(集雨产流区)、沟内种植作物(集雨利用区),形成沟、垄相间的作物种植方式,除具有传统覆盖法增温、保墒的作用外,主要是通过改进覆膜方式,形成膜上微集流场,使自然降雨小于10 mm的无效或微效降雨,能很快形成径流贮存到膜下作物根部,将无效降雨转化为有效利用,达到节水抗旱增产的目的。袁世军(2015)介绍,胡麻新品种以含油率高,喜温耐旱,适应性强,生育期短,栽培管理简便、经济效益高等多个优点在甘肃省天水市得以大面积推广种植。种植复播胡麻对轮作倒茬,调整作物茬口,增加农民收入,丰富油料供应,优化人们膳食结构等方面具有重要作用。胡麻全膜双垄沟播一膜两年用栽培技术是旱作农业的一项突破性创新技术,该项技术是集覆盖抑蒸、膜面集雨、垄沟种植为一体实现抗旱增产增收的新技术。

1. 地块选择 选择坡度<10°,前茬为小麦、豆类、马铃薯,肥力较好的川旱地种植。

2. 整地保墒 在前茬作物收获后及时灭茬深耕或深松,深耕不低于25 cm,深松不低于30 cm,耕后耙压两遍。第二年早春土壤表层解冻时及时顶凌耙耱,播种前遇较大春雨时可结合浅旋耕耙耱保墒。

3. 施用底肥 播种前结合整地施入农家肥1500～2000 kg/亩,磷酸二胺10 kg/亩,尿素5.0 kg/亩。播种时用磷酸二铵5.0 kg/亩作种肥,在枞形或现蕾阶段若遇较大降雨时可追施尿素5.0～7.5 kg/亩。

4. 品种选择 选用增产潜力大、耐肥、抗病、抗倒伏、抗逆性强的胡麻品种。

5. 播种技术

(1)播种期 5 cm地温稳定在8～11 ℃时为适宜播种期,一般平川可在4月上中旬播种,丘陵4月中下旬播种。为避免早春冻害,播种时期可延迟至5月上旬。

(2)播种量及密度 在平川旱薄地,播种量2～2.5 kg/亩,基本苗15万～20万株/亩。中等肥力旱地,播种量2.5～3.5 kg/亩,基本苗20万株/亩或更多。丘陵旱薄地,播种量2～2.5 kg/亩,基本苗20万株/亩左右。

(3)播种方式 在降水量350～400 mm的地区,垄膜集雨沟播种植的垄沟带型比例为1∶1,即垄上覆膜宽度60 cm,种植沟宽度60 cm,用幅宽80 cm、厚度0.01 mm的薄膜覆盖;在降水量400～450 mm的地区,垄膜集雨沟播种植的垄沟带型比例为1∶1.5,即垄上覆膜宽度

40 cm,种植沟宽度 60 cm,用幅宽 60 cm、厚度 0.01 mm 的薄膜覆盖。起垄高度为(种植沟底距垄顶端的垂直高度)10 cm,垄为圆弧形,沟内宽窄行种植胡麻 4 行,两边边行行距 15 cm,中间行距 20 cm,播深 3~4 cm。采用专用机械覆膜和播种一次完成。

6. 田间管理

(1)破除板结  播种后出苗前如遇雨雪天气土壤板结,应及时耙糖破除板结。

(2)中耕除草  胡麻进入枞形期(3~5 叶)进行第一次中耕除草松土,现蕾期进行第二次中耕除草,以后视田间杂草情况,随时拔除。

7. 病虫草害防治

(1)病害  枯萎病和炭疽病发病初期,每亩用 60% 多·福混剂 800~1000 倍液或 36% 甲基硫菌灵悬浮剂 600 倍液、75% 甲基托布津可湿性粉剂 800 倍液、50% 苯菌灵可湿性粉剂 1500 倍液、25% 炭特灵可湿性粉剂 500 倍液喷雾防治。立枯病是在播种前用 25% 的多菌灵可湿性粉剂,种子量的 0.2% 或五氯硝基苯,种子重量的 0.3%~0.5% 拌种;7~10 d 喷 1 次,防治 2~3 次。

(2)虫害  幼苗阶段注意防治金龟甲,现蕾阶段注意防治蚜虫和蓟马。

以地下害虫为例:

① 土壤处理  每亩用 40% 辛硫磷乳油或 40% 甲基异柳磷乳油 250 mL,加水 1~2 kg,拌细沙土 25 kg 制成毒土,或用 3% 辛硫磷颗粒剂 2.5~3.0 kg,拌细沙土 15~20 kg,耕地前均匀撒施地表,随耕地翻入土中。

② 苗期防治  当胡麻田因地下害虫为害死苗率达到 3% 时,每亩用 40% 辛硫磷乳油 200~250 mL,加水 2.5 kg,拌细沙土 30~35 kg,拌匀,制成毒土,顺垄撒施防治。

(3)草害

① 阔叶杂草  胡麻 3~5 叶期,选择气温 10 ℃ 以上晴天,每亩选用 40% 二甲·辛酰溴乳油 100 mL 或 30% 辛酰溴苯腈乳油 100 mL、80% 溴苯腈可溶性粉剂 45 g,兑水 45 kg 进行茎叶喷雾处理。

② 禾本科杂草  胡麻 3~5 叶期,选择气温 10 ℃ 以上晴天,每亩选用 8.8% 精喹禾灵 60~80 mL 或 108 g/L 高效氟吡甲禾灵乳油 70~90 mL、150 g/L 精吡氟禾草灵乳油 100~120 mL、240 g/L 烯草酮乳油 90~100 mL、15% 炔草酸可湿性粉剂 50~60 g、12.5% 烯禾啶乳油 180~200 mL、50 g/L 唑啉草酯乳油 90~100 mL,兑水 45 kg 进行茎叶喷雾处理。

8. 收获贮藏  胡麻全株 2/3 的蒴果变黄、下部叶片脱落、种子变硬时及时收获。脱粒后通风晾干后入库贮藏。

9. 适宜区域  适宜在半干旱和半阴湿区、坡度 <10° 的川旱地或梯田种植应用。

10. 效益  张雷等(2017)针对甘肃中部半干旱旱作区春季降水少、土壤墒情差、胡麻保全苗难等问题探讨旱地胡麻地膜栽培模式对胡麻产量的影响。试验结果表明,旱地胡麻全膜大小垄侧穴播栽培可防止胡麻出苗板结,有效提高胡麻出苗率,明显减少土壤水分的无效蒸发,增加土壤水分含量,胡麻生长的前期地温明显提高,胡麻的经济性状明显改善,增产效果明显,经济效益显著。旱地胡麻全膜大小垄侧穴播栽培水分生产率,比全膜平铺覆土穴播栽培、旱地胡麻半膜膜侧穴播和露地穴播栽培分别提高 28.28%、40.33% 和 116.17%;比全膜平铺覆土穴播栽培、旱地胡麻半膜膜侧穴播和露地穴播栽培分别增产 22.04%、28.74% 和 53.74%,是目前旱地胡麻增产稳产高产的最佳的栽培模式。

11. 注意事项  播后至出苗期间如降雨雪,集流容易造成板结,应及时破除,以保出苗。

## (二)全膜覆盖穴播

全膜覆盖穴播是作物播种前,在田间起垄,并用地膜覆盖全田(不只对垄面覆盖,也覆盖垄沟),利用人力穴播机在膜上种植的栽培技术。

王宗胜(2017)为了解决旱作农业区因不利气候条件的影响,使得胡麻难以适时播种或播种后出苗不全、苗情差,缺苗断垄现象严重,分茎、分枝、蒴果数量少,产量低,全膜覆土穴播栽培技术易造成土壤污染这些生产技术难题,开展了胡麻膜侧沟播机械化栽培技术的试验研究和示范,总结出了胡麻膜侧沟播机械化栽培技术。该技术把起垄、覆膜、播种机械配套一次性完成,地膜回收简单易行。适宜在干旱、半干旱区灌溉条件较差的川旱地应用。

1. **胡麻种子处理** 播前精选种子,除去秕瘦和霉变籽粒,晒 3~4 d,以提高种子发芽势和发芽率,保证出苗全和出苗匀。

2. **种肥及追肥** 种肥以尿素 90 kg/hm²、磷酸二氢铵 105 kg/hm²、硫酸钾 37.5 kg/hm² 为宜。在胡麻播前用穴播机播施。追肥以尿素为主,在胡麻现蕾前后结合降雨撒施。

3. **整地铺膜** 前茬作物收后及时整地,要求达到地面平整,土壤细绵,无土块,无根茬。

起弓形垄 15~20 cm 宽,垄高 5~10 cm,垄间为播种沟,要达到垄沟、垄面宽窄均匀,两垄一沟宽度约 50 cm,垄脊高低一致。第一道垄结束后,再起第二道垄。选用 120 cm 宽、厚度为 0.008~0.010 mm 的地膜覆盖。膜与膜间不留空隙,相接覆盖,相接处必须在垄中间垄脊处,在相接处用细土压住地膜,每隔 2~3 m 压一土腰带。覆膜后一周左右,待地膜紧贴垄面或降雨后,在垄沟内每隔 50 cm 打微孔,使垄沟内的集水能及时渗入土壤。

4. **播种**

(1)播种期 一般为 3 月中旬至下旬。以海拔 2000 m 为基础,播期以 3 月下旬为基础,海拔每升降 100 m,播期应推迟或提前 2~3 d。以土壤 5 cm 地温稳定通过 7 ℃时为宜。

(2)播种量 全膜覆盖穴播胡麻播量 35~50 kg/hm²,可满足茎数 560 万个/hm² 以上的要求。

(3)种植密度及规格 播种穴距 10 cm,行距 15~20 cm。旱地按亩保苗 30 万株左右计算,一般掌握下籽量 8~9 粒/穴;有补灌条件的水浇地亩保苗按 35 万~45 万株左右计算,一般掌握下籽量 10~11 粒/穴。在土壤墒情较好时,播深宜在 2~3 cm,若土壤墒情较差时稍深,但不宜超过 4 cm。

程志立等(2016)对全膜覆土穴播栽培条件下旱地胡麻最佳种植密度进行了试验研究。结果表明,全膜覆土穴播胡麻在山旱地最佳播种量为 4~5 kg/亩,适宜保苗密度 25 万~30 万株/亩。

(4)播种方式 人力穴播机播种,根据品种种植规格,调整好下籽口数量或选择好适宜穴播机,每穴 9~11 粒种子,播深 3~4 cm。注意要经常检查播种机,避免泥土堵塞播种机的下籽口而影响播种质量。

(5)及时封口 穴播机点播后,用草木灰或腐熟农家肥在地膜上撒施 1~2 cm 及时封口,并用平铁锹拍压实,防止通风,影响出苗。一般亩用草木灰或农家肥 500 kg 左右为宜。地力瘠薄的地块,在封口时可在草木灰或农家肥中亩掺施 10 kg 普钙作为种肥。

5. **田间管理**

(1)放苗 胡麻出苗后,及时观察有压在地膜穴孔下不能及时出苗的用铁丝钩掏苗放苗,保证出苗整齐、苗全。

(2)追肥　在枞形期结合降雨或灌水亩追施尿素 150 kg/hm²,普钙 300 kg/hm²;开花期喷施 0.5%～1%的磷酸二氢钾。

(3)杂草防除　覆膜前施用除草剂进行封闭除草。应选择以防除禾本科杂草为主的除草剂。可用 30%的阿特拉津悬液 4～5 L/hm² 加水 400～500 L,或用 38%锈去津 3 L 加乙草胺 2 L 加水 400～600 L 均匀喷洒在土壤表面,随后覆膜。

(4)病虫害防治　胡麻主要病害是立枯病、炭疽病、白粉病,主要虫害是地老虎、蛴螬、蚜虫、漏油虫等。

6. 防治方法

(1)立枯病　播种前用种子重 0.3%的 50%多菌灵拌种;及时拔除病株或喷洒 72%杜邦克露可湿性粉剂 800～1000 倍液、50%立枯净可湿性粉剂 1000 倍液,7～10 d 喷 1 次,防治 2～3 次。

(2)炭疽病　选用 50%多菌灵可湿性粉剂或 50%苯菌灵可湿性粉剂、80%炭疽福美可湿性粉剂、75%甲基托布津可湿性粉剂、60%多·福可湿性粉剂,用药量为种子重量的 0.2%～0.3%。拌后播种,可兼治多种根部病害。发病初期喷洒 60%多·福可湿性粉剂 800～1000 倍液或 36%甲基硫菌灵悬浮剂 600 倍液,每隔 10 d 喷施 1 次,连续防治 2～3 次。

(3)白粉病　在发病初期喷施 50%甲基托布津可湿性粉剂 1000 倍液或 50%多菌灵 1000 倍液,间隔 10 d 一次,连续防治 2～3 次。

(4)地老虎　在地老虎卵孵化盛期,用 40%甲基异硫磷、50%甲胺磷或 40%肠水胺硫磷 75 g/亩,兑水 75 kg 喷雾防治 1～2 次。

(5)蛴螬　用 50%辛硫磷乳剂或 40%甲基异柳磷乳剂,每亩 100～150 g,兑细土 20～25 kg,均匀撒施全田,随撒随耕,耙入土中;用 40%甲基异柳磷乳剂拌种,为种子量的 0.2%。

(6)蚜虫　可选用 3%啶虫脒乳油 1500～2000 倍液、5%锐劲特悬浮剂 1000 倍液、25%阿克泰水分散粒剂 2500 倍液、4.5%高效氯氰菊酯乳油 2000 倍液等进行防治。由于蚜虫多在心叶及叶背为害,不易喷到,故应尽量选用兼具内吸、触杀、熏蒸作用的药剂。

(7)漏油虫　每亩用 2.5%敌百虫粉剂 1.5 kg 或 5%西维因粉剂 2.5 kg 与细土 225 kg 混匀,于播前处理土壤。也可用辛硫磷或毒死蜱毒土处理。现蕾开花期成虫羽化时喷洒 80%敌敌畏乳油 1000～1500 倍液或 50%辛硫磷乳油 1000～1500 倍液等防治。

7. 收获　7 月下旬或 8 月上旬为胡麻黄熟期,即当胡麻全株 2/3 的蒴果变黄,下部叶片脱落,种子变硬时及时收获,晾晒、脱粒。籽粒含水量达 10%以下时,入库贮藏。留种田还应拔去不同品种的胡麻植株和劣株,以保证种子质量。

8. 适宜地区　甘肃、河北、山西、内蒙古、宁夏、新疆等省(区)。

9. 效益　党增春(2000)采用地膜覆盖穴播种植技术,探索了旱地胡麻覆膜穴播种植的增产机理及其增产效应。研究表明:胡麻覆膜穴播栽培种植显著提高了胡麻的籽粒产量和麻茎产量,单产高达 1250.1 kg/hm² 和 1530.2 kg/hm²,分别较露地条播增产 46.2%和 37.8%。与此同时,覆膜穴播种植胡麻后,在其关键生育时期枞形期后至现蕾初期进行膜上节水补灌,节水补灌 300～450 m³/hm² 可提高籽粒产量 30%～44%,水分生产效率提高 8%～14.9%。

杨丽等(2017)为探讨不同覆膜栽培方式对干旱无灌溉胡麻田水分动态和胡麻产量的影响,以露地条播种植为对照(CK),对 4 种栽培方式(全膜穴播、残膜穴播、露地穴播、垄膜沟播)下胡麻田土壤水分、胡麻生长状况、水分利用效率和产量进行研究。结果表明,覆膜处理可缩短胡麻生育期约 3d,提高出苗率 7.3%～11.0%,生长前期增加生物干质量 2.11～4.31 倍,后期增加 16.97~22.31 倍。水分利用效率较 CK 高出 19.73%~26.00%,籽粒产量提高 23.60%~29.67%。综合考虑经济效益和生产可操作性,覆膜栽培优于露地栽培,穴播优于条播,残膜穴播优于揭膜后全膜穴播。残膜穴播是兼顾可操作性和经济效益的胡麻栽培方式,适宜在干旱无灌溉区推广。

(三)全膜胡麻一膜两用免耕栽培

该技术是近年来由于干旱、半干旱地区双垄沟播玉米面积不断扩大,为了更好地利用旧膜,达到一膜多用的目的,进行胡麻旧膜穴播栽培,取得了明显的增产效果。因其符合少免耕节水节本增效低碳特点,已在定西胡麻产区得以广泛应用,并发挥了较好的效益。尤其是以头茬新膜玉米、二膜玉米、三膜胡麻为核心的轮作种植制度,已成为干旱、半干旱地区独特的节水节本增效低碳少免耕轮作模式,穴播胡麻面积已占胡麻播种面积的 30% 以上。

杨丽等(2017)为了探讨不同覆膜栽培方式对干旱无灌溉胡麻水分动态和胡麻产量的影响,以露地条播为对照(CK),对 4 种栽培方式(全膜穴播、残膜穴播、露地穴播、垄膜沟播)下胡麻田土壤水分、胡麻生长状况、水分利用效率和产量进行研究。结果表明残膜穴播是兼顾可操作性和经济效益的胡麻栽培方式,适宜在干旱无灌溉区推广。

1. 前茬收获和旧地膜保护

(1)低茬收割玉米秸秆　在头年收割玉米秸秆时要求尽可能低茬收割,但要防止地膜被损坏,以减轻冬春季土壤水分的蒸发,一般要求在 3~4 cm。

(2)保护地膜　玉米收获后,及时将玉米秸秆砍倒覆盖在地膜上,不要划破地膜,同时冬季防止牲畜采食秸秆而损坏地膜。

(3)清除秸秆、准备播种　播前一周将秸秆外运,并用扫帚扫净残留茎叶,用土封好地膜破损处准备播种。

2. 穴播机调试　目前,国内市场上小粒作物穴播机的规格有 13 穴、14 穴、15 穴几种,调试将根据每亩保苗数或每亩下籽量确定,首先选择穴播机规格,确定下籽量,再确定种植行距,计算出每穴粒数,根据每穴粒数来调试穴播机,在播前转动穴播机转动手柄调试到所要求的每穴粒数为准。如果根据下籽量计算出每穴粒数较大,可以加大行距来调节。如选择 13 穴的穴播机,按穴距 11 cm,行距 20 cm 计算,每亩需播种 27780 穴。每亩有效下籽量按 40 万粒计,则每穴粒数为 14 粒,播量密度控制在 20 万粒。

3. 品种选择　根据不同的土壤类型和气候特点,选用不同的良种。选择矮秆抗倒品种,避免因雨水过多而引起倒伏。在干旱半干旱地区应以选用抗旱、抗寒、丰产、含油率高的油纤兼用型品种。如定亚 22 号、陇亚 8 号、陇亚 10 号、陇亚 11 号等丰产综合性状优良的品种为主,在二阴、水浇地以定亚 22 号,陇亚 9 号、陇亚杂 1 号、陇亚杂 2 号等丰产性突出,抗倒伏、综合性状优良的油用型品种为主。

4. 播种　适时播种,播种期比露地胡麻提早 5~7 d,定西产区一般以 3 月下旬至 4 月上旬为宜。

5. 及时封口　穴播机点播后,及时在地膜上撒施 1~2 cm 厚的草木灰或腐熟农家肥封口,并用平铁锹拍压实,防止通风,影响出苗。一般亩用草木灰或农家肥 500 kg 左右为宜。

6. 配方施肥　在前茬作物玉米铺膜前要施足底肥,底肥以有机肥为主,一般亩施农家肥 5000 kg 以上,配合尿素 22.5 kg,二胺 45 kg,硫酸钾 19.5 kg。秋施时结合最后一次耕糖施入,春施时在铺膜前 1 周结合耙糖地施入。

7. 田间管理　胡麻出苗后,及时观察,用铁丝钩等工具掏苗放苗;生育期间及时拔除田间杂草；枞形期结合降雨或灌水亩追施尿素7.5 kg/亩，二胺15 kg/亩，花期喷施0.4%硫酸钾或0.3%～0.4%的磷酸二氢钾；及时防治立枯、炭疽、枯萎等病害和金龟子、蚜虫等虫害（防治方法见上一节）。

8. 适时收获　全株2/3的蒴果变黄，下部叶片脱落，种子变硬时及时收获。

9. 适宜地区　甘肃、河北、山西、内蒙古、宁夏、新疆等省（区）。

10. 效益　由于中国胡麻主产区地膜覆盖面积较大，然而田间旧膜对胡麻种植影响的研究刚刚开始。任温江（2010）研究了一膜穴播胡麻节本增效技术，认为农田旧膜继续覆盖至翌年春天，仍具有一定的保墒保温作用，有利于提高胡麻产量。试验结果表明：二膜穴播胡麻产量2194.5 kg/hm$^2$，较露地增产30.4%；三膜穴播胡麻产量1984.5 kg/hm$^2$，较露地增产17.9%。

汪磊等（2016）为评价不同地膜覆盖技术的适应性和节水增产效果，于2014—2015年，在中国典型的干旱、半干旱雨养农业区设置露地穴播（CK1）、全膜覆土穴播（T1）、旧膜重复利用穴播（T2）、膜侧条播（T3）、露地条播（CK2）5种栽培模式对比试验，研究了不同种植模式对胡麻生育期、经济性状、产量、水分利用效率和经济效益的影响。结果表明：覆膜种植模式促进胡麻出苗提前并缩短其生育期0～7d，干旱年份（2015年）较正常年份（2014年）覆膜促熟效应减弱。T1和T2处理两年的产量均显著高于对照和T3处理。T1和T2处理不同年份下水分利用效率显著高于其他处理。经济效益分析表明，T1和T2处理在两年的收益率中稳居第一和第二位，增收效果显著。因此认为全膜覆土穴播和旧膜重复利用穴播是干旱半干旱地区胡麻适宜的种植模式。

（四）其他模式

组合型微垄全膜秋季覆盖垄侧栽培，是为了进一步提高土壤在保水保肥、增加温度、活化土壤等方面的农田生态效应，将地膜覆盖时间提早到上一年10月份到11月份的栽培技术。

李小燕等（2015）认为春夏干旱是甘肃榆中县旱作区胡麻产量的主要限制因素。进一步减少旱地冬春季土壤水分的无效蒸发、提高土壤含水量，为胡麻前期生长创造良好的土壤条件是实现该区胡麻高产稳产的必需步骤。2011—2012年连续两年在地处甘肃省中部半干旱雨养农业区的榆中县石头沟旱作农业示范点进行了组合型微垄全膜覆盖不同覆膜时期对旱地胡麻生长影响的试验。本试验设组合型微垄全膜秋覆盖垄侧栽培、组合型微垄全膜播种前覆盖垄侧栽培和露地穴播三个处理，分别对其土壤水分、经济性状、生育期、产量结果进行分析。结果表明，旱地胡麻组合型微垄全膜秋覆盖垄侧栽培可明显减少冬春季土壤水分的无效蒸发，增加土壤水分含量，0～60 cm的土壤平均含水量，分别比旱地胡麻微垄全膜播种前覆盖垄侧栽培和旱地胡麻露地穴播栽培高31.9 g/kg和45.3 g/kg；胡麻的经济性状明显改善，株高分别比旱地胡麻微垄全膜播种前覆盖垄侧栽培和旱地胡麻露地穴播栽培高3.8 cm和14.7 cm，单株蒴果数分别增加8.5个和11.5个，蒴果粒数分别增加0.6个和1.65个，千粒重分别提高0.05 g和0.31 g。旱地胡麻组合型微垄全膜秋季覆盖垄侧栽培比胡麻露地栽培增产1471.2 kg/hm$^2$，增幅129.54%，比旱地胡麻微垄全膜播种前覆盖垄侧栽培增产378.22 kg/hm$^2$，增幅17.41%，增产效果十分明显。

## 二、带田种植

在甘肃省、内蒙古自治区河套地区，带田种植是一种特色的种植方式。

刘秦等（2017）根据试验示范提出了河西地区甜菜与胡麻全膜覆盖带田高效种植模式，并从选茬整地、品种选择与种子处理、适期覆膜、适期播种、科学施肥、合理浇水、病虫害防治、适时收获等方面介绍了其栽培技术,以期为该模式的推广应用提供参考。根据试验示范提出了河西地区甜菜与胡麻全膜覆盖带田高效种植模式,并从选茬整地、品种选择与种子处理、适期覆膜、适期播种、科学施肥、合理浇水、病虫害防治、适时收获等方面介绍了其栽培技术,以期为该模式的推广应用提供参考。

贾海斌等(2012)对乌兰察布地区胡麻/大豆、胡麻/玉米、胡麻/马铃薯、胡麻/甜菜及胡麻/燕麦 5 种不同胡麻带田种植模式下作物生育期、经济性状、产量及经济效益进行了研究。结果表明,5 种胡麻带田种植模式中,胡麻/马铃薯带田中两种作物株高高低搭配合理,共生期短,减小了光热水肥的竞争,胡麻和马铃薯亩产量分别达到相应单作的 69.1% 和 64.4%,土地当量值达 1.33,胡麻/马铃薯的亩总产值比单作胡麻高 649.8 元,是当地理想的胡麻带田种植模式。

何海军等(2016)通过对 9 种不同带型、密度胡麻/玉米带田的叶面积指数、干物质积累量、产量要素、产量、产值和土地当量值的系统研究表明,9 个处理的带田叶面积指数均表现出"抛物线"的变化动态,干物质积累均表现出"直线"上升的变化动态。同一密度下,不同带型的叶面积指数和干物质积累量随带幅的增大而增大;带型相同时,在胡麻收获前,不同密度带田的叶面积指数随胡麻密度的增大而增大,玉米各器官干物质积累量随胡麻密度的增大而减少。但从带田全生育期来看,各处理间总的叶面积指数差异不大。带田幅宽 150 cm,其中 6 行胡麻带 100 cm,2 行玉米带 50 cm,胡麻每公顷为 600 万株这种带型中,玉米对胡麻的遮阴较小,共生期间竞争造成的影响最低,能够将两种组分的优势充分发挥出来。这种结构胡麻/玉米带田产量达到 108.3 kg、814.9 kg,亩产值达 2279.5 元,居 9 个处理的第一位。

张雷等(2011)研究了旱地微垄地膜覆盖沟播栽培对土壤水分和胡麻产量的影响。春夏干旱是甘肃省榆中县旱作区影响胡麻产量的主要限制因素。为了减少土壤水分的无效蒸发、提高土壤含水量、改善胡麻生长环境和提高胡麻产量,开展了旱地微垄地膜覆盖沟播栽培对土壤水分和胡麻产量的试验研究。试验采取带田方式,带宽 55 cm。垄高 15 cm、宽 30 cm,垄面覆膜,垄沟宽 25 cm,垄沟条播种植胡麻 2 行,行距 18 cm。试验结果表明,旱地胡麻微垄地膜覆盖沟播栽培减少了胡麻生长期间土壤水分的无效蒸发,胡麻生长期平均土壤含水量提高,胡麻的出苗率提高,胡麻有效分枝数、全株蒴果数、单蒴果粒数、千粒重等经济性状明显改善;旱地胡麻微垄地膜覆盖沟播栽培比露地栽培增产 634.2 kg/hm$^2$,产值提高 4439.4 元/hm$^2$,纯收入增加 3149.4 元/hm$^2$。

### 三、集雨压沙种植

集雨种植是利用一定的坡度将雨水汇集到地势相对平缓、较低的区域,进而提高作物产量的一种方法。压沙种植是利用覆盖在表层的沙石增强水分的入渗能力和减少地表产流的种植方法。将这两种方法结合起来种植胡麻,可以有效利用水分。赵文举等(2015)采取大田试验,研究了普通、压沙和集雨 3 种种植模式下胡麻植株的发育情况及亩产值,实测植株、果实、根系和茎叶干重。压沙和集雨均能显著提高胡麻单产。研究结果可为北方干旱区胡麻产量提高提供理论依据。

## 参考文献

白斌,胡福平,2016. 玉米套种胡麻产量优势试验研究[J]. 农业工程技术(26):19-20,23.
曹秀霞,2009. 旱地胡麻密肥高产栽培技术模型[J]. 陕西农业科学(6):51-53.

曹彦,冯志慧,梅雪,等,2018.不同播种时间对胡麻品种内亚九号生长及产量的影响[J].现代农业科技(14):20-21.

陈军,罗影,王立光,等,2017.不同种植模式土壤水浸提液对胡麻的化感效应[J].中国土壤与肥料,(03):125-130.

程志立,杨富安,2016.全膜覆土穴播胡麻播种密度试验研究[J].栽培技术(2):58-59.

崔红艳,方子森,牛俊义,2014.胡麻栽培技术的研究进展[J].中国农学通报,30(18):8-13.

崔红艳,胡发龙,方子森,等,2015.丸粒化处理对胡麻种子萌发和幼苗生长的影响研究[J].干旱地区农业研究(2):26-31.

戴庆林,张金瑞,1981.胡麻氮磷钾营养特性的研究初报[J].土壤肥料(3):36-38.

党增春,刘耀宏,万惠娥,2000.旱地胡麻覆膜穴播种植与节水补灌试验研究[J].水土保持通报,20(2):12-14.

高炳德,索全义,白进玲,等,2001.播种期对胡麻物质代谢及产量形成的影响[J].内蒙古农业科技(土肥专辑):9-11.

高小丽,刘淑英,王平,等,2010.西北半干旱地区有机无机肥配施对胡麻养分吸收及产量构成的影响[J].西北农业学报,19(2):106-110.

高小丽,2010.施肥对西北半干旱地区土壤养分、胡麻养分吸收及产量的影响[D].兰州:甘肃农业大学.

高玉红,吴兵,牛俊义,等,2016.水肥耦合对间作胡麻氮素养分及其产量和品质的影响[J].干旱地区农业研究,34(2):69-75.

高珍妮,2015.油用亚麻抗倒伏特性及对栽培措施的响应[D].兰州:甘肃农业大学.

郭秀娟,杨建春,冯学金,等,2016.不同前茬作物对胡麻干物质积累规律、品质及产量构成因子的影响[J].作物杂志(2):165-167.

何海军,王晓娟,2016.不同密度和带型对胡麻/玉米带田产量的影响[J].农业科技通讯(8):105-111.

侯保俊,何太,2011.大同市胡麻高产栽培技术[J].中国农技推广(4):33.

胡汉民,2000.胡麻地膜覆盖穴播栽培技术[J].农业科技通讯(5):14.

贾海斌,何海军,2012.乌兰察布不同种植模式下胡麻带田产量及经济效益研究[J].中国种业(8):44-46.

李建鑫,2012.旱地胡麻高产栽培技术[J].青海农技推广(4):6.

李小燕,张蕾,牛菊芬,等,2015.旱地混合型微垄全膜不同覆盖时期对土壤水分及胡麻生长的影响[J].干旱地区农业研究,33(2):16-21.

李兴华,方子森,牛俊义,2013.大量及微量元素对胡麻幼苗生长发育的影响[J].甘肃农业大学学报(1):42-48.

刘春英,2013.灌水量和灌溉方式对胡麻生长发育和产量的影响[J].甘肃科技纵横(6):73-75.

刘福华,夏自成,王洪福,等,2006.胡麻套种地膜辣椒栽培技术[J].宁夏农林科技(1):60.

刘秦,姚正良,缪纯庆,等,2017.河西地区甜菜与胡麻全膜覆盖带田高效栽培技术[J].中国甜菜糖业(3):13-15.

罗影,王立光,陈军,等,2017.不同种植模式对甘肃中部高寒区胡麻田土壤酶活性及土壤养分的影响[J].核农学报(6):1185-1191.

吕彦彬,金亚征,2009.水分供给对胡麻产量的影响[J].安徽农业科学(13):5956.

马文礼,2005.宁夏引黄灌区结构节水型农作制研究[D].银川:宁夏大学.

牛小霞,牛俊义,2017.不同轮作制度对定西地区农田杂草群落的影响[J].干旱地区农业研究,35(4):223-229.

钱爱萍,曹秀霞,安维太,等,2014.微肥配施对旱地胡麻出苗和种子产量的影响[J].江苏农业科学(6):90-91.

乔海明,米君,张丽丽,等,2010a.不同前作对胡麻经济性状及产量影响[J].园艺园林(8):57-58.

乔海明,米君,张丽丽,2010b.冀西北地区胡麻"三早"栽培技术[J].河北农业科学(14):11-12.

乔海明,米君,张丽霞,2014.节水灌溉条件下油用亚麻密度氮磷钾四因素正交旋转组合高产栽培模型研究[J].中国麻业科学(2):76-81.

孙俊,付克勤,2009.旱地胡麻与葵花间种高产栽培技术研究[J].现代农业科学(5):69-72.

孙小花,谢亚萍,牛俊义,等,2015.不同施钾水平对胡麻钾素营养转运分配及产量的影响[J].草业学报(4):30-38.

孙银霞,2016.灌水对胡麻籽粒产量和水分利用效率的影响[J].甘肃农业科技(3):49-53.

索全义,郝虎林,2001.氮磷化肥对胡麻产量形成的影响[J].内蒙古农业科技(S3):18-19.

任温江,2010.一膜多用穴播胡麻覆节本增效技术[J].现代农业科技(12):74-85.

史兆辉,2014.定西市胡麻高产栽培技术要点[J].农业科技与信息(14):14-16.

水建兵,王天华,安磊,等,2002.膜侧沟播胡麻高产栽培技[J].甘肃农业科技(6):21.

王斌,王利民,党照,等,2016.胡麻套种不同密度油菜对产量和经济效益的影响[J].甘肃农业科技(10):9-11.

王红梅,李雨阳,俞华林,等,2017.白银市刘川灌区胡麻套种豌豆栽培技术[J].甘肃农业科技(2):88-89.

斯钦巴特尔,吴立,周彩清,等,1995.稀土对胡麻种子生理的影响[J].内蒙古师大学报(自然科学汉文版)(2):72-74.

汪磊,谭美莲,叶春雷,等,2016.胡麻覆膜种植模式对产量、水分利用效率和经济效益的影响[J].中国油料作物学报,38(4):460-466.

王霞,苏玉彤,崔岩,2014.胡麻营养价值及套种向日葵和小麦高产高效栽培技术[J].特种经济动植物(12):32-33.

王宗胜,2017.胡麻膜侧沟播机械化栽培技术[J].农业开发与装备(6):124-124.

吴兵,高玉红,李玥,等,2016.旱地胡麻不同氮磷配施后磷素转运分配和磷肥的利用效率[J].中国油料作物学报(05):619-625.

吴俊玲,2013.胡麻套种多种作物的技术措施[J].科技创业家(14):206.

谢亚萍,闫志利,李爱荣,等,2013.施磷量对胡麻干物质积累及磷素利用效率的影响[J].核农学报(10):1581-1587.

谢亚萍,吴兵,牛俊义,等.2014.施氮量对旱地胡麻养分积累、转运及氮素利用率的影响[J].中国油料作物学报(3):357-362.

徐进莲,2009.锡林郭勒盟胡麻优质高产栽培技术[J].内蒙古农业科技(3):121.

剡斌,牛俊义,崔政军,等,2015.氮磷用量对胡麻非结构性碳水化合物积累转运及产量的影响[J].中国土壤与肥料(2):63-69.

闫志利,郭丽琢,方子森,等,2012.有机肥对胡麻干物质积累、分配及产量的影响研究[J].中国生态农业学报(8):988-995.

燕鹏,崔红艳,方子森,等,2017.补充灌溉对土壤水分和胡麻籽粒产量的影响[J].水土保持研究(1):328-333,341.

杨光雁,2003.亚麻大田中耕管理技术[J].农村实用技术(2):10-11.

杨丽,祁双桂,李青梅,等,2017.不同覆膜栽培方式对胡麻水分利用效率和产量研究[J].西北农业学报,26(5):728-737.

杨培军,2014.旱地胡麻不同覆膜方式试验初报[J].宁夏农林科技(11):6-8.

杨琪,谷茂,1984.不同地区胡麻中耕措施及增产效益[J].中国油料(1):3.

杨天庆,牛俊义,2016.氨基酸配方有机肥对胡麻生长及籽粒产量及品质的影响[J].西北植物学报(8):1632-1641.

姚虹,马建军,2011.不同种植方式对胡麻产量构成因素的影响[J].安徽农业科学,39(30):18460-18462.

姚天明,2010.地膜覆盖栽培对胡麻衰老进程的影响[J].现代农业科技(14):101.

袁世军,2015.全膜双垄沟播一膜两年用胡麻栽培技术[J].甘肃农业(20):33.

张雷,李小燕,牛芳菊,等,2011.旱地微垄地膜覆盖沟播栽培对土壤水分和胡麻产量的影响[J].作物杂志(4):95-97.

张雷,李小燕,牛芬菊,等,2017.旱地胡麻全膜大小垄侧穴播栽培技术研究[J].干旱地区农业研究,35(2):62-67.

张树海.2013.胡麻不同覆膜种植方式比较试验[J].宁夏农林科技(10):8-9.

张素梅,2017.不同茬口对胡麻经济性状及营养品质的影响[J].农业开发与装备(4):73-74.

张文军,2017.甜菜套种胡麻高效丰产栽培技术[J].中国糖料(3)43-44,50.

赵东晓,孙景诗,董亚茹,等,2019.低剂量60Co-γ辐射对胡麻种子萌发和幼苗生长的影响[J].山西农业科学(1):34-38.

赵利,牛俊义,胡冠芳,等,2012.地肤根系分泌物对胡麻的化感作用[J].草业科学,29(6):894-897.

赵玮,党占海,2015.胡麻产业技术[M].兰州:兰州大学出报社.

赵文举,郁文,徐裕,等,2015.干旱区集雨和压沙种植模式对胡麻产量的影响[J].节水灌溉(5):9-11.

赵志兰,2019.胡麻高产栽培技术研究—以晋北地区为例[J].山西农经(7):114-115.

朱珊,2013.密度和氮肥对直播油菜生长发育与氮素利用的影响研究[D].北京:中国农业科学院研究生院.

# 第四章 环境胁迫及其应对

## 第一节 生物胁迫及其应对

### 一、病害及其防治

(一) 种类

1. 研究动态　国外报道危害胡麻的病害有15种之多,其中国际上危害严重的主要有北美洲的锈病、欧洲的派斯莫病、亚洲的枯萎病和白粉病。在中国,由于胡麻主要分布在干旱、冷凉的西北、华北和东北的部分地区,胡麻病害发生并不普遍,目前发生的胡麻主要病害有枯萎病、派斯莫病、白粉病和锈病。

何太等(2009)对胡麻立枯病、胡麻炭疽病、胡麻枯萎病、锈病、白粉病的症状、传播途径与发病条件、防治方法做了具体介绍。

杨学等(2007)在亚麻生长季节定期定点观察亚麻白粉病发生程度,分析温度、湿度、光照等气象因素及不同播种密度和不同播期对亚麻白粉病发生发展规律的研究。明确适宜亚麻白粉病发生流行的温度为20~25 ℃,过高或过低都会抑制其流行;在阴天、高湿条件下有利于亚麻发病与流行;播种密度越大、春季播种时期越晚,亚麻白粉病发病就越严重。具体数据如表4-1所示。

表4-1　2004—2005年5—7月气象资料及亚麻白粉病病情指数(杨学等,2007)

| 年-月 | 旬 | 气温(℃) | | | 相对湿度(%) | 降水量(mm) | 日照时数(h) | 调查日期 | 病情指数(%) |
| --- | --- | --- | --- | --- | --- | --- | --- | --- | --- |
| | | 平均 | 最高 | 最低 | | | | | |
| 2004-05 | 上旬 | 12.9 | 17.4 | 6.9 | 60 | 9.1 | 22.8 | | |
| | 中旬 | 15.2 | 19.2 | 11.3 | 49 | 12.4 | 43.0 | | |
| | 下旬 | 17.6 | 21.6 | 12.2 | 56 | 8.5 | 41.0 | | |
| | 月 | 15.3 | 19.5 | 10.2 | 55 | 30.0 | 106.8 | | |
| 2004-06 | 上旬 | 22.3 | 28.6 | 16.8 | 42 | 0.0 | 75.5 | | |
| | 中旬 | 23.7 | 28.6 | 19.3 | 63 | 20.6 | 50.9 | 19日 | 发病初期 |
| | 下旬 | 25.0 | 28.7 | 21.5 | 70 | 25.5 | 85.0 | 25日 | 8.7 |
| | 月 | 23.7 | 28.6 | 19.2 | 58 | 46.1 | 211.4 | | |
| 2004-07 | 上旬 | 20.4 | 23.2 | 20.4 | 86 | 36.2 | 19.0 | 5日 | 19.2 |
| | 中旬 | 24.4 | 28.4 | 19.9 | 76 | 0.8 | 78.8 | 15日 | 37.5 |
| | 下旬 | 24.8 | 28.5 | 20.4 | 78 | 52.3 | 45.0 | 25日 | 80.6 |
| | 月 | 23.3 | 26.7 | 20.3 | 80 | 89.3 | 142.8 | | |

续表

| 年-月 | 向 | 气温(℃) | | | 相对湿度（%） | 降水量（mm） | 日照时数（h） | 调查日期 | 病情指数（%） |
| --- | --- | --- | --- | --- | --- | --- | --- | --- | --- |
| | | 平均 | 最高 | 最低 | | | | | |
| 2005-05 | 上旬 | 9.7 | 13.3 | 5.5 | 69 | 2.7 | 23.0 | | |
| | 中旬 | 15.6 | 19.7 | 10.1 | 63 | 1.5 | 61.0 | | |
| | 下旬 | 17.3 | 21.9 | 12.3 | 64 | 2.1 | 33.0 | | |
| | 月 | 14.3 | 18.4 | 9.4 | 65 | 6.3 | 117.0 | | |
| 2005-06 | 上旬 | 20.1 | 24.3 | 15.2 | 77 | 42.6 | 33.5 | | |
| | 中旬 | 21.3 | 25.6 | 14.8 | 81 | 29.0 | 39.0 | 17日 | 发病初期 |
| | 下旬 | 23.9 | 27.9 | 17.6 | 73 | 16.4 | 76.5 | 25日 | 13.4 |
| | 月 | 21.8 | 26.0 | 15.8 | 77 | 88.0 | 149.0 | | |
| 2005.7 | 上旬 | 22.2 | 75.0 | 17.4 | 87 | 40.1 | 27.0 | 5日 | 31.8 |
| | 中旬 | 24.7 | 27.9 | 18.6 | 80 | 21.0 | 42.0 | 15日 | 58.1 |
| | 下旬 | 23.2 | 26.8 | 19.7 | 85 | 55.7 | 40 | 25日 | 85.7 |
| | 月 | 23.4 | 26.6 | 18.6 | 84 | 116.8 | 109 | | |

周宇等（2015）对甘肃省2011—2012年胡麻白粉病田间发生规律进行了系统的观察，分析了温度和湿度对病害发生程度的影响。结果表明：白粉病在6月中下旬始发，7月中上旬达到高峰，且在田间自然条件下零星发生至全田发生只需要15～20 d左右，发生的最适温度为20～25 ℃，低于20 ℃或高于25 ℃发生缓慢。最适温度下，降雨量大、高湿条件利于白粉病的发生。如图4-1所示。

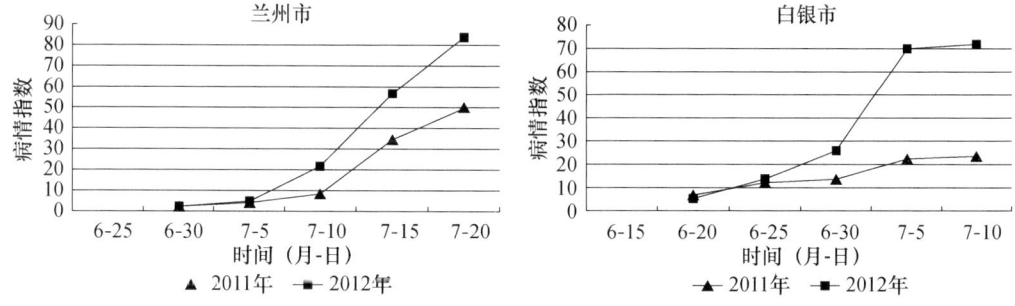

图4-1 2011—2012年白粉病消长规律（周宇等，2015）

王小静等（2007）从亚麻根部分离到尖孢镰刀菌、茄病镰刀菌、串珠镰刀菌、半裸镰刀菌、砖红镰刀菌5个种的101个菌株。依据柯赫式法则，确定亚麻枯萎病病原菌为尖孢镰刀菌。利用盆栽法做致病性测定，结果表明87个镰刀菌菌株的致病性差异显著。尖孢镰刀菌的相对致病性如表4-2所示。

李富恒等（2013）以22份对炭疽病有一定抗性的亚麻种质资源为试验材料，进行室内和田间抗炭疽病的鉴定与筛选，并优化筛选抗性鉴定方法。结果表明，最佳抗性鉴定方法处理组合为：接种方法为喷雾接种法，接种孢子液浓度为$3.5×10^6$个/mL。综合室内和田间鉴定结果，认为γ0311、K6531和Viking是3份亚麻高抗材料，86045-17-13-8是感病材料，其他是抗病或中抗材料。该研究结果对培育亚麻抗炭疽病新品种、提高亚麻生产水平具有指导意义。

表 4-2 尖孢镰刀菌的相对致病性(王小静等,2007)

| 菌株 | 病情指数(%) | 菌株 | 病情指数(%) | 菌株 | 病情指数(%) |
| --- | --- | --- | --- | --- | --- |
| F.o1 | 71.17 | F.o30 | 44.37 | F.o59 | 23.20 |
| F.o2 | 63.47 | F.o31 | 43.60 | F.o60 | 23.13 |
| F.o3 | 62.10 | F.o32 | 42.50 | F.o61 | 21.93 |
| F.o4 | 59.73 | F.o33 | 38.93 | F.o62 | 21.93 |
| F.o5 | 59.43 | F.o34 | 38.43 | F.o63 | 21.33 |
| F.o6 | 58.90 | F.o35 | 37.43 | F.o64 | 20.67 |
| F.o7 | 57.97 | F.o36 | 36.73 | F.o65 | 20.60 |
| F.o8 | 56.63 | F.o37 | 33.27 | F.o66 | 19.80 |
| F.o9 | 56.43 | F.o38 | 29.47 | F.o67 | 17.13 |
| F.o10 | 56.40 | F.o39 | 28.83 | F.o68 | 15.60 |
| F.o11 | 55.37 | F.o40 | 28.77 | F.o69 | 14.20 |
| F.o12 | 55.00 | F.o41 | 28.27 | F.o70 | 13.73 |
| F.o13 | 54.37 | F.o42 | 27.70 | F.o71 | 13.27 |
| F.o14 | 53.70 | F.o43 | 27.30 | F.o72 | 12.60 |
| F.o15 | 53.27 | F.o44 | 26.93 | F.o73 | 11.47 |
| F.o16 | 52.90 | F.o45 | 26.70 | F.o74 | 10.70 |
| F.o17 | 52.33 | F.o46 | 26.33 | F.o75 | 7.67 |
| F.o18 | 51.37 | F.o47 | 26.27 | F.o76 | 7.53 |
| F.o19 | 50.70 | F.o48 | 25.13 | F.o77 | 6.60 |
| F.o20 | 50.67 | F.o49 | 25.10 | F.o78 | 5.20 |
| F.o21 | 50.53 | F.o50 | 24.93 | F.o79 | 3.63 |
| F.o22 | 50.43 | F.o51 | 24.93 | F.o80 | 3.03 |
| F.o23 | 49.97 | F.o52 | 24.63 | F.o81 | 2.60 |
| F.o24 | 48.33 | F.o53 | 24.41 | F.o82 | 1.53 |
| F.o25 | 48.10 | F.o54 | 24.23 | F.o83 | 0 |
| F.o26 | 47.76 | F.o55 | 23.83 | F.o84 | 0 |
| F.o27 | 46.70 | F.o56 | 23.50 | F.o85 | 0 |
| F.o28 | 46.03 | F.o57 | 23.37 | F.o86 | 0 |
| F.o29 | 45.07 | F.o58 | 23.27 | F.o87 | 0 |

王海平等(2004)通过酯酶同工酶技术将来自中国主要胡麻产区内蒙古、山西、河北、甘肃的 17 个枯萎病菌株划分 4 个酯酶型,同时对部分菌株采用人工室内接种同一胡麻材料后的病情进行分析,考察菌株间的致病性。结果表明:同一地区的菌株属于同一酯酶型,同一地区的菌株间的致病性差异不显著,不同地区菌株间的致病性差异显著。

2. 胡麻病害常见种类

(1)枯萎病 病原菌为亚麻镰孢(*Fusarium oxysporum f. sp. lini* (Bolley) Snyder et Hansers),属半知菌亚门真菌,是镰刀菌属的亚麻专化型镰刀菌。主要以潜伏在种皮内的菌丝体和黏附在种子表面的孢子或在病残组织内、土壤中的菌丝体及厚垣孢子越冬,成为翌年初侵染源。早期病死株上的病原菌通过雨水或农事活动进行传播,从根系侵入危害,侵染适温 16~32 ℃。苗期至收获期均有发生。苗期染病幼茎萎蔫,叶片黄枯,根部变为灰褐色,致使幼苗猝倒和死亡。成株染病病株矮小黄化,顶梢垂萎,很容易从地里拔出,即使未死的成株,因导管的堵塞,也出现长条形失绿,呈红褐色的条斑。湿度大时病部可见粉红色霉状物,即病原菌分生孢子梗和分生孢子。

(2) 白粉病 病原菌为亚麻粉孢(*Oidium lini* Skoric),属半知菌亚门真菌,其有性态为二孢白粉菌(*Erysiphe cichoracearum* DC.),属子囊菌亚门真菌。此外有记载称亚麻内丝白粉菌(*Leveillula linacearum* Golov),也是该病病原。病菌以闭囊壳在寄主的病残体上越冬,翌年壳中的子囊孢子在适宜温度、湿度下传播引起初侵染,借风雨传播后,进行再侵染,一个生育期再侵染可重复多次。白粉病在胡麻整个生育期均可发生,主要是生长后期危害较重,主要危害叶片和茎秆,病害一般由底层叶片逐渐向上部感染,茎、叶及花器表面上形成白色绢丝状光泽斑点,病斑扩大,形成圆形或椭圆形,呈放射状排列。

(3) 立枯病 病原菌为立枯丝核菌(*Rhizoctonia solani* Kühn),属半知菌亚门真菌。有性态为瓜亡革菌(*Thanatepho—rus cucumeris*(Frank)Donk),属担子菌亚门真菌。病菌在土壤中腐生或附着在种子上越冬,翌春播种后出苗期侵染根茎部或幼根。该菌在土壤中还可危害多种农作物或杂草,没有寄主时在土壤中或有机质上营腐生生活。生产上遇有低温阴湿条件或土质黏重易发病。立枯病主要发生在苗期,危害茎基部。先在茎基部的一边出现淡黄色病斑,后变为红褐色,逐渐凹陷腐烂,严重时扩展到茎基四周,病部细缩,易从地表部折倒死亡,致地上部叶片萎蔫,叶变黄。发病轻的麻株,地上部不表现症状,只在地下茎或直根部位形成不规则的褐色稍凹陷病痕。

(4) 锈病 病原菌为亚麻栅锈菌(*Melampsora lini*(Ehreb)Lev.),属于担子菌亚门真菌。以种子上黏附的冬孢子及病残体上的冬孢子堆越冬。翌春条件适宜时,冬孢子萌发产生担孢子进行初侵染,以后病部产生的锈孢子和夏孢子通过风雨传播蔓延,进行再侵染。胡麻锈病是一种流行性病害,受品种抗病性和气候条件影响很大,冬孢子要求较长时期低温的冷冻环境后才能萌发。春季气温 14~18 ℃ 及雨露利于担孢子形成,18~20 ℃ 利于锈孢子和夏孢子的侵染。多雨年份,麻田低洼潮湿、施用 N 肥过多易发病,播种过晚、不抗病的品种发病重。锈病在胡麻的各个生育期都可发生危害。在幼叶、茎上产生淡黄色的性子器和锈子器;开花前后,在叶和幼果上产生鲜黄色至红黄色的夏孢子堆;生长后期,在下部的叶及茎秆病组织产生褐色至黑色的冬孢子堆,有时也产生在蒴果、小枝及花梗上。冬孢子堆微突起,有光泽,不突破表皮。发病初期叶片上产生黄色小斑点,为病菌的性孢子器和锈孢子器,性孢子器不明显。在生育的中后期,叶、茎和蒴果上均产生淡黄色至橙黄色小点,微隆起成疱斑,为病菌的夏孢子堆。成熟前在蔓孢子堆周围产生暗褐色至黑色的光滑小疱斑为冬孢子堆。叶片和茎上的病斑颜色和形状略有差异,在叶上,病斑呈鲜桔黄色,圆形或卵圆形,在茎上,夏孢子堆呈梭形,茎部严重被害后可使纤维折断,甚至植株早枯,降低种子和纤维的产量和品质。

(5) 炭疽病 病原菌为亚麻炭疽菌(*Colletotrichum lini*(Wester.)Tochinai),属半知菌亚门真菌。以分生孢子盘或菌丝在病残体及种子上越冬。翌春种子带菌先侵染幼苗,后在田间循环侵染,传播蔓延。阴湿条件下易流行。偏施过施 N 肥、密度大的连作田发病重。胡麻各生育期均可发病,多发生在生长前期,引起幼苗死亡、茎秆枯死。发病时,子叶上病斑水渍状,在边缘呈半圆形深褐色或灰褐色而干枯或腐烂;幼茎上的病斑黄褐色或橙,长梭形,病苗细缩,生长停止;苗根发生淡褐色或褐色凹陷条斑,使幼苗生长衰弱而逐渐枯死。

(6)菌核病 病原菌为核盘菌(*Sclerotinia sclerotiorum*(Lib.)de Bary),属子囊菌亚门真菌。以菌核在土壤中或混在种子中越冬,成为翌年初侵染源。子囊孢子借风雨传播,侵染老叶或花瓣,田间再侵染多通过菌丝进行,菌丝的侵染和蔓延有两个途径:一是脱落的带病组织与叶片、茎秆接触菌丝蔓延其上;二是病叶与健叶、茎秆直接接触,病叶上的菌丝直接蔓延使其发病。菌核萌发温度范围5~20 ℃,15 ℃最适,相对湿度85%以上,利于该病发生和流行。菌核病主要危害胡麻茎秆,致使茎秆病变,影响其生长发育。病菌最初侵染近土表的茎秆,湿度大时病部长出白色绒毛状菌丝,后在茎秆内外产生黑色鼠粪状菌核,植株倒伏枯死。

(7)派斯莫病 又称斑枯病,病原菌为亚麻生壳针孢(*Septoria linicola* Gar),属半知菌亚门真菌;有性态为亚麻球腔菌(*Mycosphaerella linorum*),属子囊菌亚门真菌。派斯莫病病原菌以菌丝体和分生孢子器及子囊壳在种子或病残体上越冬,翌年当气候条件适宜时即产生分生孢子和子囊孢子,传播后引起初次侵染;重复侵染主要靠病部不断产生的分生孢子,一个生长季节中再侵染可重复多次,造成派斯莫病严重发生。带菌种子是远距离传播的主要途径。派斯莫病的传播大多数依赖于气候条件,病害发生发展的最适宜温度为21~25 ℃和空气相对湿度为80%~90%的环境条件,亚麻的晚期播种较强地感派斯莫病。该病自胡麻幼苗出土到蒴果及种子成熟期间都可发生,危害胡麻植株地上所有部分,叶片产生病斑,花及蒴果脱落,茎部染病产生长圆形褐色病斑,扩展后不规则形,严重的环绕全茎,与绿色交错分布使茎秆产生斑驳。

常见胡麻病害如图4-2所示。

枯萎病　　　　　　　　　　　白粉病

立枯病　　　　　　　　　　　派斯莫病

图4-2 胡麻病害图片(韩相鹏等,2014)

(二)防治措施

胡麻病害防治应按照"预防为主,综合防治"的植保方针,坚持以"农业防治、物理防治、生物防治为主,化学防治为辅"的无害化治理原则。农业防治和药剂防治相结合,加强农业栽培技术措施,适时辅以药剂防治,即采取抗病防病相结合的综合防治措施。

1.综合防治

(1)选用抗病品种 选用抗病品种防治胡麻病害是各国首选的方法。通过筛选抗病资源,进行抗病育种,培育出高产、高抗材料是目前胡麻育种的主要目标之一。经过多年努力,国内胡麻育种家们已选育出一批抗病优良品种,如陇亚10号、陇亚杂1号、陇亚杂2号、坝亚12号高抗枯萎病;定亚17号、定亚20号、定亚22号、晋亚6号高抗萎蔫病;内亚9号抗枯萎病兼抗立枯病;陇亚8号、陇亚9号、宁亚11号抗白粉病;定亚12号、定亚15号抗锈病;黑亚14号、双亚10号高抗炭疽病。

(2)选用优质种子　要在无病田中采种,选用无病种子,种子纯度不低于97%,净度不低于98%,发芽率在95%以上。无病地区应采取严格的检疫措施,防治带菌种子传播。

(3)合理轮作　胡麻必须实行轮作倒茬才能减轻病害,增产增收。应尽量将小麦、燕麦、莜麦、马铃薯安排为胡麻前茬,避免将谷子、糜黍、荞麦安排为前茬。根据胡麻病害在土壤中的生存特性及侵染途径,胡麻最好采用5年轮作制。其方法是:凡是种胡麻多的地区,每年胡麻种植面积一般应控制在总播种面积的20%左右,最多不超过25%,以便轮作倒茬。

(4)清除田间病残组织　危害农作物的各种病菌孢子,均可在田间枯枝落叶及杂草中寄生越冬,秋收后及时清理田间枯枝落叶,清除不饱满种子与种子内夹杂的病株残屑是消灭越冬病菌的重要措施之一。因此,要及时拔除田间病株,防止病原菌传播蔓延,收获后彻底清除病残体,减少菌源。对病麻脱籽、翻晒过程中的废麻、种子壳、麻叶最好烧毁,如作肥料,必须腐熟。

(5)采用优质高产栽培技术

① 选地整地　胡麻种子比较细小,幼苗顶土力弱,因此需要精细整地。胡麻根系不耐涝,应选择雨后不涝、旱而不干、保肥力强、无杂草的地块,不适宜选择沼泽地、渍水地、沙性易旱地种植,保持土壤疏松平整。

② 秋季深耕蓄墒　前茬收获后,立即进行秋深耕,要求深度15～20 cm。凡前茬是夏熟早收作物的耕地,应抓紧时间进行伏深耕,以便接纳更多雨水供胡麻生长。

③ 春季耙耱保墒　为防止蒸发跑墒,3月中旬碾压土地,待早春土壤表层解冻时顶凌耙耱。如果春季干旱无雨只耙耱不耕地,播种前有较大春雨时可结合浅耕耙耱保墒。

④ 播前施足底肥,精选种子　旱地胡麻必须重施底肥,杜绝白茬下种,做到N、P配合。保证施有机肥7.5～15.0 t/hm²,基施磷酸二铵60～75 kg/hm²、磷肥150～225 kg/hm²、硫酸钾225～300 kg/hm²。

(6)化学防治

① 枯萎病　枯萎病发生严重的地区或者没有适合当地种植的抗病品种的区域,宜在播种前选用种子重量0.2%的15%三唑酮可湿性粉剂或0.3%～0.4%的50%福美双可湿性粉剂或50%多菌灵可湿性粉剂、70%甲基硫菌灵可湿性粉剂、50%苯菌灵可湿性粉剂、60%多·福可湿性粉剂、80%福·福锌可湿性粉剂进行干拌种处理。也可用适量多菌灵加少量甲基硫菌灵和代森锰锌制成复配药剂,用种子重量0.6%的药量拌种。也可用种子重量0.3%的30%丙环唑·苯醚甲环唑乳油拌种,兼治苗期其他病害。药剂拌种后再密闭7 d后播种防病效果最好。由于胡麻种子遇水易变黏,药剂拌种时以选用粉剂为宜。苗期用200～300倍多菌灵稀释液灌根。发病初期喷洒64%噁霜·锰锌可湿性粉剂800倍液,隔7～10 d再喷施1次,连续防治2次。

② 白粉病　播前用种子量0.3%的15%粉锈宁可湿性粉剂或15%三唑酮可湿性粉剂拌种。发病初期喷洒40%氟硅唑乳油,用量为8.5 g/亩兑水45 kg;或者43%戊唑醇悬浮剂,用量为15 g/亩兑水45 kg。也可喷洒50%醚菌酯干悬浮剂3000倍液或12.5%腈菌唑乳油1500～2000倍液、15%三唑酮可湿性粉剂1000倍液、10%苯醚甲环唑水分散粒剂1500～2000

倍液、50%啶酰菌胺可湿性粉剂1000倍液防治。第一次施药后7～10 d如病情继续发展,尚需进行第二次施药。白粉病在适宜条件下(阴天、高湿)流行速度极快,其防治的关键在于一个"早"字,即发现病斑后立即防治,发病到一定程度后(病情指数达15%以上)再防治会严重降低杀菌剂的防效,甚至于无效。

③ 炭疽病　播前用种子量0.2%～0.3%的25%多菌灵可湿性粉剂或50%苯菌灵可湿性粉剂、80%炭疽福美可湿性粉剂、60%多福混剂拌种,可兼治枯萎病。发病初期用60%多福混剂800～1000倍液或36%甲基硫菌灵悬浮剂600倍液、75%甲基托布津可湿性粉剂800倍液、50%苯菌灵可湿性粉剂1500倍液、25%炭特灵可湿性粉剂500倍液喷雾。

④ 立枯病　播前用种子量0.3%的50%多菌灵可湿性粉剂、70%甲基硫菌灵可湿性粉剂拌种,还可用2.5%咯菌腈悬浮剂、3.5%满适金悬浮剂、15%多福悬浮种衣剂等几种药剂处理胡麻种子。苗期若在田间发现零星病株,在浇头水前1周内,每亩用50%多菌灵可湿性粉剂80 g或70%甲基硫菌灵可湿性粉剂50 g,兑水15 kg进行茎叶喷雾。生长期如继续发病,可喷洒64%噁霜·锰锌可湿性粉剂800倍液或75%百菌清可湿性粉剂600倍液、50%多菌灵可湿性粉剂500倍液、80%代森猛锌可湿性粉剂600倍液、20%甲基立枯磷乳油1200倍液防治。

⑤ 派斯莫病　播前用种子量0.3%的多菌灵拌种,药剂拌种后至少密封一周后播种效果最佳。在病害发生初期喷洒50%甲基托布津可湿性粉剂1000倍液或50%多霉灵800～1000倍液,隔7～10 d喷洒1次,连喷2～3次。

⑥ 锈病　播前用种子重量0.3%的粉锈宁拌种,可抑制病害的发生。田间发病,在亚麻苗高15 cm和现蕾期以200 ppm有效成分的粉锈宁或20%萎锈灵乳剂500倍液各喷一次,有很好的防治效果。

2. 生物防治　生物防治是农作物病害综合治理的重要内容之一,属于一种无公害防治技术,在防治病害与提高农产品质量的同时,可有效地保护农业环境,有利于植物病害的可持续控制,是绿色食品生产所需要的。胡麻病害生物防治就是利用微生物制剂抑制胡麻病害发生。胡麻病害可选用的微生物制剂有:立枯病用5%井冈菌素水剂1500倍液,炭疽病、白粉病、派斯莫病可用2%抗霉菌素(农抗120)水剂或2%武夷菌素(BO-10)水剂150～200倍液,间隔7～10 d,连续防治2次。

张梦君等(2017)为了从健康亚麻植株的根际土壤中筛选对亚麻立枯病具有较强抑菌作用的拮抗菌,优化其产生抑菌活性物质的发酵条件,为其生防利用奠定基础,采用稀释平板涂布法和对峙培养法进行拮抗菌的筛选;根据菌株形态学特征、生理生化特性以及16Sr RNA基因序列分析对其进行鉴定;利用温室抗病实验确定其生防效果;通过单因素实验和均匀设计实验优化其发酵条件。结果分离筛选到一株对亚麻立枯病菌具有显著拮抗作用的细菌HXP-5,且其对另外7种植物病菌真菌均有拮抗作用;鉴定菌株HXP-5为枯草芽孢杆菌;温室抗病实验结果表明其生防效果可达71.22%;其产生抑菌活性物质的最佳发酵条件为:葡萄糖为2.3%,胰蛋白胨+酵母粉(3∶1)为0.25%,NaCl为0.18%,发酵时间为72 h,发酵温度为27 ℃,转速为210 r/min,250 mL摇瓶装液100 mL,接种量为1.7%。经鉴定,对亚麻立枯病菌具拮抗作用的菌株HXP-5为枯草芽孢杆菌,且对亚麻立枯病具有较强的防治效果,发酵条件进行优化后其对亚麻立枯病病原菌显示出更强的拮抗作用。

郭景旭等(2011a)为筛选拮抗胡麻枯萎病菌的生防微生物,对采自中国不同省份胡麻根围土壤进行了细菌分离和拮抗菌筛选。根据土样中151株病原菌尖孢镰刀菌对峙培养获得21株拮抗芽孢杆菌,其中XJ2-20拮抗效果最好,盆栽实验的胡麻枯萎病防效可达56.3%,经鉴定为枯草芽孢杆菌。菌株 XJ2-20 对 151 株镰刀菌株的抑菌率最高可达 64.5%,其发酵滤液可抑制尖孢镰刀菌生长及抑制分生孢子萌发。菌株 XJ2-20 的抑菌活性物质的最佳硫酸铵沉淀浓度为 70%,活性物质对热和胰蛋白酶敏感,最适 pH 为 7。其最佳发酵条件为 LB 液体培养基(初始 pH7.2)、每 300 mL 三角瓶装液量 50~100 mL,29 ℃培养 5 d。

郭景旭等(2011b)为了筛选对胡麻枯萎病有较好抗性的放线菌,试验对胡麻根围土壤进行了筛选,最终得到 1 株对胡麻枯萎病病原菌尖孢镰刀菌有较强拮抗作用的放线菌 GS2-1。分别测定了它对不同地区分离得到的 151 株尖孢镰刀菌的抗性,发酵液对孢子和菌丝的抑制作用,研究了其最佳发酵条件,并对发酵液中的抑菌活性物质进行了初步提取和生物活性测定,最后对其在胡麻生长中的防病作用进行了研究。结果表明,GS2-1 对 151 株尖孢镰刀菌均有较好的抗性,抑菌率最高可达到 73.9%;其发酵液可导致镰刀菌孢子膨大变形,菌丝折叠断裂。其最佳发酵条件为:培养时间 29~32,初始 pH7.2,装液量 100 mL/300 mL 三角瓶,培养基为改良 2 号液体培养基。其抑菌活性物质可以被氯仿萃取,并且具有较好的热稳定性,最适 pH 为 7~9。盆栽试验结果表明,GS2-1 菌剂对胡麻枯萎病的防效可以达到 68.8%。

## 二、虫害及其防治

(一)种类

1. 地上害虫　胡麻的地上害虫主要有蚜虫、蓟马、潜叶蝇、胡麻短纹卷蛾(漏油虫)、苜蓿夜蛾、苜蓿盲蝽、草地螟、牧草盲蝽、斜纹夜蛾、黏虫、双斑萤叶甲、棉铃虫、红蜘蛛等。

(1)蚜虫　蚜虫属同翅目蚜科,其种类多,发生普遍,分布广泛,是农作物的主要害虫之一。常见种类有玉米蚜、苹蚜、甘蓝蚜、麦二叉蚜、桃蚜、棉蚜、豆长管蚜、马铃薯长管蚜、亚麻蚜、菜蚜等,危害胡麻的主要是亚麻蚜。蚜虫分为有翅蚜和无翅蚜,有翅蚜可以迁飞,是主要的扩散危害形式,是多种病毒病的传播媒介。无翅蚜主要为短距离爬行扩散,繁殖力强,可孤雌生殖繁殖,4~5 d 繁殖 1 代。夏末出现雌蚜虫和雄蚜虫,交配后,雌蚜虫产卵,以卵越冬,最终产生无翅雌虫,无翅雌虫在夏季孤雌生殖,卵胎生,产幼蚜。蚜虫发生世代多,1 年可发生 10~20 代,世代周期短,4~5 d 完成 1 代。蚜虫发生时间多集中在 5—7 月。大多数蚜虫在 7 月下旬至 8 月初以后蚜虫量逐渐减少,9—10 月迁回到越冬寄主上越冬。蚜虫以刺吸式口器从植物中吸收大量汁液,使植株长得矮小,叶片卷曲,花蕾不能开放,植株提前老化、早衰。在胡麻上群集于胡麻顶梢,危害嫩叶、嫩芽,造成叶片卷缩。

(2)蓟马　蓟马是昆虫纲缨翅目的统称。常见的蓟马种类有稻蓟马、葱蓟马、瓜蓟马、西花蓟马、大姜蓟马等。蓟马一年四季均有发生,春、夏、秋三季主要发生在露地,冬季主要在温室大棚中,危害茄子、黄瓜、芸豆、辣椒、西瓜等作物。发生高峰期在秋季或入冬的 11—2 月份,3—5 月份则是第二个高峰期。蓟马主要是雌成虫进行孤雌生殖,偶有两性生殖,极难见到雄虫。卵散产于叶肉组织内,每雌产卵 22~35 粒,雌成虫寿命 8~10 d,卵期在 5—6 月份,为 6~7 d,若虫在叶背取食到高龄末期停止取食,落入表土化蛹。蓟马以成虫和若虫锉吸植株幼嫩组织(枝梢、叶片、花、果实等)汁液,被害的嫩叶、嫩梢变硬卷曲枯萎,嫩叶受害后使叶片变薄,叶片中脉两侧出现灰白色或灰褐色条斑,表皮呈灰褐色,出现变形、卷曲,生长势弱,易与侧多食跗线螨危害相混淆;幼嫩果实(如茄子、黄瓜、西瓜等)被害后会硬化,严重时造成落果,严重影响产量和品质。

(3)潜叶蝇　潜叶蝇属双翅目潜蝇科。中国常见的有豌豆潜叶绳、紫云英潜叶蝇、甜菜潜叶蝇等。潜叶蝇多以蛹在被害叶片内越冬,成虫白天活动,夜间隐藏,耐低温,对甜汁有趋性。卵多散产于嫩叶背面的叶肉里,幼虫孵化后,潜食叶肉,危害叶片,幼虫老熟后,在叶片内化蛹,然后钻破表皮,羽化成成虫。潜叶蝇主要以幼虫危害叶片,初孵幼虫很快蛀入叶片取食叶肉,形成白色线状潜道,幼虫一生主要在叶鞘内蛀食,叶鞘被害,叶片枯黄,影响植株正常生长。

(4) 胡麻短纹卷蛾　胡麻短纹卷蛾又称胡麻漏油虫,属鳞翅目卷蛾科,是胡麻重要害虫,在北方胡麻主产区的甘肃、宁夏、内蒙古、山西、陕西等省区均有分布。一年发生1代,以老熟幼虫在胡麻地土壤中作茧越冬,5月下旬越冬幼虫开始出土化蛹,6月上旬田间最早发现成虫,中旬成虫大量出现,6月下旬至7月中旬为成虫羽化盛期,6月底至7月初往往出现蛾高峰,胡麻收获前夕,幼虫老熟脱果入土越冬。幼虫孵化后多从蒴果基部蛀入食害籽粒,蛀入孔很快愈合而留一褐色小点。

(5) 草地螟　草地螟属鳞翅目螟蛾科,主要分布于内蒙古、黑龙江、宁夏、甘肃、青海、河北、山西、陕西等北方省份,是胡麻主要虫害之一。一年发生2~4代,以老熟幼虫在土内吐丝作茧越冬。翌春5月化蛹及羽化,一般在5月下至6月上旬进入羽化盛期。成虫飞翔力弱,喜食花蜜,具有强烈的趋光性和远距离迁飞的习性。草地螟以幼虫危害叶片,低龄幼虫取食叶肉,残留表皮;大龄幼虫将叶吃成缺刻或吃光仅残留叶脉。

(6) 苜蓿盲蝽　苜蓿盲蝽属半翅目盲蝽科,分布于甘肃、青海、宁夏、新疆、河北、山西、内蒙古、江西、山东、河南等省区,为胡麻主要虫害之一。一年发生3~4代,以卵在草枯茎组织内越冬。越冬卵4月上旬孵出第1代若虫,成虫于5月上旬开始羽化。第2代若虫6月上旬出现,成虫6月下旬开始羽化,第3代若虫7月下旬孵出。第4代若虫出现在8月。第1代危害苜蓿,第2代危害胡麻,也危害豆类和马铃薯等作物。若虫或成虫喜集聚活动,一般十几头或几十头聚在一株植物上取食,喜食植物幼嫩组织,如刚出土幼苗的子叶、心叶及花蕾、花器,被害的植株嫩梢凋枯而死,被害的花蕾和子房变黄脱落,影响胡麻种子收成。

(7) 亚麻象　亚麻象属象虫科龟象亚科龟象属,是危害胡麻的一种田间害虫,在宁夏、甘肃、新疆都有不同程度发生。在胡麻苗期至枞形期主要以幼虫危害,幼虫危害高峰期在5月下旬至6月上中旬。幼虫在寄主茎秆内蛀食至老熟入土,是主要为害虫态。低龄幼虫生长时能使茎秆组织增生,膨大畸形;高龄幼虫取食量大,啃食茎壁使其变薄;因此,幼虫的取食活动影响了寄主水分和养分的运输,生长不良,重者造成矮化及分枝纤细,部分(20%)则因幼虫向上取食时严重影响到生长点,致使生长停滞。成虫亦有危害性,越冬代成虫取食亚麻幼苗的叶片。一般造成轻度为害,少数受害重者,光合面积减少,成为弱苗。杨崇庆等(2017)通过养殖和田间调查亚麻象发生规律和生活史发现,亚麻象在固原地区每年发生1代,4月下旬冬小麦返青后越冬代成虫开始活动,5月中旬末达到高峰期,成虫夜间潜伏在小麦植株下部,白天出来活动。5月下旬在胡麻苗高5~8 cm时成虫迁入胡麻田,取食亚麻幼苗的叶片并交配产卵。整个产卵期持续时间较长,约35 d,卵期8~10 d,幼虫期30~35 d,蛹期15~21 d,7月上旬胡麻开花期是亚麻象羽化的高峰期,10月中旬越夏成虫转移至冬麦地和地埂疏松的表土中开始越冬。

常见胡麻主要地上害虫如图4-3所示。

2. 地下害虫　危害胡麻的地下害虫主要有蛴螬、蝼蛄、小地老虎、金针虫和金龟子等。常见麻主要地下害虫如图4-4所示。

(1) 蛴螬　蛴螬属鞘翅目金龟总科动物,是金龟子或金龟甲的幼虫。蛴螬一到两年1代,幼虫和成虫在土中越冬,成虫即金龟子,白天藏在土中,晚上8—9时进行取食等活动。蛴螬有假死和负趋光性,并对未腐熟的粪肥有趋性,喜欢生活在甘蔗、木薯、番薯等肥根类植物种植地。按其食性可分为植食性、粪食性、腐食性三类。其中植食性蛴螬食性广泛,危害多种农作物、经济作物和花卉苗木,喜食刚播种的种子、根、块茎以及幼苗,是世界性的地下害虫,危害很大。

图 4-3　胡麻主要地上害虫图片(胡冠芳供稿)

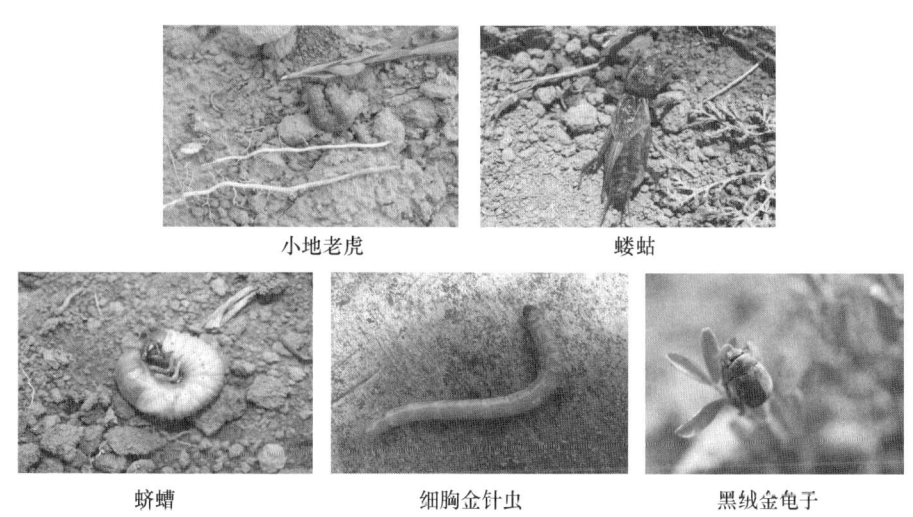

图 4-4　胡麻主要地下害虫图片(胡冠芳供稿)

(2)蝼蛄　蝼蛄属直翅目蝼蛄科动物,中国大陆上常见的分布较广的蝼蛄有5种,分别是华北蝼蛄、东方蝼蛄、金秀蝼蛄、河南蝼蛄和台湾蝼蛄。蝼蛄一年的生活分冬季休眠、春季苏醒、出窝迁移、猖獗危害、越夏产卵和秋季危害6个阶段。蝼蛄有群集性、趋光性、趋化性、趋粪土性、喜湿性和昼伏夜出性。蝼蛄的活动受土壤温度、湿度的影响很大,气温在12.5～19.8 ℃,20 cm土温在12.5～19.9 ℃是蝼蛄活动适宜温度,也是蝼蛄危害期。土中大量施入未充分腐熟的厩肥、堆肥,易导致蝼蛄发生,受害也就严重。5月中下旬经过越冬的成、若虫开始大量的取食,满足其产卵和生长发育的需要,造成缺苗断垄的现象;8月下旬至9月下旬,越夏成、若虫又上升到土面活动取食补充营养,为越冬做准备。

(3)小地老虎 小地老虎属鳞翅目夜蛾科,是对农、林木幼苗危害很大的地下害虫。小地老虎一年2～3代,在生产上造成严重危害的为第一代幼虫。幼虫共6龄,1～3龄幼虫日夜均在地面植株上活动取食,取食叶片(特别是心叶)成孔洞或缺刻,这是检查幼龄幼虫和药剂防治的标志。4～6龄幼虫占幼虫期总食量的97%以上,每头幼虫一夜可咬断幼苗3～5株,造成大量缺苗断垄。

(4)黑绒金龟子 黑绒金龟子属鞘翅目鳃金龟科,分布于中国的东北、华北、西北各省(区)。主要危害玉米、胡麻、甜菜、高粱、蔬菜、果树等作物和林木。黑绒金龟子一年1代,以成虫在土中越冬。翌年4月中下旬—5月上旬,成虫出土啃食嫩叶、花瓣。5—6月上旬成虫发生盛期,6月上、下旬为产卵盛期,8月中、下旬幼虫老熟潜入地下20～30 cm处作土室化蛹,蛹期10 d,羽化后进入越冬期。一般对刚出苗的胡麻进行危害,尤其是对旱地胡麻危害严重。

(5)金针虫 金针虫是鞘翅目叩头甲科幼虫的总称,成虫俗称叩头虫,广布世界各地,危害小麦、胡麻、玉米等多种农作物以及林木、中药材和牧草等,多以植物的地下部分为食,是一类极为重要的地下害虫。金针虫主要有沟金针虫、细胸金针虫等。沟金针虫一般3年完成1代,老熟幼虫于8月上旬至9月上旬,在13～20 cm土中化蛹,蛹期16～20 d,9月初羽化为成虫,成虫一般当年不出土,在土室中越冬,第二年3月、4月份交配产卵,卵5月初左右开始孵化。由于生活历期长,环境多变,金针虫发育不整齐,世代重叠严重。细胸金针虫一般6月下旬开始化蛹,直至9月下旬。金针虫随着土壤温度季节性变化而上下移动,在春、秋两季表土温度适合金针虫活动,上升到表土层危害,形成两个危害高峰。夏季、冬季则向下移动越夏越冬。如果土温合适,危害时间延长。以幼虫长期生活于土壤中,主要为害禾谷类、薯类、豆类、甜菜、棉花及各种蔬菜和林木幼苗等。幼虫能咬食刚播下的种子,食害胚乳使其不能发芽,如已出苗可为害须根、主根和茎的地下部分,使幼苗枯死。

(二)防治措施

1. 亚麻蚜虫防治措施

(1)物理防治 利用蚜虫的趋避性进行防治。利用蚜虫对黄色的正趋性进行黄板诱蚜,黄板悬挂于胡麻植株顶端以上,朝向与当地风向一致。利用蚜虫对银灰色的负趋性,在田间铺设或者吊挂银灰薄膜,可趋避蚜虫。

(2)生物防治

① 保护利用天敌 保护利用瓢虫、食蚜蝇、草蛉、猎蝽、蜘蛛、蚜茧蜂等自然天敌。一头食蚜蝇各龄幼虫平均每天食蚜量为120头,一生平均捕蚜量约840～1500头。因此,创造有利于天敌生存的环境条件,选择对天敌杀伤力低的农药可以有效防治蚜虫危害。

② 喷洒生物农药 5月下旬开始,加强田间虫情调查,如发现百株蚜量达到1200～1500头应及时防治。生物农药可喷洒1%苦参碱醇溶液500倍液或0.3%苦参碱水剂300倍液、1%苦参碱可溶性液剂800～1000倍液、3.5%高渗鱼藤酮乳油800～1000倍液、1%甲胺基阿维菌素苯甲酸盐乳油2000～3000倍液、1.8%阿维菌素乳油2000～3000倍液防治。

(3)化学防治 蚜虫初发期可喷洒10%吡虫啉可湿性粉剂1500倍液或3%啶虫脒乳油1500～2000倍液、4.5%高效氯氰菊酯乳油2000倍液、10%联苯菊酯乳油4000～5000倍液、20%氰戊菊酯乳油2000倍液、2.5%溴氰菊酯乳油3000倍液、10%二氯苯醚菊酯乳油3000倍液、20%菊·马乳油2000倍液、50%抗蚜威可湿性粉剂2000倍液防治。抗蚜威选择性强,有利于保护天敌,但蚜虫易产生抗药性,应注意轮换使用。由于蚜虫多在心叶及叶背皱缩处为害,药液不易喷到,故应尽量选用兼具内吸、触杀、熏蒸作用的药剂。注意药剂交替轮换使用,防止或延缓蚜虫产生抗药性。

2. 蓟马防治措施

(1)农业防治　前茬作物收获后,对所有残茬及四周杂草认真处理,不留害虫藏身之处,并及时进行秋翻冬灌,破坏害虫越冬场所;早春及时清除田间及四周、路边、渠沟边、田埂等处杂草。

(2)物理防治　田间设置蓝色或黄色板诱杀。粘虫板悬挂于植株中上层,南北朝向。

(3)生物防治

① 保护利用天敌　保护利用天敌如小花蝽、猎蝽、瓢虫、草蛉等。

② 喷洒生物农药　蓟马成虫怕强光,具有趋花习性、昼伏夜出习性,多在背光处集中为害,阴天、早晨、傍晚和夜间是为害高峰期。因此施药时间以上午8—10时花开或傍晚为最佳。百株虫量达到30~50头为防治适期,可喷洒2.5%多杀菌素悬浮剂1000~1500倍液、2%甲氨基阿维菌素苯甲酸盐乳油2000倍液、1.8%阿维菌素乳油2000~3000倍液防治。蓟马卵、蛹和成虫隐蔽性强,植株上有,土壤裂缝中也有,施药时要加大用药量和用水量,施药周到细致,不仅喷洒植株(重点喷洒花器、嫩叶和幼果等幼嫩组织。),还要喷洒地面。

(4)化学防治　喷洒48%毒死蜱乳油1000倍液或10%吡虫啉可湿性粉剂2000倍液、3%啶虫脒乳油2000倍液、2.5%高效氯氟氰菊酯乳油2000~3000倍液、4.5%高效氯氰菊酯乳油2000倍液、25%噻虫嗪水分散粒剂4000~5000倍液防治。间隔5~7 d再防治1次,连续2次。注意药剂交替轮换使用,防止或延缓蓟马产生抗药性。由于蓟马隐蔽性强,应首选内吸性强并具杀卵作用的药剂如多杀菌素、吡虫啉等防治。噻虫嗪可防治对吡虫啉、啶虫脒产生抗性的蓟马。

3. 潜叶蝇防治措施

(1)农业防治

① 种植诱集作物,清洁田园　可在胡麻地块周围种植诱集作物如矮生菜豆、豌豆、白菜型油菜等,利于集中消灭。及时清除地埂、田边和沟渠以及保护地内的杂草,保护地蔬菜及时摘除有虫老叶,收获后彻底清除虫害残体(烧毁或深埋)。② 合理轮作倒茬。实行秋季土壤深翻。

(2)物理防治　田间悬挂黄板诱杀潜叶蝇成虫。黄板与胡麻植株顶端齐平悬挂,南北朝向。

(3)生物防治

① 防治成虫　成虫发生期喷洒1.8%阿维菌素乳油3000倍液或5%氟啶脲乳油2000倍液、5%氟虫脲乳油2000倍液、50%灭蝇胺可湿性粉剂2000倍液防治。注意药剂交替轮换使用,防止或延缓斑潜蝇产生抗药性。

② 防治幼虫　幼虫发生期喷洒50%灭蝇胺可湿性粉剂2000倍液防治。

(4)化学防治

① 防治成虫　喷洒48%毒死蜱乳油1000倍液或40%吡虫啉浓可溶剂4000倍液、10%溴虫腈乳油1000倍液、20%阿维·杀单微乳剂1000倍液、4.5%高效氯氰菊酯乳油1500倍液。施药时间一般在早晨晨露未干之前。注意药剂交替轮换使用,防止或延缓斑潜蝇产生抗药性。

② 防治幼虫　始见幼虫潜蛀的隧道时为第1次用药适期,重点喷洒叶片背面,间隔7~10d再防治1次,连续2次。喷洒的药剂为40%氧化乐果乳油1000倍液。地面喷洒48%毒死

蜱乳油 1000 倍液或 50％辛硫磷乳油 1000 倍液可防治潜叶蝇老熟幼虫。潜叶蝇防治的关键在于一个"早"字,强化预测预报,苗期发现叶片背面有虫道时即开始防治,选用内吸性杀虫剂氧化乐果、灭蝇胺(兼具触杀和胃毒作用、持效期长),重点喷洒叶片背面。胡麻封行后施药困难。

4. 胡麻漏油虫防治措施

(1)农业防治

① 选用早熟品种　选用宁亚 11 号、陇亚 9 号等早熟品种可有效防止对胡麻蒴果的危害。

② 适期早播　适期早播可避开胡麻漏油虫发蛾高峰期,减轻漏油虫危害。

(2)物理防治　利用成虫的趋光性,用黑光灯诱杀成虫。

(3)化学防治

① 药剂土壤处理　每亩用 2.5％敌百虫粉剂 1.5 kg 或 5％西维因粉剂 2.5 kg,用细土 225 kg 混匀,在播前处理土壤。也可用辛硫磷或毒死蜱毒土处理。

② 药剂喷雾　胡麻漏油虫发蛾高峰期至卵孵化高峰期,是防治的关键时期,而发蛾高峰期往往与胡麻盛花期相吻合。一般当 20％的胡麻开花时,即为成虫的激发期,此时正是防治的最佳时期。喷洒 10％联苯菊酯乳油 4000～5000 倍液或 2.5％溴氰菊酯乳油 2000～3000 倍液、20％氰戊菊酯乳油 2000～3000 倍液、4.5％高效氯氰菊酯乳油 2000～2500 倍液防治。视发蛾情况,7～10 d 再喷施 1 次。

5. 苜蓿盲蝽防治措施

(1)农业防治　合理施肥,少施 N 肥,防止胡麻生长过旺;冬春清除田边杂草,减少越冬基数。

(2)生物防治　保护利用天敌如蜘蛛、猎蝽、小花蝽、草龄等。

(3)化学防治

① 杀灭虫源　苜蓿盲蝽多数以卵在豆科作物(苜蓿或其他豆科作物)的茎秆或残茬中越冬,要及时防治苜蓿留种田以及胡麻田周围、沟渠杂草上的盲蝽,以有效减少虫源。盲蝽第一代成虫主要为害苜蓿,因此距离苜蓿地块较近的胡麻田一般为害较为严重,要注意及时防治。

② 做好预测预报　盲蝽一般喜湿不喜旱,阴雨天多一般发生严重,要做好预测预报,勿失用药良机。6月上中旬盲蝽迁入胡麻田后,先为害嫩尖、嫩叶,最明显的特征是在嫩尖、嫩叶上出现黑点,此时是用药防治的关键时期,若发现胡麻破叶后再防治,盲蝽已在植株上大量产卵孵化,施药效果差难以控制。

③ 药剂防治　根据苜蓿盲蝽早晚活动、成虫善飞(有迁飞习性)之特点,采取"减少虫源、连片种植、统一行动、早晚用药、四周围打"的防治策略。苗期百株虫量达到 5～8 头,现蕾期 8～11 头为防治适期。可喷洒 40％氧化乐果乳油 1000 倍液或 45％马拉硫磷乳油 1500 倍液、50％辛硫磷乳油 1000 倍液、90％晶体敌百虫 1000 倍液、40％乙酰甲胺磷乳油 1000 倍液、48％毒死蜱乳油 1000～1500 倍液、4.5％高效氯氰菊酯乳油 2000 倍液、10％二氯苯醚菊酯乳油 3000 倍液、20％氰戊菊酯乳油 2000 倍液、2.5％三氟氯氰菊酯乳油 2000 倍液、10％吡虫啉可湿性粉剂 2000 倍液、10％醚菊酯乳油 1500 倍液、10％吡虫啉可湿性粉剂 2000 倍液＋4.5％高效氯氰菊酯乳油 2000 倍液混合液、4.5％高效氯氰菊酯乳油 2000 倍液＋50％辛硫磷乳油 1000 倍液混合液防治。施药时间以上午 8—10 时和下午 5—7 时最佳。盲蝽一般只取食嫩尖,不取食老叶,施药时注意嫩尖叶片正反面均匀喷雾。注意药剂交替轮换使用,防止或延缓盲蝽产生抗药性。

6. 亚麻象防控措施

(1)农业防治

① 合理轮作倒茬　胡麻与小麦、玉米、大麦、燕麦、谷子、糜子等禾本科作物轮作是防治亚麻象的有效措施。

② 合理安排播期　适期早播或晚播,避开成虫产卵高峰期。

③ 秋季土壤深翻　实行秋季土壤深翻,消灭部分越冬成虫。

④ 清洁田园　加强中耕除草,清除田间地头及沟渠的寄主杂草。

(2)物理防治　田间悬挂黄板诱杀亚麻象成虫(一般每亩放置 30 块黄板),具有防效高、持效期长、操作简便、成本低、减少用药次数和用药量的优点。同时可作为一种预测预报手段使用。

(3)化学防治

① 药剂拌种　用种子重量 0.3% 的 50% 辛硫磷乳油或 48% 毒死蜱乳油拌种,可防治幼虫和成虫。

② 药剂土壤处理　每亩用 50% 辛硫磷乳油 250～300 mL 或 48% 毒死蜱乳油 250～300 mL、5% 辛硫磷颗粒剂 3 kg、5% 毒死蜱颗粒剂 2 kg、5% 二嗪磷颗粒剂 3 kg,拌毒土 40～50 kg,结合播前整地深耕、耙耱施入,既能有效毒杀亚麻象成虫,也可兼治其他地下害虫。

③ 药剂喷雾防治成虫　必须抓住成虫产卵前,做好成虫的防治。成虫出土时间长(甘肃地区一般 4 月中下旬开始出土),最好间隔 7～10 d 连续防治 2 次。可用 48% 毒死蜱乳油 1500～2000 倍液喷雾,防治成虫逃逸。

④ 药剂喷雾防治幼虫　如成虫错过防治适期或防效不佳致幼虫发生量仍较大时,可在 5 月下旬至 6 月上中旬喷洒内吸性杀虫剂 10% 吡虫啉可湿性粉剂 1500～2000 倍液或 3% 啶虫脒乳油 1500～2000 倍液防治。

7. 夜蛾类幼虫防治措施

(1)农业防治

① 实行秋耕冬灌春耙　实行秋耕冬灌春耙,破坏越冬场所,消灭部分在土壤中越冬的老熟幼虫和蛹。

② 清洁田园　春季清除杂草,特别是藜(灰条),减少其上的三叶草夜蛾落卵量。

③ 物理防治　设置黑光灯或频振式杀虫灯诱杀夜蛾类成虫,杨树枝把诱杀黏虫、三叶草夜蛾成虫,糖醋液诱杀甘蓝夜蛾、斜纹夜蛾、三叶草夜蛾和黏虫成虫。

(2)生物防治　6 月上中旬加强预测预报,抓住防治适期。发现田间有幼虫为害时,及时喷洒 1.8% 阿维菌素乳油 3000～4000 倍液或 1% 甲胺基阿维菌素苯甲酸盐乳油 2000～3000 倍液、5% 啶虫隆乳油 2000 倍液、5% 氟虫脲乳油 2000 倍液、20% 抑食肼可湿性粉剂 500 倍液、20% 灭幼脲 1 号悬浮剂(除虫脲)200 mg/kg 与 25% 灭幼脲 3 号(苏脲 1 号)悬浮剂 200 mg/kg 等量混合液、2.5% 多杀菌素悬浮剂 1000～1500 倍液、20% 虫酰肼悬浮剂 1000 倍液、苏云金杆菌及其变种制剂等。

(3)化学防治　及时消灭藜上的三叶草夜蛾初龄幼虫。发现田间有幼虫为害时,及时喷洒 15% 茚虫威悬浮剂 3000～4000 倍液或 2.5% 高效氯氟氰菊酯乳油 2000～3000 倍液、50% 辛硫磷乳油 1000 倍液、10% 虫螨腈悬浮剂 600 倍液、2.5% 氟氯氰菊酯乳油 2000 倍液、10% 吡虫啉乳油 1500 倍液、5% 顺式氰戊菊酯乳油 2000 倍液、30% 毒死蜱·阿维乳油 1000 倍液、39% 辛硫磷·阿维乳油 1000 倍液、90% 晶体敌百虫 1000 倍液防治。

8. 地下害虫防治措施

(1)农业防治

① 适期播种　各地可根据黑绒金龟子的出土时间适当推迟胡麻播种期,以避开其危害。

② 合理轮作倒茬　前茬为豆类或小麦与扁豆混种的地块,黑绒金龟子发生较重,而小麦、玉米、马铃薯、蔬菜等作物则发生较轻或不发生,因此,应选择前茬为非豆类作物的地块种植胡麻。

③ 施用充分腐熟的有机肥　金龟子对未腐熟的厩肥有强烈趋性,常将卵产于其中,如施入胡麻田,则带入大量虫源,对胡麻造成较重的危害。

(2)物理防治

① 黑光灯或频振式杀虫灯诱杀　利用趋光性设置黑光灯或频振式杀虫灯诱杀地老虎、金龟子、蝼蛄成虫。

② 糖醋液诱杀　利用糖醋液诱杀地老虎成虫,糖醋液的配制方法是:糖 6 份、醋 3 份、白酒 1 份、水 10 份、90% 晶体敌百虫 1 份,调匀即可,或用泡菜水加适量农药。某些发酵变酸的食物如甘薯、胡萝卜、烂水果等加适量农药也有诱杀效果。

③ 堆草诱杀　利用蝼蛄趋粪性和趋湿性,在田间堆粪堆,堆内放药,蝼蛄爬至堆内可被毒死。种植前选择小地老虎幼虫喜食的藜(灰菜)、刺儿菜、苣荬菜、田旋花、苜蓿、艾蒿等杂草堆放,诱集小地老虎幼虫捕杀,或拌入药剂毒杀。

④ 毒饵诱杀　采用撒施毒饵的方法防治蝼蛄、地老虎。毒饵的配制方法是:先将饵料(秕谷、麦、豆饼、棉籽饼或玉米碎粒)5 kg 炒香,然后用 90% 晶体敌百虫 30 倍液 150 g 拌匀,加少量水,拌潮为度,每亩撒施 2~2.5 kg,在无风闷热的傍晚撒施效果最佳。根据黑绒金龟子先从地边为害的习性,于下午成虫活动前,将刚发叶的榆树、杨树枝条用 4.5% 高效氯氰菊酯乳油 1500 倍液浸泡晾干后放在地边,每隔 2 m 放 1 枝,诱杀效果较好。

(3)生物防治　用绿僵菌防治蛴螬。每亩用 23 亿~28 亿活孢子/g 绿僵菌粉剂 2 kg,拌细土 50 kg,中耕时撒入土中。也可采用菌肥方式施用,每亩用菌粉 2 kg,与 100 kg 有机肥混合后,结合施肥撒入土中。

(4)化学防治

① 药剂拌种　用种子重量 0.3% 的 50% 辛硫磷乳油或 48% 毒死蜱乳油拌种。

② 药剂土壤处理　每亩用 50% 辛硫磷乳油或 48% 毒死蜱乳油 200~250 mL,加 10 倍水,喷在 25~30 kg 细干土上拌匀成毒土,撒于地面,随即翻耕,或混入厩肥中施用,也可结合灌水施入。也可用 3% 毒死蜱颗粒剂 3~4 kg 或 5% 辛硫磷颗粒剂 3 kg、5% 毒死蜱颗粒剂 2 kg、5% 二嗪磷颗粒剂 3 kg,拌细土 30 kg,均匀撒施于地表,随即翻耕。每亩用 50% 辛硫磷乳油 500 mL,加水适量,喷拌在 150 kg 细干土上撒施,可有效防治地老虎。每亩用 90% 晶体敌百虫 400~500 g,兑水 3~4 kg,拌成 80~100 kg 毒土,傍晚均匀撒施于地表,可有效防治黑绒金龟子。

③ 药剂喷雾　喷雾防治金龟子可选用 80% 敌百虫可溶性粉剂 1000 倍液或 50% 辛硫磷乳油、20% 增效喹硫磷乳油、48% 毒死蜱乳油 1000 倍液。下午 3—5 时,为黑绒金龟子聚集为害盛期,可抓住这个关键时期,用 50% 辛硫磷乳油 1000 倍液或 40% 氧化乐果乳油 1000 倍液、48% 毒死蜱乳油 1500 倍液、80% 敌百虫可溶性粉剂 1000 倍液、4.5% 高效氯氰菊酯乳油 2000 倍液喷雾防治。在苗期黑绒金龟子为害严重时,及时采取连片、联防措施加以防治。地老虎 1~3 龄幼虫抗药性差,且暴露在寄主植物或地面上,是药剂防治的最佳时期。可喷洒 48% 毒

死蜱乳油1000倍液或20％氰戊菊酯乳油2500倍液、80％敌百虫可溶性粉剂700倍液、50％辛硫磷乳油1000倍液防治。

## 三、杂草及其防除

(一)胡麻田杂草种类

胡麻田间杂草主要有阔叶类杂草、禾本科杂草和寄生性杂草三大类。

1. 阔叶类杂草

(1)藜科　藜、灰绿藜、小藜、刺藜、菊叶香藜、碱蓬、地肤、猪毛菜。

(2)苋科　反枝苋、凹头苋。

(3)菊科　蒙山莴苣、苦苣菜、苣荬菜、苍耳、刺儿菜、大刺儿菜、蒲公英、艾蒿、黄花蒿、三叶鬼针草、山苦荬、飞廉、蒙古蒿。

(4)十字花科　油菜、荠菜、播娘蒿、遏蓝菜、离蕊芥。

(5)蓼科　卷茎蓼、巴天酸模、齿果酸模、尼泊尔蓼、西伯利亚蓼、酸模叶蓼、萹蓄。

(6)豆科　救荒野豌豆、广布野豌豆、三齿萼野豌豆、紫花苜蓿、天蓝苜蓿、甘草、黄花草木樨、白花草木樨。

(7)锦葵科　野西瓜苗、圆叶锦葵、冬葵。

(8)罂粟科　节裂角茴香。

(9)大戟科　地锦。

(10)蓝雪科　小蓝雪花。

(11)唇形科　水棘针、香薷、鼬瓣花、宝盖草。

(12)茄科　曼陀罗、龙葵。

(13)旋花科　田旋花、打碗花、篱打碗花、藤长苗。

(14)车前科　车前、平车前。

(15)堇菜科　早开堇菜、紫花地丁。

(16)石竹科　繁缕、牛繁缕、蚤缀。

(17)牻牛儿苗科　牻牛儿苗。

(18)蔷薇科　鹅绒委陵菜、朝天委陵菜。

(19)紫草科　鹤虱、狼紫草。

(20)茜草科　猪殃殃。

2. 禾本科杂草　禾本科杂草主要有稗草、狗尾草、野燕麦、芦苇、赖草、画眉草、早熟禾、大麦、糜子、马唐、虎尾草等。

3. 寄生性杂草　寄生性杂草主要有亚麻菟丝子、中国菟丝子、欧洲菟丝子。

赵利等(2010)采用田间调查和室内测定、相对丰度和生态位计算与分析相结合的方法,对兰州地区胡麻田杂草群落进行了研究。初步明确了兰州地区胡麻田间杂草种类共有11科23种,其中主要科为禾本科、菊科、藜科、苋科和旋花科;优势种群为地肤、狗尾草、藜、苣荬菜、稗草和打碗花。同时明确了优势杂草的消长变化规律,即4月中旬为杂草始发期,5月中旬和6月中旬为2个出草高峰期。优势杂草生态位的研究结果表明,地肤的综合生态位宽度值最大,对胡麻的危害最大,其次为狗尾草和藜;地肤与狗尾草的时间生态位重叠值最大,与苣荬菜的水平生态位重叠值最大;而苣荬菜和藜的垂直生态位重叠值最大,它们相互利用资源的相似性较高。利用相对丰度和生态位宽度均能确定优势杂草的种类,反映杂草对作物危害程度的大小。

韩相鹏等(2014)通过多年定点观察和大田调查,初步掌握了定西市胡麻田间杂草的发生种类、种群分布及危害程度。全市胡麻田草害面积达85%以上,杂草种类有23科51种,平均株数15.6~170.0株/m²。

李爱荣等(2015)系统调查了冀西北地区油用亚麻田苗期杂草种类、群落及优势杂草,并开展了化学除草防除试验。结果表明,本区域油用亚麻田苗期杂草种类有16科43种,禾本科、菊科、藜科、蓼科、苋科为优势种,占杂草种类55.3%。优势杂草主要有藜、苦荞、狗尾草、野糜子、苋、野燕麦、苣荬菜、卷茎蓼、芦苇、皮碱草和野油菜11种。

岳德成等(2015)对甘肃省平凉市胡麻田杂草种类、优势种、主要群落类型进行了系统调查研究。结果表明,平凉市胡麻田杂草种类100种,分属34科,以一年生和越年生杂草为主,占65.00%,多年生杂草种类较少,占35.00%;草本杂草种类繁多,占93.00%,木本杂草稀少,占7.00%。全市性优势杂草有藜、狗尾草、反枝苋、马唐、小蓟、苣荬菜、打碗花、田旋花、铁苋菜和龙葵10种,区域性优势种有蒙古蒿、稗草、冰草、糜子、荞麦、问荆、早开堇菜、水棘针、小花鬼针草9种。主要群落类型5种,其中阴湿山台区有"狗尾草+藜+尼泊尔蓼+问荆"和"藜+小蓟+冰草+苣荬菜+马唐"2种,干旱山台区有"狗尾草+藜+反枝苋+水棘针+铁苋菜"和"藜+小蓟+冰草+苣荬菜+马唐"2种,干旱塬区有"藜+狗尾草+小蓟+打碗花"和"打碗花+狗尾草+反枝苋+苣荬菜"2种,各群落类型出现频率均在26.47%以上。

(二)常见杂草简介

1. 藜科

(1)藜(*Chenopodium album* L.) 藜科藜属一年生草本植物,分布于全球温带及热带以及中国各地,生长于海拔50m至4200m的地区,见于路旁、荒地及田间,生于农田、菜园、村舍附近或有轻度盐碱的土地上。

植株高30~150 cm,茎直立,粗壮,具条棱及绿色或紫红色色条,多分枝;枝条斜升或开展。叶片菱状卵形至宽披针形,长3~6 cm,宽2.5~5 cm,先端急尖或微钝,基部楔形至宽楔形,上面通常无粉,有时嫩叶的上面有紫红色粉,下面多少有粉,边缘具不整齐锯齿;叶柄与叶片近等长,或为叶片长度的1/2。花两性,花簇于枝上部排列成或大或小的穗状圆锥状或圆锥状花序;花被裂片5,宽卵形至椭圆形,背面具纵隆脊,有粉,先端或微凹,边缘膜质;雄蕊5,花药伸出花被,柱头2。果皮与种子贴生。种子横生,双凸镜状,直径1.2~1.5 mm,边缘钝,黑色,有光泽,表面具浅沟纹;胚环形。花果期5—10月。主要危害小麦、玉米、棉花、豆类、薯类、蔬菜、花生、玉米等旱作物及果树,常形成单一群落。

(2)小藜(*Chenopodium serotinum* L.) 藜科藜属一年生草本植物,为普通田间杂草,有时也生于荒地、道旁、垃圾堆等处,中国除西藏未见标本外,各省(区、市)都有分布。

茎直立,高20~60 cm,圆柱形,初被白粉,后变光滑。下部叶长圆状卵形,长1.5~4 cm,宽4~20 mm,先端钝,基部楔形,近基部有2大裂片,裂片边缘有齿或无齿,中央的裂片最长,它的两侧边缘几近平行,每侧有1~4波状齿,两面略被粉粒;叶柄纤细,长1~4 cm,无毛。花两性,花序穗状,腋生或顶生;萼片5,宽卵形,淡绿色,边缘白色,背部无隆脊,被粉粒,向内弯曲;雄蕊5,稍长于萼片;柱头2。胞果包在花萼内,果皮膜质,有明显的蜂窝状网纹;种子扁圆,黑色,有小点,边缘有棱。花期5月,果期6—7月。早春萌发,花期4—5月份,可与作物争夺阳光、养分、水分等,也是病虫害的传播者,会造成农作物不同程度的减产。具有强大的繁殖能力,顽强的适应能力,生长发育快,种类多,传播途径广,容易蔓延和产生危害。

(3)灰绿藜(*Chenopodium glaucum* L.) 藜科藜属一年生草本植物,除台湾、福建、江西、广东、广西、贵州、云南省(区)外,其他各地都有分布。生于农田、菜园、村房、水边等有轻度盐碱的土壤上。

高 20~40 cm。茎平卧或外倾,具条棱及绿色或紫红色色条。叶片矩圆状卵形至披针形,长 2~4 cm,宽 6~20 mm,肥厚,先端急尖或钝,基部渐狭,边缘具缺刻状牙齿,上面无粉,平滑,下面有粉而呈灰白色,有稍带紫红色;中脉明显,黄绿色;叶柄长 5~10 mm。花两性兼有雌性,通常数花聚成团伞花序,再与分枝上排列成有间断而通常短于叶的穗状或圆锥状花序;花被裂片 3~4,浅绿色,稍肥厚,通常无粉,狭矩圆形或倒卵状披针形,长不及 1 mm,先端通常钝;雄蕊 1~2,花丝不伸出花被,花药球形;柱头 2,极短。胞果顶端露出于花被外,果皮膜质,黄白色。种子扁球形,直径 0.75 mm,横生、斜生及直立,暗褐色或红褐色,边缘钝,表面有细点纹。花果期 5—10 月。灰绿藜是农田重要杂草,多发生于低洼潮湿的耕地、田园及菜地中,对小麦、胡麻、豌豆、蔬菜、马铃薯等作物都有危害。在潮湿多肥的环境中常群生,消耗土壤中的养分与作物争肥、争光,影响产量。

2. 苋科 反枝苋(*Amaranthus retroflexus* L.),为苋科苋属一年生草本植物,分布于黑龙江、吉林、辽宁、内蒙古、河北、山东、山西、河南、陕西、甘肃、宁夏、新疆等省(区)。

高可达 1 m 多;茎粗壮直立,淡绿色,叶片菱状卵形或椭圆状卵形,顶端锐尖或尖凹,基部楔形,两面及边缘有柔毛,下面毛较密;叶柄淡绿色,有柔毛。圆锥花序顶生及腋生,直立,顶生花穗较侧生者长;苞片及小苞片钻形,白色,花被片矩圆形或矩圆状倒卵形,白色,胞果扁卵形,薄膜质,淡绿色,种子近球形,边缘钝。7—8 月开花,8—9 月结果。反枝苋是伴人植物,只要有人的地方就有它,主要危害棉花、豆类、花生、胡麻、瓜类、薯类、蔬菜等多种旱作物。反枝苋混生在大豆、小麦、胡麻、玉米、甜菜、果园和菜园中,可严密遮光和阻碍通风,消耗大量地力,抑制作物生长。反枝苋还常常污染作物种子,如果不加以有效防除,农作物产量将明显受损。

3. 菊科

(1)苦苣菜(*Sonchus oleraceus* L.) 菊科苦苣菜属一年或二年生草本植物,生长于山坡或山谷林缘、林下或平地田间、空旷处或近水处,海拔 170~3200 m,全球分布。

根圆锥状,垂直直伸,有多数纤维状的须根。茎直立、单生。基生叶羽状深裂,全形长椭圆形或倒披针形。头状花序少数在茎枝顶端排紧密的伞房花序或总状花序或单生茎枝顶端。全部总苞片顶端长急尖,外面无毛或外层或中内层上部沿中脉有少数头状具柄的腺毛。舌状小花,黄色。瘦果褐色,长椭圆形或长椭圆状倒披针形,压扁,每面各有 3 条细脉,肋间有横皱纹,顶端狭,无喙,冠毛白色,长 7 mm,单毛状,彼此纠缠。花果期 5—12 月。采用种子繁殖,种子边成熟边脱落,借助冠毛随风或地表径流传播,与作物争肥、争水,影响生长。

(2)刺儿菜(*Cephalanoplos segetum*) 菊科蓟属多年生草本植物,除西藏、云南、广东、广西外,遍布全国各地,分布平原、丘陵和山地。

茎直立,幼茎被白色蛛丝状毛,有棱,高 30~80 cm,基部直径 3~5 mm,有时可达 1 cm,上部有分枝,花序分枝无毛或有薄绒毛。叶互生,基生叶花时凋落,下部和中部叶椭圆形或椭圆状披针形,长 7~10 cm,宽 1.5~2.2 cm,表面绿色,背面淡绿色,两面有疏密不等的白色蛛丝状毛,顶端短尖或钝,基部窄狭或钝圆,近全缘或有疏锯齿,无叶柄。花果期 5—9 月。主要危害小麦、胡麻、棉花、大豆等旱作物,由于其匍匐根状茎很发达,耐药性强,防治难度较大。

(3)黄花蒿(*Artemisia annua* L.) 菊科蒿属一年生或越年生草本植物,全国各地均有分布。

主根单一,狭纺锤形、垂直,半木质或木质化;根状茎粗短,直立,半木质或木质,常有细的营养枝,枝上密生叶。茎通常单生,稀2~3枚,高40~90 cm,红褐色或褐色,有纵纹。叶长卵形或椭圆形,长1.5~3.5 cm,宽1~3 cm。瘦果倒卵形或长圆形,褐色。花果期7—10月。此草长期生长将严重降低土地生产力,抑制周围和后茬植物生长,危害土壤和水体生态环境。

4. 蓼科

(1) 卷茎蓼(*Fallopia convolvulus*) 蓼科何首乌属一年生草本植物,分布于东北、华北、西南及陕西、甘肃、台湾、河南、湖北、西藏等地。

长1~1.5 m,茎缠绕,具纵棱,自基部分枝,具小突起。叶卵形或心形,长2~6 cm,宽1.5~4 cm,顶端渐尖,基部心形,两面无毛,下面沿叶脉具小突起,边缘全缘,具小突起;叶柄长1.5~5 cm,沿棱具小突起;托叶鞘膜质,长3~4 mm,偏斜,无缘毛。花序总状,腋生或顶生,花稀疏,下部间断,有时成花簇,生于叶腋;苞片长卵形,顶端尖,每苞具2~4花;花梗细弱,比苞片长,中上部具关节;花被5深裂,淡绿色,边缘白色,花被片长椭圆形,外面3片背部具龙骨状突起或狭翅,被小突起;果时稍增大,雄蕊8,比花被短;花柱3,极短,柱头头状。瘦果椭圆形,具3棱,长3~3.5 mm,黑色,密被小颗粒,无光泽,包于宿存花被内。花期5—8月,果期6—9月。此杂草为田间恶性杂草,生长迅速,麦类、胡麻、大豆、玉米等作物危害严重。

(2) 萹蓄(*Polygonum aviculare* L.) 蓼科蓼属一年生草本植物,在中国各地都有分布,生长于海拔10~4200 m的田边路、沟边湿地。

茎平卧、上升或直立,高10~40 cm,自基部多分枝,具纵棱。叶椭圆形,狭椭圆形或披针形,长1~4 cm,宽3~12 mm。花单生或数朵簇生于叶腋,遍布于植株。瘦果卵形。花期5—7月,果期6—8月。萹蓄特别喜欢生在农田、水田邻近生长,尤其是芒种到夏至的时分,是萹蓄成长旺盛期,这个时期的萹蓄会抢食农作物的养分物质而影响作物生长。

5. 十字花科

(1) 荠菜[*Capsella bursa-pastoris*(L.)Medic.] 十字花科荠属一年或二年生草本植物荠的通称。

高10~50 cm,无毛、有单毛或分叉毛;茎直立,单一或从下部分枝。基生叶丛生呈莲座状,大头羽状分裂,顶裂片卵形至长圆形,侧裂片3~8对,长圆形至卵形,顶端渐尖,浅裂,或有不规则粗锯齿或近全缘;茎生叶窄披针形或披针形,基部箭形,抱茎,边缘有缺刻或锯齿。总状花序顶生及腋生,萼片长圆形;花瓣白色,卵形,有短爪。短角果倒三角形或倒心状三角形,扁平,无毛,顶端微凹,裂瓣具网脉;种子2行,长椭圆形,浅褐色。花果期4—6月。荠菜根部非常发达,繁殖力比较强,常成群出现在农田附近吸收农田里的营养成分影响作物生长。

(2) 播娘蒿[*Descurainia sophia*(L.)Schur] 十字花科播娘蒿属一年生草本植物,分布于中国各地,生于山坡、田野及农田。高可达80 cm,叉状毛,茎生叶为多,茎直立,分枝多,叶片为3回羽状深裂,末端裂片条形或长圆形,裂片下部叶具柄,上部叶无柄。花序伞房状,萼片直立,早落,长圆条形,花瓣黄色,长圆状倒卵形,长角果圆筒状,无毛,果瓣中脉明显;种子多数,长圆形,4—5月开花。播娘蒿为农田恶性杂草,在潮湿的土壤中容易发生,危害作物生长。

6. 茄科

(1) 曼陀罗(*Datura stramonium* Linn.) 茄科曼陀罗属植物,草本或半灌木状,生长于住宅旁、田间、路边或草地上。

高0.5~1.5 m茎粗壮,圆柱状,淡绿色或带紫色,下部木质化。叶广卵形,顶端渐尖,基部不对称楔形,边缘有不规则波状浅裂,裂片顶端急尖,花单生于枝杈间或叶腋,直立,有短梗;花萼筒状,长 4～5 cm,筒部有 5 棱角,蒴果直立生,卵状,长 3～4.5 cm,直径 2～4 cm。花期 6—10 月,果期 7—11 月。曼陀罗生命力极为强健,生长迅速,主要危害棉花、豆类、薯类、蔬菜等,有剧毒。

(2)龙葵(*Solanum nigrum* L.)　茄科茄属一年生草本植物,全国各地均有分布,喜生于田边,荒地及村庄附近。

高 0.25～1 m,茎无棱或棱不明显,绿色或紫色。叶卵形,长 2.5～10 cm,宽 1.5～5.5 cm,叶脉每边 5～6 条,叶柄长约 1～2 cm。蝎尾状花序腋外生,花冠白色,花丝短,花药黄色。球形浆果,成熟后为黑紫色。龙葵全株剧毒,常见于壤质土,为马铃薯金线虫病、烟草花叶病的媒介。

7. 旋花科

(1)田旋花(*Convolvulus arvensis* L.)　旋花科旋花属多年生双子叶植物,分布于东北、华北、西北及山东、江苏、河南、四川、西藏等地,野生于耕地及荒坡草地、村边路旁。

根状茎横走,茎平卧或缠绕,有棱。叶柄长 1～2 cm,叶片戟形或箭形,长 2.5～6 cm,宽 1～3.5 cm。花 1～3 朵腋生,苞片狭小,远离花萼。花冠漏斗形,粉红色、白色,长约 2 cm,子房 2 室,有毛,柱头 2,狭长。蒴果球形或圆锥状,种子椭圆形,无毛。花期 5～8 月,果期 7～9 月。发生时,常成片生长,密被地面,缠绕向上,强烈抑制作物生长,造成作物倒伏。它还是小地老虎第一代幼虫的寄主。

(2)打碗花(*Calystegia hederacea* Wall. ex Roxb.)　旋花科打碗花属一年生草本植物,中国各地均有分布,常见于农田、荒地、路旁。

全体不被毛,植株通常矮小,常自基部分枝,具细长白色的根。茎细,平卧,有细棱。基部叶片长圆形,顶端圆,基部戟形,上部叶片 3 裂,中裂片长圆形或长圆状披针形,侧裂片近三角形,叶片基部心形或戟形。花腋生,苞片大,2 片,紧贴花萼。花冠淡紫色或淡红色,钟状,子房无毛,柱头 2 裂,裂片长圆形,扁平。蒴果卵球形,种子黑褐色,表面有小疣。打碗花地下茎蔓延迅速,常成单优势群落,对农田危害较严重,在有些地区成为恶性杂草。主要危害春小麦、胡麻、棉花、豆类、红薯、玉米、蔬菜以及果树,是小地老虎的寄主。

(3)亚麻菟丝子(*Cuscuta epolinum* Weihe)　旋花科菟丝子属一年生寄生草本植物,主要分布于胡麻产区。菟丝子萼片肉质,不透明;花瓣舒展,边缘彼此重叠,花萼和花冠背面光滑;花淡黄白色,花柱及柱头短于子房,花冠壶形;鳞片大而宽,边缘具长毛,茎通常淡绿色。茎缠绕在胡麻茎上行寄生生活,产生吸器刺入胡麻表皮以吸收养分和水分,供菟丝子生长发育。受害植株矮小瘦弱,枝叶枯黄,生长不良,受害轻的结实率降低,籽粒不饱满;受害严重的不能结实,最后死亡。发生菟丝子的地里亚麻常常成丛、成片、成块地被水黄色的、形如乱丝状的菟丝子所缠绕。

8. 禾本科

(1)狗尾草[*Setaria viridis*(L.)Beauv.]　禾本科狗尾草属一年生植物,生于荒野、路旁,为旱地作物常见的一种杂草。

根为须状,植株高大并具支持根,高 10～100 cm。秆直立或基部膝曲。叶鞘松弛,无毛或疏具柔毛或疣毛;叶舌极短;叶片扁平,长三角状狭披针形或线状披针形。圆锥花序紧密呈圆柱状或基部稍疏离;小穗 2～5 个簇生于主轴上或更多的小穗着生在短小枝上,椭圆形;花柱基分离;叶上下表皮脉间均为微波纹或无波纹、壁较薄的长细胞。颖果灰白色。花果期 5—10 月。狗尾草为晚春性杂草,以种子繁殖,一般 4 月中旬至 5 月份种子发芽出苗。根系发达,吸收土壤水分和养分的能力很强,而且生长优势强,耗水、耗肥常超过作物生长的消耗,株高常高出作物,影响作物对光能利用和光合作,干扰并限制作物的生长。

(2)野燕麦(*Avena fatua* L.) 禾本科燕麦属一年生草本植物,广布于中国南北方各省(区),生于荒芜田野和农田。

须根较坚韧,秆直立,光滑无毛,高 60~120 cm,具 2~4 节。叶鞘松弛,叶舌透明膜质,叶片扁平,长 10~30 cm,宽 4~12 mm,微粗糙。圆锥花序开展,金字塔形,含小花,第一节颖草质,外稃质地坚硬,第一外稃背面中部以下具淡棕色或白色硬毛,芒自稃体中部稍下处伸出。4—9 月开花结果。野燕麦是危害农作物的农田恶性杂草之一,它与农作物争水肥、争光照、争生长空间,并传播农作物病、虫、草害。

(3)稗草(*Echinochloa crusgalli*) 禾本科稗属一年生草本植物,广泛分布于全国各地,是荒地、路旁、沟渠和水田及其四周较常见的杂草。

茎秆直立,基部倾斜或膝曲,光滑无毛。叶鞘松弛,无叶舌,叶片无毛。圆锥花序主轴具角棱,粗糙,小穗密集于穗轴的一侧,具极短柄或近无柄。形状似稻但叶片毛涩,颜色较浅。花果期 7—10 月。稗草对水稻、玉米、豆类、麻类、薯类、棉花、禾谷类和蔬菜等作物均有危害。

(4)马唐(*Digitaria sanguinalis*) 禾本科马唐属一年生植物,分布于西藏、四川、新疆、陕西、甘肃、山西、河北、河南及安徽等地,广泛生长在田边、路旁、沟边、河滩、山坡等各类草本群落中。

秆直立或下部倾斜,膝曲上升,高 10~80 cm,直径 2~3 mm,无毛或节生柔毛。叶片线状披针形,长 5~15 cm,宽 4~12 mm,基部圆形,边缘较厚,微粗糙,具柔毛或无毛。总状花序长 5~18 cm,小穗椭圆状披针形,长 3~3.5 mm,花药长约 1mm。花果期 6—9 月。马唐为秋熟旱地作物恶性杂草,发生数量、分布范围在旱地杂草中均具首位,以作物生长的前中期危害为主,常与毛马唐混生危害。主要危害玉米、胡麻、豆类、棉花、花生、瓜类、薯类、谷子、高粱、蔬菜和果树等作物,是棉实色蛾和稻飞虱的寄主,并能感染粟瘟病、麦雪腐病和菌核病等。

(5)赖草(*Leymus secalinus*) 禾本科赖草属多年生草本植物,分布于新疆、甘肃、青海、陕西、四川、内蒙古、河北、山西、东北等省区。秆单生或丛生,直立,高 40~100 cm,具 3~5 节,光滑无毛或在花序下密被柔毛。叶鞘光滑无毛,或在幼嫩时边缘具纤毛;叶舌膜质,截平,长 1~1.5 mm;叶片长 8~30 cm,宽 4~7 mm,扁平或内卷,上面及边缘粗糙或具短柔毛,下面平滑或微粗糙。穗状花序直立,长 10~15 cm,宽 10~17 mm,灰绿色,花药长 3.5~4 mm。花、果期 6—10 月。赖草主要发生在田边,离田边 5~15 m 宽的土地被严重危害,如全田发生,则无法耕种。

9. 茜草科 猪殃殃(*Galium aparine* L)为茜草科拉拉藤属植物。生于海拔 20~4600 m 的山坡、旷野、沟边、河滩、田间、林缘、草地。为夏熟旱作物田恶性杂草。多枝、蔓生或攀缘状草本,通常高 30~90 cm,茎有 4 棱角,棱上、叶缘、叶脉上均有倒生的小刺毛。叶纸质或近膜质,6~8 片轮生,稀为 4~5 片,带状倒披针形或长圆状倒披针形,长 1~5.5 cm,宽 1~7 mm,顶端有针状凸尖头,基部渐狭,两面常有紧贴的刺状毛,常萎软状,干时常卷缩,1 脉,近无柄。聚伞花序腋生或顶生,子房被毛,花柱 2 裂至中部,柱头头状。花期 3—7 月,果期 4—11 月。叶细齿裂,经常成针状,4~8 枚轮生。花小、簇生、绿色、黄色或白色。果坚硬,圆形,两个联生在一起。

胡麻主要杂草见图 4-5。

图 4-5 胡麻主要杂草图片(胡冠芳供稿)

(三)防除措施

1. 农业防除

(1)加强植物检疫　按照国务院发布的《植物检疫条例》执行,加强植物检疫执法,凭植物检疫证书方可调入胡麻种子,防治外来杂草入侵。

(2)精选种子　杂草种子混杂在作物种子中,随播种进入田间,成为农田杂草的来源之一,也是杂草传播扩散的主要途径之一。要在加强杂草种子检疫基础上,着力抓好播前选种。精选胡麻种子、提高种子纯度,是减少田间杂草发生量的一项重要措施。

(3)减少秸秆还田时杂草种子传播　秸秆还田是加重农田草害的因素之一。大量采用秸秆还田或收获时留高茬(低矮的杂草继续繁衍),可把大量的杂草种子留在田间。在不需要作物秸秆作燃料的地方,应提倡将秸秆切割堆制腐熟,再施入田间,既可肥田,又能减少田间杂草种子的基数。

(4)土壤深翻　播种前土壤深翻 30 cm 左右,是防除多年生杂草的有效方法。通过深翻可将土壤表层的杂草种子埋入深层,将大量根状茎杂草翻至地面干死、冻死,减轻杂草危害。实行"间歇耕法",即立足于免耕,隔几年进行一次深耕,是控制农田杂草的有效措施。持续免耕,杂草种子大量集中于土表,杂草发生早、密度高、危害重,但萌发整齐,利于防除。多年生杂草较少的地块,采用浅旋耕灭茬;多年生杂草发生严重的地块,宜采用深耕灭茬。

(5)合理施肥　以施用腐熟有机肥为主,N、P、K 和微量元素合理搭配,避免氮肥过量施用,减轻杂草危害。

(6)合理间(套)作和轮作　间(套)作是利用不同作物的生育特性,有效占据土壤空间,形成作物群体优势抑草,或利用作物间互补的优势,提高对杂草的竞争能力,或利用植物间的他感作用,抑制杂草的生长发育,达到治草目的。此外,还能充分利用光能和空间。胡麻间(套)作玉米、向日葵、大豆、豌豆、蚕豆等作物,可减轻杂草危害。胡麻与禾本科作物如小麦、玉米轮作可避免菟丝子的危害。大麦、裸燕麦、皮燕麦、糜子、荞麦、苦荞麦、油菜等作物茬口不宜种植胡麻,因为遗落在土壤中的作物种子出苗后会变成严重危害胡麻的杂草。胡麻与马铃薯、蔬菜、中药材、向日葵轮作,杂草发生较轻。

(7)适期晚播　胡麻播期对杂草发生程度具有显著影响。为有效减少杂草的发生,可将正常播种时间推迟 7d 播种胡麻,对胡麻产量基本无影响。推迟播期减轻杂草发生的机理在于利用杂草抗逆性强、出苗较早的规律,在杂草出苗后通过旋耕、耙耱等农事操作过程致使杂草死亡。

(8)合理密植　胡麻密度低,杂草发生重;密度高,杂草发生轻。合理的种植密度(甘肃地区为 4~5 kg/亩),既可促进胡麻的生长发育,又可减轻杂草的发生危害。刘卫东等(2015)在甘肃省榆中县田间调查表明,播期对露地胡麻田杂草发生程度有显著影响。播期越晚,杂草发生越轻。余红等(2016)探讨播种密度对胡麻田杂草发生以及对胡麻产量的影响,为胡麻田杂草的综合治理提供参考。通过大田试验研究胡麻不同播种密度(45 kg/hm$^2$、60 kg/hm$^2$、75 kg/hm$^2$、90 kg/hm$^2$、105 kg/hm$^2$、120 kg/hm$^2$)对胡麻田杂草发生以及胡麻产量的影响。结果表明,胡麻播种密度与杂草发生量关系密切,播种密度越高,杂草发生越少。胡麻播种密度对胡麻产量有显著影响,随着播种密度的提高,胡麻产量逐渐降低,主要是由胡麻密度越高,倒伏越严重,造成的减产率越高所致。综合胡麻密度与杂草发生、产量构成的关系并考虑倒伏因素,甘肃省中部地区胡麻种植的适宜密度为 60 kg/hm$^2$。

(9)清除周围杂草　清除田边、沟边、地头杂草,减少杂草传播扩散。浇水时水口设置过滤网,可阻隔野燕麦、大麦、裸燕麦、皮燕麦、荞麦、苦荞麦、无芒稗、巴天酸模等大粒种子随水进入胡麻田,从而减轻或避免其危害。

(10)中耕除草　中耕除草是作物生长期间重要的人工除草措施。在劳动力充足的条件下,可结合胡麻苗期追肥开展此项工作。

2. 物理防除

(1)覆盖黑色地膜　黑色地膜覆盖对胡麻田杂草具有十分显著的防除效果,增产效果优于白色地膜,是一种有效的不使用除草剂的物理防除措施。甘肃地区应推广覆盖黑色地膜种植胡麻。为防治农业面源污染、保护生态环境,应选用厚度在 0.01 mm 以上的易于回收的黑色地膜。

(2)推广一膜二年用种植模式　在干旱地区推广一膜二年用种植模式。第一年覆盖黑色地膜种植全膜双垄沟播玉米,第二年免耕种植胡麻,可有效减轻一年生杂草的发生危害。

3. 化学防除

(1)一年生阔叶杂草的防除

① 播后苗前土壤封闭处理　以藜、小藜、灰绿藜、刺藜、卷茎蓼、油菜、荠菜、反枝苋等一年生阔叶杂草为优势种群的地块,每亩可选用42%甲·乙·莠悬浮剂200~225 mL 或40%乙·莠悬浮剂200~225 mL、80%丙炔噁草酮可湿性粉剂10Vg+90%莠去津水分散粒剂60 g、80%丙炔噁草酮可湿性粉剂10 g+42%甲·乙·莠悬浮剂100 mL、80%丙炔噁草酮可湿性粉剂10 g+40%乙·莠悬浮剂100 mL,兑水 45~60 kg,在胡麻播种后出苗前(播种当天或第2天施药效果最好)均匀喷施于土壤表面(不需混土处理)。

② 苗期茎叶喷雾　以藜、小藜、灰绿藜、刺藜、卷茎蓼、油菜、荠菜等一年生阔叶杂草为优

势种群的地块,每亩可选用 40% 二甲·辛酰溴乳油 100 mL 或 40% 二甲·溴苯腈乳油 100 mL、30% 辛酰溴苯腈乳油 100 mL、80% 溴苯腈可溶性粉剂 40~50 g,胡麻株高 7~10 cm,兑水 30~45 kg(人工背负式喷雾器),进行茎叶均匀喷雾处理。以反枝苋为优势种群的地块,每亩可选用 40% 二甲·辛酰溴乳油 50 mL+15% 噻吩磺隆可湿性粉剂 20 g 或 30% 苯唑草酮悬浮剂 12 mL+48% 灭草松水剂 175 mL、40% 二甲·辛酰溴乳油 50 mL+48% 灭草松水剂 150 mL、40% 二甲·辛酰溴乳油 50 mL+30% 二氯吡啶酸水剂 60 mL,胡麻株高 7~10 cm,兑水 30~45 kg(人工背负式喷雾器),进行茎叶均匀喷雾处理。

(2)多年生阔叶杂草的防除

① 茎叶喷雾处理　菊科杂草如刺儿菜、大刺儿菜、苣荬菜、蒙山莴苣、蒲公英、艾蒿、山苦荬、黄花蒿、蒙古蒿等以及一年生或越年生杂草如辣子草、一年蓬、苦苣菜、续断菊、鬼针草、飞廉等,或豆科杂草如紫花苜蓿、广布野豌豆、黄花草木樨、白花草木樨等,或蓼科杂草如卷茎蓼、西伯利亚蓼等,或车前科杂草如车前、平车前等发生严重的地块,待杂草全部出苗后,每亩可选用 30% 二氯吡啶酸水剂 100~120 mL 或 90% 二氯吡啶酸钾盐可溶粉剂 18~20 g,兑水 30~45 kg(人工背负式喷雾器),进行茎叶均匀喷雾处理。车载喷雾机械兑水量为 20~30 kg。

② 定向喷雾处理　菊科、豆科、蓼科、伞形科、车前科、堇菜科、蔷薇科、萝藦科等多年生或越年生阔叶杂草发生严重的地块,待杂草全部出苗后,可定向喷洒 24% 氨氯吡啶酸水剂 750~1000 倍液或 41% 草甘膦异丙胺盐水剂 175~200 倍液、200 g/L 草铵膦水剂 50~75 倍液。注意勿将药液喷洒到胡麻上。旋花科杂草如田旋花、打碗花、篱打碗花和藤长苗发生严重的地块,待杂草全部出苗后,可定向喷洒 56% 二甲四氯钠盐可溶粉剂 300~400 倍液或 24% 氨氯吡啶酸水剂 750~1000 倍液、41% 草甘膦异丙胺盐水剂 175~200 倍液、200 g/L 草铵膦水剂 50~75 倍液。注意勿将药液喷洒到胡麻上。

③ 涂心或滴心处理　多年生阔叶杂草发生较轻的地块,待杂草全部出苗后,可选用 24% 氨氯吡啶酸水剂 750~1000 倍液或 41% 草甘膦异丙胺盐水剂 150~200 倍液、200 g/L 草铵膦水剂 50~75 倍液进行涂心或滴心处理。具体方法是:将药液装在饮料瓶中,瓶口塞以海绵,挤压瓶体将药液涂抹在杂草心部;或在喷雾器中配好药液,取掉喷头,保持低压力,使药液呈滴状流出,滴在杂草心部。

④ 利用时间差防除杂草　在干旱年份,胡麻出苗时间推迟,而多年生阔叶杂草可正常出苗,可在胡麻出苗前,每亩可选用 41% 草甘膦异丙胺盐水剂 200~250 mL 或 200 g/L 草铵膦水剂 600~700 mL,兑水 30~45 kg,进行茎叶均匀喷雾处理。车载喷雾机械兑水量为 15~20 kg。草甘膦异丙胺盐和草铵膦对胡麻出苗无影响。草铵膦的速效性介于百草枯(我国已禁用)与草甘膦之间,可用于防除对草甘膦产生抗性的杂草。本方法也适用于防除多年生禾本科杂草。

(3)禾本科杂草的防除

① 封冻前土壤处理　在计划下一年种植胡麻的田块,于秋季深翻地前,亩用 48% 地乐胺乳油 120~150 mL,兑水 30 kg,均匀喷施地表,然后耙耱混土。

② 播前土壤封闭处理　以无芒稗、狗尾草、野燕麦等一年生禾本科杂草为优势种群的地块,每亩可选用 48% 仲丁灵乳油 200~250 mL 或 48% 氟乐灵乳油 200~250 mL,兑水 45~60 kg,在土壤表面进行均匀喷雾处理。施药后需进行浅耙混土处理,防止其挥发和光解,7~10 d 后播种。

③ 播后苗前土壤封闭处理　以无芒稗、狗尾草、野燕麦等一年生禾本科杂草为优势种群

的地块，每亩可选用72%异丙甲草胺乳油200～250 mL或96%精异丙甲草胺乳油150～200 mL、50%敌草胺可湿性粉剂200～250 g，兑水45～60 kg，在胡麻播种后出苗前（播种当天或第2天施药效果最好）均匀喷施于土壤表面（不需混土处理）。

④ 苗期茎叶喷雾 以无芒稗、狗尾草、野燕麦等一年生禾本科杂草为优势种群的地块，每亩可选用10%或8.8%精喹禾灵乳油60～70 mL或108 g/L高效氟吡甲禾灵乳油70～80 mL、240 g/L烯草酮乳油80～90 mL、50 g/L唑啉草酯乳油90～100 mL、15%精吡氟禾草灵乳油100～120 mL、15%炔草酯可湿性粉剂40～50 g、12.5%烯禾啶乳油200～220 mL、69 g/L精噁唑禾草灵浓乳剂60～70 mL，胡麻株高7～10 cm，兑水30～45 kg，进行茎叶均匀喷雾处理；以大麦为优势种群的地块，每亩可选用108 g/L高效氟吡甲禾灵乳油80～90 mL或15%精吡氟禾草灵乳油110～120 mL、240g/L烯草酮乳油90～100 mL、10%或8.8%精喹禾灵乳油60～70 mL，兑水30～45 kg，在大麦3～5叶期进行茎叶均匀喷雾处理。

(4) 阔叶杂草与禾本科杂草的兼防 阔叶杂草及禾本科杂草均较多的地块，可以将防除阔叶杂草的除草剂如40%二甲·辛酰溴乳油等与防除禾本科杂草的除草剂如10%精喹禾灵乳油等按各自剂量混用，胡麻株高7～10 cm，兑水30～45 kg，进行茎叶均匀喷雾处理，一次用药兼防阔叶杂草与禾本科杂草。各地生态条件不同，宜进行小区试验确定最佳混配剂量、明确是否有药害产生后再行示范推广。

(5) 亚麻菟丝子的防除 在菟丝子发生严重的地块，每亩可选用48%仲丁灵乳油275～300 mL或40%野麦畏乳油250～270 mL，兑水45～60 kg，在胡麻播种后当天或第2天进行播后苗前土壤处理。施药后需浅耙混土，防止药剂挥发和光解，确保防效。

4. 胡麻除草剂使用注意事项

(1) 环境条件 选择无风或微风晴朗天气上午施药，植株上无露水，喷药后24 h内无降雨。夏季高温季节喷施农药，要在上午10时前和下午3时后进行，避免在炎热中午施药。注意风向，不能逆风施药，大风天气不宜施用除草剂，以防雾滴漂移造成邻近作物药害。喷施2,4-滴丁酯、2,4-滴异辛酯、2甲4氯钠、二氯喹啉酸、麦草畏、氨氯吡啶酸、二氯吡啶酸等激素类除草剂以及含有它们的复配制剂时，与阔叶作物的安全间隔距离最好在200 m以上，避免漂移药害的发生。气温高时用低剂量，反之用高剂量；突遇降温时，慎用除草剂，施药前后3天气温最低温度低于10 ℃，禁止使用除草剂。施药人员每天喷药时间一般不得超过6 h。

(2) 土壤条件 干旱时，应造墒，墒情好用药量低，墒情差用药量高。土壤墒情是土壤处理除草剂药效发挥的关键，可选择雨后或浇地后，土壤墒情在40%～60%时施药。土地应平整，如地面不平，遇到较大雨水或灌溉时，药剂往往随水汇集于低洼处，造成药害。

(3) 器械选择 选择生产中无农药污染的常用喷雾器，带恒压阀的扇形喷头，喷药前应仔细检查药械的开关、接头、喷头等处螺丝是否拧紧，药桶有无渗漏，确保无"跑冒滴漏"，以免漏药污染。喷施过除草剂的喷雾器一定要彻底清洗，以防喷雾器残余除草剂对其他作物产生药害。喷施过2,4-滴丁酯等激素类除草剂以及含有它们的复配制剂的喷雾器应专用。

(4) 科学施药 喷头离靶标距离不超过50 cm，要求喷雾均匀、不漏喷、不重喷，施药后6 h内如遇大雨需重喷。配制药液时喷雾器先加半桶水，药剂加入后再将水加满，搅拌均匀后喷雾。有些剂型如干悬浮剂、悬浮剂、粉剂、可湿性粉剂、可溶粉剂等最好采用二次稀释法，即先将药剂加少量水（一定要用清水）配成母液，再倒入盛有一定量水的喷雾器内，再加入需要的水量，并边加边搅拌，调匀稀释至需要浓度。切忌先倒入药剂后加水，以防药剂在喷雾器的吸水管处沉积，使先喷出的药液浓度高，产生药害，后喷出的药液浓度低，除草效果差。也不可将药剂一下倒入盛有大量水的喷雾器内,这样可湿性药剂等剂型往往大量漂浮在水面或结成小块,分布不均匀,不但不能保证效果而且喷雾时易阻塞喷嘴。施药时要改变传统的沿前进方向左右双侧交叉喷雾习惯,采用顺风单侧交叉喷雾方法,使施药人员在无药区作业。同时,应逐步用扇形雾喷头替代圆锥雾喷头,采取单侧平行推进法喷雾,提高农药分布的均匀性和利用率。

(5)合理混用　2种或2种以上除草剂混合使用时,要严格掌握混用比例和施药时间及施药技术,并要考虑彼此之间有无拮抗作用或其他副作用,以免产生药害、降低药效。切忌随意混用,先试验再混用,可先取少量进行可混性试验,如出现沉淀、絮结、分层、漂浮等现象,表明不能混用。

(6)安全防护　年老、体弱、有病的人员,儿童、孕期、经期和哺乳期妇女不能施用农药。施药期间不得饮酒、抽烟、喝水、吃东西,施药时应戴口罩、穿工作服,或穿长袖上衣、长裤和雨鞋,如眼睛接触农药,要用大量清水清洗,触及皮肤用肥皂洗净。药机械出现滴漏或喷头堵塞等故障,要及时正确维修。施药后用肥皂洗手、洗脸、漱口,污染的工作服及时换洗。除草剂要妥善保管,宜贮存于阴凉干燥处,不得与食物、种子、饲料及易燃易爆危险品混放,存放在小孩及无关人员接触不到的地方。施药地块,人畜莫入。

(7)农药包装,妥善处理　农药应用原包装存放,不能用其他容器盛装农药。农药空瓶(袋)应在清洗三次后(作为药液使用),远离水源深埋或焚烧,不得随意乱丢,不得盛装其他农药,更不能盛装食品。

(8)施药完毕,清洁器具　施药结束后,要立即清洁施药器具,以免腐蚀器具和造成药害(特别是除草剂)。最好固定一个器具专门喷施除草剂。

(9)农药中毒,及时抢救　施药人员出现头痛、头昏、恶心、呕吐等农药中毒症状时,应立即离开施药现场,脱掉污染衣裤,及时带上农药标签到医院治疗。

(10)药害补救　药害轻时增施N、P、K肥、灌水缓解。较重时可喷洒植物内源激素赤霉素或芸苔素内酯、碧护(康凯)以及叶面肥、生物制剂等补充速效营养,调节作物生长,使其达到正常生长或接近正常生长水平,最大限度降低产量损失。芸苔素内酯是一种新型绿色环保植物生长调节剂,促进作物生长,还能提高作物的抗旱、抗寒能力,缓解作物遭受的药害、肥害和冻害。碧护(康凯)是德国开发的一种新型内源植物生长调节剂,来自天然野生植物,含有10种天然植物生长调节剂如赤霉素、吲哚乙酸、芸苔素、茉莉铜酸酯、脱落酸等和黄酮类、氨基酸类化合物。喷洒碧护3~4 g/亩+益微(蜡质芽孢杆菌)40~50 mL/亩或禾生素(禾甲安,主要成分为壳聚糖-N)40~50 mL/亩可有效缓解药害。不要选用人工合成的植物生长调节剂(外源激素),以及含有这类物质的叶面肥,因其使用后常加重药害或造成新的药害。药害严重者改种其他作物。

## 第二节　非生物胁迫及其应对

在胡麻产区的适期播种条件下,非生物胁迫主要表现为水分胁迫。局部地区和条件下,也表现为盐碱胁迫。当环境温度不能满足胡麻生长发育的条件时,则会表现为温度胁迫。

### 一、水分胁迫

(一)对胡麻生长发育的影响

1. 水分胁迫对胡麻种子萌发特性及幼苗生长的影响　干旱胁迫环境中,大多数植物在种子萌发和初期生长阶段对环境胁迫最为敏感。所以,常用种子萌发及其初期生长状况来评价植物的抗逆性。发芽率、发芽势、发芽指数是衡量种子发芽能力的重要指标,分别反映了种子的发芽能力、发芽速度及幼苗生长情况。胡麻种子萌发期对水分的需求量相对较少,但水分胁迫会导致幼苗发育不良,影响后期的营养生长和生殖生长,最终造成含油率及产量的降低,给胡麻生产带来较大损失。李娜等(2016)研究不同 PEG-6000 浓度对 6 个胡麻品种的种子萌发和幼苗生长的影响,结果表明不同渗透势对胡麻种子发芽率、发芽势、发芽指数、萌发抗旱指数在低浓度的胁迫下(6%、9%)较对照有明显的增加,在高浓度的胁迫下较对照有明显的下降,这表明低浓度干旱胁迫对胡麻种子的萌发具有促进作用;随着 PEG-6000 浓度的升高,胡麻幼苗地上部分长度、地下部分长度、地上部分鲜重及地下部分鲜重整体呈下降趋势,这表明干旱胁迫对胡麻幼苗有明显的抑制作用。吴文荣等(2012)探讨了 5 种干旱胁迫条件(10%、15%、20%、22%、25%)对胡麻种子萌发特性的影响,结果表明干旱胁迫浓度达到 22%时,各品种的发芽势、发芽率、种子萌发指数、种子活力指数均降低,说明高浓度胁迫下对胡麻种子的萌发有抑制作用;同一胁迫条件下,不同品种的萌发特性对干旱胁迫的敏感性表现不同。

2. 水分胁迫对胡麻农艺性状和生物量的影响　水分亏缺是植物在田间生长条件下广泛存在的一种生长逆境因子,会对植物生长状况、形态结构以及生物量产生显著影响。干旱胁迫下,植物根系首受到影响,并快速向上传递胁迫信号,然后植株体内水分状况异常,细胞渗透压改变,失水皱缩,加上活性氧大量产生造成的膜脂过氧化,使原生质体受到损伤,最终表现为对植株生长的抑制,其显著的症状就是植株生长减慢,甚至死亡。也就是说在干旱胁迫下,植株最直观的表现就是株高降低、茎秆变细。吴瑞香等(2019)以抗旱性由强到弱 4 个不同抗旱类型的胡麻品种晋亚 7 号、晋亚 10 号、晋亚 11 号、E051-20 为材料,采用盆栽控水法,研究了干旱胁迫对胡麻幼苗生长的影响,结果表明干旱胁迫下 4 个胡麻品系的株高、茎粗随着胁迫程度的加深和时间的延长,均表现为极显著下降,同时,生物量的积累又随着株高、茎粗的降低而降低;抗旱性强的品种下降幅度明显低于抗旱性弱的品种,说明抗旱性强的品种能够有效地保持细胞中的自由水含量,促进植株生物量的积累。祁旭升等(2010)采用 192 份胡麻种质,在干旱胁迫和正常灌水条件下,分别测定了成株期有关农艺性状表现值,结果发现干旱胁迫使平均株高降低 8.54%,分茎数减少 70.73%,主茎分枝数减少 32.84%,单株蒴果数减少 57.48%,单株粒数减少 73.46%,单株粒重下降 74.32%,千粒重下降 2.46%;被考查的农艺性状对干旱胁迫的反应程度各异,其中株高和千粒重迟钝,单株粒数和单株粒重敏感。乔海明等(2010)在自然持续干旱胁迫生态条件下,选取 3 个油用亚麻品种,对不同播种期油用亚麻品种进行了二次生长研究观察,分析了油用亚麻二次生长发生条件、发生时间以及蒴果发育状况,结果表明自然持续干旱胁迫生态环境是导致油用亚麻二次生长的重要因素,油用亚麻品种不同、播种期不同,二次生长发生程度不同;生育期比较长的油用亚麻品种或晚播种,后期遇较多降水易发生二次生长,生育期适中品种在正常播种期播种而且生育期间水分供应均匀,一般不发生二次生长;油用亚麻播种期不同,二次生长发生时期不同,二次生长蒴果及籽粒发育状况不同,播种期提前,二次生长发生早,发生比例高,但二次生长籽粒成熟度也较高。

3. 水分胁迫对胡麻抗(耐)旱生理指标的影响　水分胁迫下胡麻的抗(耐)旱生理指标会出现明显的变化。脯氨酸(Pro)在干旱胁迫下能有效防止水分丧失,减轻渗透胁迫,且对蛋白质的稳定起保护作用。丙二醛(MDA)是膜脂过氧化作用的产物之一,其含量可作为反映细胞膜过氧化伤害的指标,现已被广泛用于衡量膜脂过氧化作用的程度及植物对逆境条件反应的强弱。超氧化物歧化酶(SOD)、过氧化物酶(POD)、过氧化氢酶(CAT)等是植物体内的主要保护酶,其活性强弱能较好地反映作物在逆境下的抵抗能力。干旱对作物的危害是一个复杂的生理过程,而作物抵抗逆境胁迫也是一个多系统的综合生理反应。

干旱胁迫下,作物一般表现植株矮小、叶片数减少、叶面积下降、产量和品质降低,渗透调节物质 Pro 含量、可溶性蛋白含量增加,膜脂过氧化产物 MDA 含量、质膜透性增加,抗氧化酶 POD、SOD 活性加大,但不同抗旱类型胡麻间变化不尽相同,不同的品种(系)由于其自身的遗传基础等因素,对干旱的适应性反应在生理变化上面存在一定差异。吴瑞香等(2019)为阐明不同抗旱类型胡麻对干旱胁迫的生理响应规律,研究了干旱胁迫对不同抗性胡麻膜质过氧化、渗透调节物质含量及过氧化物酶活性的影响,结果表明,随着干旱胁迫程度的加深及时间的延长,质膜相对透性、MDA 和 Pro 含量显著升高,并且抗性强的品种 Pro 含量积累的幅度明显高于抗性弱的品种,抗性弱的品种 MDA 和质膜透性的增幅明显高于抗旱性强的品种;POD 酶活性总体呈现上升的趋势,抗旱性强的品种上升幅度明显高于抗性弱的品种。李娜等(2016)研究了不同 PEG-6000 浓度对胡麻品种生理指标的影响,结果发现随着胁迫浓度的增加,MDA 含量、POD 活性呈先增后减的趋势,SOD 活性和 CAT 活性呈增加趋势;随着胁迫时间的增加,同一浓度下,MDA 含量,POD、CAT、SOD 活性均随着胁迫时间的增加逐渐增加。赵利等(2015)采用盆栽人工控水方法,研究了不同水分处理对苗期胡麻叶片相对含水量(RWC)、CAT 活性、POD 活性以及过氧化产物 MDA 含量和 Pro 含量的影响,结果表明在干旱胁迫下,不同抗旱类型的胡麻品种 RWC 均有不同程度的降低,在中度和重度胁迫下,随胁迫强度的增加 RWC 下降幅度变大,但抗旱性强的品种 RWC 下降幅度相对较小;抗旱性强的品种其 CAT 和 POD 活性在中度和重度胁迫下均随胁迫的增强而增加,但抗旱性弱的品种却呈现先增后减的趋势;MDA 含量均随胁迫加剧呈上升趋势,但抗旱性强的品种 MDA 含量随胁迫的增强增幅小;Pro 含量随水分胁迫程度的加剧不断增加,且抗旱性强的品种体内游离脯氨酸积累量较高。

4. 水分胁迫对胡麻光合特性的影响　干旱胁迫是抑制植物光合作用的最主要环境因子之一,其能够导致光合器官的损伤,从而抑制植物的光合作用,进而影响产量。研究表明,干旱胁迫对胡麻气孔形态产生了明显影响,而气孔是植物光合气体进出的重要通道,植物通过气孔的关闭来调节对不良环境的适应性。当土壤水分不足时,气孔往往通过部分或全部关闭使蒸腾速率降低,在减少水分散失的同时,也减少了 $CO_2$ 的进入,从而导致光合速率的下降。叶绿素荧光可有效反映光抑制和光保护情况,由于缺水一方面会严重损伤作物器官,对光系统Ⅱ造成不可逆转的破坏;另一方面,缺水条件下植物通过降低光合作用速率等多种方式耗散过剩的激发,以有效缓解光抑制所产生的不良影响,从而形成可恢复的光饱和机制。何丽等(2017)以抗旱性不同的胡麻品种天亚 9 号(抗旱性强)和陇亚 8 号(抗旱性弱)为材料,在大田干旱防雨棚内采用控水的方法模拟干旱处理,设置轻度干旱(LS)、中度干旱(MS)、重度干旱(SS)3 个干旱处理和正常灌水处理(CK),于胡麻现蕾期测定不同处理胡麻叶片气孔导度($G_s$)、蒸腾速率($T_r$)及叶绿素荧光参数。研究发现在干旱处理下,2 个胡麻品种的 $T_r$ 均明显受到抑制,二者 $T_r$ 均随干旱程度的加剧而呈下降趋势,其中抗旱性较弱的陇亚 8 号的 $T_r$ 对干旱处理更为敏感,而抗旱性强的天亚 9 号的 $T_r$ 对干旱处理的调节适应能力更强些;随着干旱胁迫程度的加剧,胡麻叶片 $G_s$ 明显降低,蒸腾失水也随之降低,且同一干旱处理下,抗旱性强的天亚 9 号 $G_s$ 明显高于抗旱性弱的陇亚 8 号;叶绿素荧光参数的变化为耐旱品种天亚 9 号最大光化学量子效率($Fv/Fm$)、PSⅡ光化学量子产量($\Phi PSⅡ$)和光化学淬灭系数($qP$)在轻度干旱胁迫下与 CK 间差异不显著,这说明胡麻植株能够忍耐一定程度的干旱,但随着干旱程度的加重,其

$Fv/Fm$、$\Phi PSⅡ$ 和 $qP$ 与 CK 相比显著下降,这表明干旱胁迫抑制了光化学活性,使 PSⅡ 反应中心受到破坏,而其非光化学淬灭系数($qN$)则随着干旱胁迫程度的加重而明显上升,这表明其叶片光合电子传递活性降低,而且越来越多的吸收光能通过非光化学的途径被耗散,表现出叶片的自我保护机制。因此干旱条件下胡麻现蕾期 $T_r$、$G_s$、各叶绿素荧光参数与干旱胁迫程度紧密相关。

5. 水分胁迫对胡麻品质和产量的影响　水分是胡麻进行光合作用制造有机质的原料,向胡麻体内输送营养的媒介,水分会影响胡麻本身细胞一系列生物化学变化。因此,水分胁迫对胡麻的生长发育以及产量的高低和品质的优劣都有直接影响。研究表明,从现蕾至开花结实阶段,是需水临界期,对水分十分敏感,影响着花芽分化和分枝数,进而影响着产量。何丽等(2017)研究表明胡麻现蕾期干旱对植株形态和产量构成因素均产生了不利影响。干旱胁迫后株高和主茎分枝数明显降低,从而使单株结角数相应减少。同时现蕾期受到干旱胁迫后,光合特性受到抑制,有机物质运输不足,使胡麻花期变短,籽粒灌浆不充分,促早熟,因此千粒重也明显下降,上述产量构成因素的降低最终影响了单位面积的产量。并且抗旱性不同的胡麻品种对这种反应的敏感程度不同,抗旱性较弱的陇亚 8 号在受到干旱胁迫时农艺性状和产量的降低幅度比抗旱性较强的天亚 9 号更大。姚玉璧等(2006)研究认为,5 月中下旬前后的干旱对甘肃省胡麻产量的影响最大,此时期胡麻正处于现蕾、开花后的关键生育时期,对水分的需要最为迫切,在春旱发生频率≥50%的地方,胡麻产量明显偏低。干物质是作物光合作用的最终产物,它在作物不同器官的积累和分配直接影响作物的经济产量和水分利用效率,而干物质的积累与分配又直接受水分条件的影响。崔红艳等(2015)研究了不同水分处理对胡麻干物质积累与分配及水分利用效率的影响,结果表明灌水处理能显著提高开花后干物质的积累量和开花后干物质积累量对籽粒的贡献率,但灌水量过多显著减少光合产量向籽粒的分配,使籽粒产量降低;随灌水量增加,胡麻全生育期耗水量显著增大,籽粒产量先升高后降低,灌水利用效率显著降低。

(二)水分胁迫的应对措施

1. 选用抗、耐旱品种　胡麻是中国西北和华北高原地区旱作农业区重要的油料作物,由于其特殊生产区域决定了推广品种必须具有一定的抗旱性,以适应干旱的气候条件。因此,选用抗、耐旱品种,开展抗旱育种是应对水分胁迫的重要措施。作物的抗旱性是复杂的数量性状,是众多因素、多种机制共同作用的结果,最终通过各种性状在不同发育时期的一系列变化体现出来,因而指标性状的合理选择是抗旱性鉴定的关键。祁旭升等(2010)以胡麻成株期农艺性状为指标,结果所选择的 7 个性状指标均与综合抗旱系数有极显著相关性;经关联度分析,各性状与抗旱性量度值的密切程度依次为单株粒重、单株粒数、单株蒴果数、分枝数、分茎数、株高、千粒重。此后,祁旭升等(2015)以目前公认的产量抗旱系数为标准,通过简单、等级相关和逐步回归、直接通径、灰色关联分析,筛选出与抗旱系数密切相关的单株粒重、单株生物量、株高、分枝数、单株粒数 5 个性状,并且应用这些性状测定值对参试品种的抗旱性进行综合评价,发现加权抗旱系数法的计算结果更贴近实际。然后,以这 5 项指标为依据,利用加权抗旱系数法对 190 份国内外种质进行了抗旱性综合评价,筛选出定西 17、宁亚 19 号、NO.547、GISSARSKY、定亚 18 号、静宁红胡麻、民乐红胡麻、皋兰白胡麻、轮选 2 号、晋亚 3 号等一级抗旱种质,可供生产或育种应用。岳国强等(2009)采用干旱胁迫法对胡麻苗期抵御干旱胁迫的能力进行鉴定,同时在田间条件下对胡麻忍耐或抵御干旱胁迫的能力进行鉴定,据此筛选出适宜宁夏固原推广种植的胡麻品种,如 9425w-25-11、宁亚 14 号、宁亚 17 号、宁亚 15 号等。

目前使用抗旱性较好的品种有陇亚 8 号、陇亚 10 号、陇亚杂 1 号、陇亚杂 2 号、定亚 22、定亚 23、宁亚 14、晋亚 9 号、轮选 1 号等。

2. 适时补充灌溉　何丽等(2017)研究表明在栽培管理中遇轻度干旱胁迫(土壤含水量为田间最大持水量 $\theta_f$ 的 60%～70%)时可不必补充水分,但中度(土壤含水量为 $\theta_f$ 的 50%～60%)、重度(土壤含水量为 $\theta_f$ 的 35%～45%)干旱之前应适时适量灌水,以确保胡麻正常生长发育及产量的提高。孙银霞(2016)以陇亚杂 1 号为材料,研究了不同灌水处理对胡麻籽粒产量和水分利用效率的影响,结果表明胡麻的总耗水量随着灌水量的增加而增加;胡麻籽粒折合产量随灌水量的增加呈现先增加后降低的趋势,其中现蕾期灌水 180 mm 的折合产量最高,盛花期灌水 180 mm 次之;因此,现蕾期灌水是胡麻兼顾高产和节水的最佳灌溉方式。刘春英(2013)认为随着灌水量的增加,单株分茎数越高,播种的时候,要保持土壤的湿度在 65% 以上。萌发及出苗阶段,保持土壤湿度在 50% 以上。胡麻的生殖生长和营养生长同时进入旺盛期是在现蕾到开花期,在此期间胡麻的耗水量达到生育期的最大值。开花期应该保持土壤湿度在 70%～75%。盛花期以后,进入胡麻生长的后期,土壤湿度大概要保持在 50%～55%。

总之,在有灌溉水源和灌溉设施的地区,要充分利用各种灌溉资源进行适时补充灌溉。对冬灌早、墒情差、难出苗的地块进行补灌,确保灌溉地区实现保墒播种。播种后幼苗未出土前不能浇蒙头水,生育期中应灌好现蕾前后两次水。

## 二、盐碱胁迫

盐碱胁迫对植物最普遍和最显著的效应就是抑制生长,是限制农业生产的重要逆境障碍因子之一,会导致蔬菜和粮油等经济作物严重减产。根据中国土壤特性和所含盐分特点,将其分为盐土和碱土两大类,其中最主要的致害离子为 $Na^+$、$Cl^-$、$HCO_3^-$ 和 $CO_3^{2-}$,这些离子对植物的胁迫作用,除了包括直接的胁迫效应外,还包括离子间复杂的相互作用。盐胁迫主要是渗透胁迫和离子毒害,它影响各种离子在植物细胞内的分布,破坏胞内离子平衡,植物必须进行渗透调节并在细胞内重建离子稳态。碱胁迫与盐胁迫相比,除了渗透胁迫和离子毒害外,还涉及高 pH 值伤害。在中国境内,盐碱地主要分布在干旱、半干旱和半湿润地区,而胡麻种植区域又主要分布干旱半干旱农业生态区域。因此,探究盐碱胁迫对胡麻生长发育的影响具有重要意义。

(一)对胡麻生长发育的影响

植物的整个生育时期中,芽期和苗期对盐分最为敏感,其他各生育时期对盐分耐性较强。盐碱胁迫下,种子的迅速萌发和出苗对植株的生长非常重要。于莹等(2013)以 2 个亚麻品种为试验材料,在不同浓度高 pH 值(NaOH)、中性盐(NaCl)、碱性盐($NaHCO_3$ 或 $Na_2CO_3$)和混合盐($NaHCO_3$ 和 $Na_2CO_3$ 混合)胁迫处理下,对种子萌发期耐盐碱性进行了比较研究,结果发现 2 个品种对中性盐的耐受性好于碱性盐,高 pH 值胁迫对 2 个品种的所有指标影响不大,其他胁迫条件下相对发芽势、相对发芽率、根长、下胚轴长及鲜重数值均随胁迫浓度的升高而减少,说明碱性盐胁迫中 $HCO_3^-$ 和 $CO_3^{2-}$ 的胁迫影响大于高 pH 值的胁迫;不同亚麻品种对中性盐和碱性盐的耐受性不同,中性盐胁迫下,黑亚 14 号的耐受性好于 Diane,碱性盐和混合盐胁迫下,Diane 耐受性好于黑亚 14 号。郭媛等(2015)认为盐碱胁迫不同程度地抑制了亚麻幼苗的生长,碱性盐胁迫比中性盐胁迫的抑制更严重;中性盐胁迫对亚麻茎的抑制较根更严重,而碱性盐胁迫则得到相反的结果。

盐碱胁迫下,植物的生理生化反应十分复杂,会引起各种生理指标的变化。赵玮等(2016)

以强抗旱胡麻品种伊亚4号和抗旱系数较低的胡麻品种LY-8号为材料,分析了不同浓度的NaCl胁迫下的胡麻苗期和成株期农艺性状以及SOD、POD、MDA含量。通过对叶片数、株高、根长等农艺性状分析的结果表明:NaCl胁迫对胡麻植株的伤害明显,低浓度NaCl胁迫对不同品种胡麻幼苗的生长均有促进作用,但是随着盐分积累,生长后期对胡麻植株同样会产生伤害,且抗旱性强的胡麻品种同样具有更强的耐盐特性。对生理指标的分析结果表明:伊亚4号在NaCl胁迫下苗期和成株期的SOD和POD含量均较LY-8号高,说明对膜脂修复能力更强,而且低浓度NaCl胁迫下修复能力逐渐增强,高浓度下修复能力达到极限后则逐渐变弱。MDA本身对植物细胞有毒害作用,不但降低了SOD、POD的活性,加剧过氧化作用,而且能结合蛋白质,使其催化功能丧失。两个胡麻品种苗期和成株期MDA含量表现出差异,其中成株期抗旱品种伊亚4号在NaCl胁迫下MDA含量较高,而幼苗期则相反。由于耐盐品种具有较高的MDA、SOD含量水平,且保持相对稳定的动态平衡,更有利于对盐胁迫的适应。

盐碱胁迫下也会对植物体内的离子平衡造成破坏。郭媛等(2015)探讨了盐碱胁迫下亚麻幼苗阳离子吸收和分配的特点,发现盐碱胁迫大幅度增加了亚麻苗期根和地上部对$Na^+$的吸收。中性盐胁迫下地上部$K^+$的吸收增高,根的$K^+$吸收降低;碱性盐胁迫下根和地上部$K^+$的吸收均降低。中性盐胁迫和碱性盐胁迫下根和地上部$Ca^{2+}$和$Mg^{2+}$的吸收均降低,根系中的降低程度较地上部大。郭瑞等(2016)探讨了亚麻对盐、碱两种胁迫的生理响应特点,结果表明在相同盐浓度下,碱胁迫对亚麻的伤害大于盐胁迫。碱胁迫使地上部分中$Na^+$浓度急剧增高,造成叶绿体破坏、光合色素含量下降,光合能力及碳同化能力也急剧下降。亚麻中$Na^+$含量随着胁迫强度的增加而升高,而$K^+$含量呈下降趋势,碱胁迫下的变化明显大于盐胁迫。因此,碱胁迫导致$Na^+$过度积累可能是碱胁迫对植物伤害大于盐胁迫的最主要原因。碱胁迫下$Ca^{2+}$和$Mg^{2+}$在根中下降明显,可见高pH值阻碍根对$Ca^{2+}$和$Mg^{2+}$的吸收。$Fe^{2+}$和$Zn^{2+}$对渗透调节的影响不大,因为他们的离子含量较低。盐胁迫促进阴离子($Cl^-$、$H_2PO_4^-$和$SO_4^{2-}$)的积累来平衡大量涌入的$Na^+$,但是碱胁迫明显减少无机阴离子含量,可能造成严重营养胁迫(如P和S不足)。亚麻在盐胁迫下积累大量可溶性糖来平衡大量的$Na^+$,但碱胁迫下积累大量有机酸来维持细胞内离子平衡和pH值稳定,碱胁迫大量积累的有机酸也可能被分泌到根外调节根外的pH值,这说明亚麻对两种不同胁迫的响应方式不同。研究证明高pH值会直接影响植物根系的生长发育,影响植物矿质元素的吸收,阻碍离子稳态重建,有机酸代谢是亚麻碱胁迫下的关键适应机制。

(二)盐碱胁迫的应对措施

当前应对盐碱胁迫最有效的途径就是选用耐盐碱品种。郭媛等(2015)利用pH值为9.5,可溶性盐含量为1.5%的复合盐溶液对来自27个国家的342份亚麻种质在萌发期进行盐碱胁迫试验,检测了各品种对照和处理的发芽率、相对芽长和耐盐碱指数等指标,并利用隶属函数的方法对这些亚麻种质的耐盐碱性进行了综合评价,结果表明盐碱胁迫下各项鉴定指标都出现下降趋势,而且引起不同材料间的较大的变异程度,说明这些指标能够有效地鉴别不同材料的耐盐性;大部分品种的隶属值位于0.3~0.5之间,根据隶属值将342份品种分为3个耐性级别,得到5份1级高耐盐碱品种,这些品种在盐碱土种植,不仅具有较好的盐碱土改良作用,而且具有较好的经济价值。赵东升(2011)对200个亚麻品种(系)进行了盐碱胁迫条件下的萌发试验研究,结果表明当NaCl与$Na_2CO_3$等比混合液浓度为4000 mg/L时对亚麻萌发筛选最为适宜,在此浓度下,筛选出了11份耐盐碱性较强的品种(系)。

在盐碱地区配套相应的栽培技术也是一项关键措施。盐碱地的主要特点是含有较多的水溶性盐或碱性物质,在做好排盐、隔盐、防盐的同时,也需要积极培肥土壤。具体措施是及时排水和灌水洗盐,根据"盐随水来,盐随水去"的规律,把水灌到地里,在地面形成一定深度的水层,使土壤中的盐分充分溶解,通过下渗把表层中的可溶性盐碱排到深土层中或通过挖排水沟,把溶解的盐分排走,从而降低土壤的盐含量;增施有机肥,合理施用化肥,有机肥经微生物分解、转化形成腐殖质,能提高土壤的缓冲能力,并可以和碳酸钠作用形成腐质酸钠,降低土壤碱性,刺激作物生长,增强抗盐能力,施用化肥可以改变土壤盐分组成,抑制盐类对植物的不良影响,同时可以增施N、P、K肥,促进作物生长,提高作物耐盐力,但要避免使用碱性肥料,应以酸性和中性肥料为好;平整土地,深耕深松,适时耙地,可以防止土壤盐渍化,增强保墒抗旱能力,深翻需注意不要把暗碱翻到地表,时间宜在春季和秋季为好。潘冬梅等(2010)根据盐碱土地区的生态环境条件,结合亚麻生长发育规律,总结出盐碱地亚麻高产、优质、高效栽培技术模式,具体如下:用腐植酸土壤改良剂改良土壤;选用抗盐碱品种;采用测土配方技术施肥,重施P、K肥;合理灌水,加强田间管理,及时除草防虫,施用植物生长调节剂;工艺成熟期收获。徐丽珍(1999)总结出了盐碱土地区(pH8.0~9.0)的亚麻高产栽培措施:即土是基础,种子是前提,肥是关键,水是保证及适时的田间管理。

### 三、温度胁迫

在胡麻生产试验上,相较于水分胁迫和盐碱胁迫,温度胁迫对胡麻的影响报道较少。在胡麻生长期,易遭受温度急剧变化的影响,特别是寒潮、低温、倒春寒等自然灾害。当出现低温时,能在短时间内对胡麻生长产生不可逆转的影响。胡麻主要种植在北方高原地区,受倒春寒影响较大,一般是在4—5月份遇到极速降温甚至降雨、降雪等天气,对苗期胡麻生长产生严重影响,进而影响花器质量和结实率。因此要加强低温冷害和霜冻的监测预报,适时采取防御措施。高温胁迫会造成胡麻开花和结实异常,光合作用下降。适时早播,在生态气候适宜种植区可避免胡麻籽粒期高温对产量的影响。姚玉波等(2015)研究了温度对不同品种亚麻种子发芽势和发芽率的影响,结果表明供试的11个亚麻品种的发芽势和发芽率均随着温度的升高呈单峰曲线变化,5 ℃处理发芽势和发芽率均最低,与其他处理达到了极显著差异水平,当温度为20 ℃或25 ℃时亚麻种子发芽势和发芽率最高,其中黑亚18在低于10 ℃的情况下,仍保持了较高的发芽势和发芽率,说明黑亚18在发芽阶段是耐低温的品种。姚玉璧等(2011)分析了气候变化对胡麻的生长发育的影响,认为气温增高导致胡麻生育前期的营养生长阶段缩短,现蕾期对气温十分敏感。李淑珍等(2014)认为生殖生长阶段温度升高会抑制花芽分化及正常授粉,对蒴果数和结实率产生影响进而导致产量降低。

# 参考文献

陈思,李柱刚,吴广文,等,2018. 亚麻抗白粉病种质资源的鉴定与筛选[J]. 中国麻业科学,40(6):249-257
崔红艳,胡发龙,方子森,等,2015. 不同水分处理对胡麻干物质积累与分配及水分利用效率的影响[J]. 干旱地区农业研究,33(5):34-40.
党占海,赵玮,张建平,等,2015. 胡麻产业技术[M]. 兰州:兰州大学出版社,121-136.
郭景旭,张辉,李子钦,等,2011a. 胡麻枯萎病生防芽孢杆菌筛选及抑菌效果研究[J]. 中国油料作物学报,33(6):598-602.

郭景旭,李子钦,张辉,等,2011b.胡麻枯萎病生防放线菌的抗菌活性研究[J].华北农学报,26(4):141-146.

郭瑞,李峰,周际,等,2016.亚麻响应盐、碱胁迫的生理特征[J].植物生态学报,40(1):69-79.

郭媛,邱财生,龙松华,等,2015.盐碱胁迫对亚麻苗期生长及阳离子吸收和分配的影响[J].中国麻业科学,37(5):254-258.

韩相鹏,魏周金,陈爱昌,等,2014.定西市胡麻田杂草种类及群落调查[J].甘肃农业科技(6):34-37.

韩云,唐良德,吴建辉,2015.蓟马类害虫综合治理研究进展[J].中国农学通报,31(22):171-182.

何丽,杜彦斌,张金,等,2017.干旱对胡麻现蕾期光合特性及产量的影响[J].西北农林科技大学学报(自然科学版),45(4):59-64.

何太,侯保俊,2009.对胡麻主要病害的鉴别与防治[J].农业技术与装备(7):59-59.

李爱荣,刘栋,马建富,等,2015.冀西北油用亚麻田杂草调查及化学防控技术研究[J].中国麻业科学(5):250-253.

李富恒,王晓宇,杨学,等,2013.亚麻抗炭疽病种质资源抗性鉴定与鉴定方法筛选[J].东北农业大学学报,44(10):33-38.

李娜,罗俊杰,张仁陟,等,2016.持续模拟干旱胁迫对胡麻萌发特性影响及品种抗旱性评价研究[J].核农学报,30(2):0379-0387.

李胜克,李小燕,陈政仁,等,2014.榆中县亚麻象甲的发生与防治对策[J].农业开发与装备(1):113.

李淑珍,孙琳丽,马玉平,等,2014.气候变化对宁夏固原地区胡麻发育进程和产量的影响[J].应用生态学报,25(10)2892-2900.

刘春英,2013.灌水量和灌溉方式对胡麻生长发育和产量的影响[J].甘肃科技纵横,42(6):73-75.

刘惠霞,杨荣洲,汪国峰,2015.对防治胡麻白粉病中使用杀菌剂的药效初探[J].农业与技术,35(22):25-25.

刘卫东,李玉奇,牛树君,等,2015.播期对胡麻田杂草发生及产量的影响[J].甘肃农业科技(9):19-20,21.

欧巧明,叶春雷,李进京,等,2017.胡麻种质资源成株期抗旱性综合评价及其指标筛选[J].干旱区研究,34(5):1083-1092.

潘冬梅,魏国江,李振伟,等,2010.盐碱地纤维亚麻高产、优质、高效栽培技术模式的研究[J].中国麻业科学,32(1):9-14.

祁旭升,王兴荣,许军,等,2010.胡麻种质资源成株期抗旱性评价[J].中国农业科学,43(15):3076-3087.

祁旭升,王兴荣,张彦军,等,2015.胡麻成株期抗旱指标筛选与种质抗性鉴定[J].核农学报,29(8):1596-1606.

乔海明,米君,2010.自然持续干旱胁迫生态条件下油用亚麻二次生长研究初报[J].中国麻类科学,32(2):104-106.

斯钦巴特尔,额尔登桑,格日勒图,1997.干旱胁迫对胡麻游离脯氨酸积累的影响[J].内蒙古师范大学学报,(3):68-71.

孙银霞,2016.灌水对胡麻籽粒产量和水分利用效率的影响[J].甘肃农业科技(3):49-53.

王海平,李心文,李景欣,等,2004.胡麻枯萎病病原尖孢镰刀菌生态生物型的划分研究[J].华北农学报,19(2):115-116.

王小静,李敏权,2007.甘肃中部地区亚麻枯萎病病原菌及其致病性差异研究[J].中国麻业科学,29(4):207-211.

王雍臻,罗俊杰,刘新星,等,2013.基于农艺性状的15个胡麻品种抗旱性评价[J].甘肃农业大学学报,48(6):45-51.

吴广文,2001.亚麻病害简介及综合防治[J].中国麻作.23(1):11-12.

吴瑞香,杨建春,王利琴,等,2019.不同抗旱类型胡麻幼苗对干旱胁迫的生理响应[J].华北农学报,34(2):145-153.

吴文荣,刘晓艳,吴桂丽,等,2012.不同干旱胁迫对胡麻种子萌发特性的影响[J].作物杂志(2):134-137.

徐丽珍,1999.盐碱土地区亚麻高产栽培技术的研究[J].中国麻作,21(1)22-25.

杨崇庆,曹秀霞,张炜,等,2017.亚麻象的生活史及幼虫空间分布研究[J].环境昆虫学报,39(3):701-704.

杨崇庆,曹秀霞,张炜,等,2018.胡麻对亚麻象蛀食胁迫的补偿效应初探[J].中国油料作物学报,40(1):140-145.

杨学,2003.亚麻苗期病害发生特点及防治技术研究[J].中国麻业 25(5):86-89.

杨学,李柱刚,关凤芝,等,2007.亚麻白粉病发生规律研究[J].中国麻业科学,25(5):223-226.

姚玉璧,邓振镛,王润元,等,2006.气候变化对甘肃胡麻生产的影响[J].中国油料作物学报,28(1):49-54.

姚玉璧,王润元,杨金虎,等,2011.黄土高原半干旱区气候变暖对胡麻生育和水分利用效率的影响[J].应用生态学报,22(10):2635-2642.

姚玉波,关凤芝,吴广文,等,2015.温度对不同亚麻品种发芽的影响[J].黑龙江农业科学(1):16-18.

于莹,吴广文,黄文功,等,2013.2个亚麻品种萌发期耐盐碱性比较研究[J].中国麻业科学,35(3):139-143.

余红,牛树君,胡冠芳,等,2016.播种密度对胡麻田杂草发生及胡麻产量的影响[J].安徽农业科学,44(27):240-241.

岳德成,王宗胜,姜延军,2015.平凉市胡麻田杂草调查研究[J].现代农业科技(23):134-136.

岳国强,程炳文,殷秀琴,等,2009.胡麻抗旱节水品种筛选研究[J].现代农业科技(14):61-62.

张梦君,黎继烈,申爱荣,等,2017.亚麻立枯病拮抗菌的筛选、生防效果及发酵条件优化[J].微生物学通报,44(5):1099-1107.

张炜,曹秀霞,钱爱萍,2016.化学除草剂防除胡麻田稗草的药效研究[J].宁夏农林科技,57(9):37-38.

赵东升,2011.亚麻耐盐碱品种筛选的研究[J].黑龙江农业科学(7):12-13.

赵利,胡冠芳,王利民,等,2010.兰州地区胡麻田杂草消长动态及群落生态位研究[J].草业学报,19(6):18-24.

赵利,牛俊义,胡冠芳,等,2012.地肤根系分泌物对胡麻的化感作用[J].草业科学,29(6):894-897.

赵利,党占海,牛俊义,等,2015.水分胁迫下不同抗旱类型胡麻苗期生理生化指标变化[J].干旱地区农业研究,33(4):140-145.

赵玮,党占海,张建平,等,2016.NaCl胁迫对不同抗旱强度胡麻品种农艺性状和生理指标的影响[J].甘肃农业科技(11):1-6.

周宇,张辉,叶春雷,等,2015.甘肃省胡麻白粉病发生规律研究[J].中国麻类科学,37(1):26-29.

朱猛蒙,达海莉,张蓉,等,2011.不同药剂处理对胡麻害虫-天敌群落的影响[J].宁夏农林科技,52(2):36-37,49.

# 第五章 胡麻品质与利用

## 第一节 胡麻品质

### 一、胡麻籽的化学成分

胡麻籽含有多种营养物质,有脂肪、蛋白质、碳水化合物、膳食纤维、多种维生素、多种矿质元素等。据陈海华(2004)介绍,胡麻种子中含有35.0%的脂肪、19.7%蛋白质、29.8%的总膳食纤维、2.3%可溶性膳食纤维、6.1%碳水化合物,含多种矿质元素的灰分3.8%,水分5.6%。孙爱景等(2010)介绍了亚麻籽的功能成分,如亚麻油及α-亚麻酸、亚麻木酚素、亚麻籽胶、亚麻生氰糖苷等。Morris等(2005)认为亚麻籽的碳水化合物含量很低,大约是1 g/100 g,从而减少了总碳水化合物的摄取量。它还可作为矿物质的良好来源,磷(650 mg/100 g),镁(350～431 mg/100 g),钙(236～250 mg/100 g)和非常低的钠含量(27 mg/100 g)。Morris等(2005)发现亚麻籽含有少量的水溶性和脂溶性维生素。维生素 E 以 γ-生育酚的形式存在,达39.5 mg/100 g。γ-生育酚是一种抗氧化剂防止细胞中蛋白质和脂肪被氧化,促进钠在尿中的排泄,其对降低血压和心脏疾病的风险以及阿尔茨海默病有帮助。Carter(1993)认为钾的含量可达到5600～9200 mg/kg是各种食物中含量最高的,摄取较高的钾含量可降低血小板聚集,血液中的自由基以及中风的发病率。

胡晓军等(2012)采用亚麻籽和亚麻籽脱皮后的亚麻籽仁和亚麻籽皮为原料提取脂肪、蛋白质、亚麻胶、木酚素和膳食纤维,对亚麻籽中主要营养成分的分布进行了研究。结果表明:亚麻籽脱皮后亚麻籽仁与亚麻籽皮的比例为54∶46;木酚素、亚麻胶和膳食纤维分布在亚麻籽皮上,脂肪主要分布在亚麻籽仁中,蛋白质在亚麻籽仁与亚麻籽皮中的分布没有明显的差异;将亚麻籽脱皮后,用亚麻籽仁和亚麻籽皮分别提取加工亚麻籽仁油、亚麻籽蛋白、亚麻胶和木酚素等产品较用亚麻籽加工的品质好、效率高、成本低、效益好。

亚麻的化学成分取决于生长环境、遗传和加工条件。很多科学家报告了亚麻籽的脂质含量范围是37～45 g/100g。子叶是主要的贮油组织,含有籽油75%。作为功能性食品,亚麻籽已成为潜在的功能性食品如亚麻酸、木酚素、高优质蛋白质、可溶性纤维和酚类化合物的良好来源。同时,亚麻籽多酚、植物甾醇等活性组分在降低年龄相关退行性疾病等方面的功能也逐渐被认可。

禹晓等(2018)研究不同品种亚麻籽组成及抗氧化特性分析,分析了中国不同产区不同品种亚麻籽的组成及体外抗氧化特性。结果表明,除基本组成成分外,不同品种亚麻籽主要活性组分含量和体外抗氧化活性具有显著差异。α-亚麻酸、木酚素、总酚酸、黄酮、生育酚、植物甾醇含量范围分别为33.42%～59.74%,120～918 mg/100 g,209～491 mg/100 g,33.04～75.63 mg/100 g,8.68～20.75 mg/100 g,340～596 mg/100 g。亚麻籽提取物 DPPH 值和 FRAP 值分别为4357～8146 μmolTrolox/100 g,8289～15058 μmolTrolox/100 g。此外,不同品种亚麻籽抗营养因子生氰糖苷含量差异较为显著(5.57～11.34 mgHCN/100 g)。相关性分析结果表明,亚麻籽提取物体外抗氧化活性与木酚素、总酚酸和黄酮含量具有显著相关性($P<0.05$)。主成分分析和聚类分析结果表明,亚麻籽主要酚类化合物及其抗氧化活性主要依赖于亚麻籽品种特性,而非种植区域。

(一)膳食纤维

1. 含量　亚麻籽是可溶性和不溶性膳食纤维的良好来源。亚麻籽在油料种子中有一个独特之处,种子外层有着黏质物的存在,它含有35%～45%的纤维,三分之二是不溶性的,三分之一是可溶性纤维。不溶性纤维包括纤维素,半纤维素和木质素。大多数亚麻籽的可溶性纤维似乎是种皮上的黏质物,它占种子重量的7%～10%,这种黏液质形式的可溶性纤维主要是水溶性多糖。据报道,亚麻籽黏质物的水结合能力约1600～3000 g水/100 g固体。亚麻籽高水结合能力的原因是由于种皮多糖的存在。

2. 作用　亚麻籽中不溶性纤维的水结合能力可增大肠道容量,对治疗便秘,肠易激综合征和憩室病是有益的。亚麻籽的黏质物中的可溶性纤维增加了肠道内容物的黏度,延迟胃排空,在饮食中加入亚麻籽黏质物会导致粪便中脂肪和脂肪酸的消化率降低,蛋白质的消化未受影响。在饮食中加入亚麻籽的黏质物可使肠道黏度增加。传统上,膳食纤维被用于治疗便秘,肠易激综合征。膳食纤维延迟胃排空,调节餐后血糖水平而且对预防便秘有益,亚麻籽纤维对降低血糖水平起重要作用。研究表明,不溶性纤维可减慢糖在血液中的释放,从而在降低血糖水平上有很大程度上的帮助。亚麻籽可溶性胶可能通过降胆固醇而对预防心血管疾病有帮助。Kristensen等在2012年研究了经不同方法加工后亚麻纤维对脂肪排泄和能量平衡的影响。据观察,含亚麻纤维丰富的饮品相比富含普通纤维的能更大程度地降低胆固醇。食用富含膳食纤维的面包可增加粪便脂肪排泄,保持适当的能量平衡。研究表明了膳食纤维摄取量高对预防男女肥胖是有益的。

3. 提取　李可等(2013)采用响应面法研究亚麻籽粕不溶性膳食纤维的最佳提取条件。以亚麻籽粕为原料,采用碱性蛋白酶水解。在单因素试验基础上,选取酶解温度、时间、加酶量(质量分数)和料液比为响应变量,以不溶性膳食纤维提取率为响应值,利用Box-Behnken试验设计方案和响应面分析法,建立不溶性膳食纤维提取率与响应变量的回归方程,并确定最佳提取条件。结果表明在提取率的二次多项模型中,温度、时间、加酶量在一次项中表现差异显著,温度、料液比、加酶量在二次项中表现差异显著。结论认为亚麻籽粕不溶性膳食纤维的最佳提取条件为:酶解温度55 ℃、酶解时间4 h、料液比1∶20、加酶量9%,此条件下水不溶性膳食纤维得率为52.05%,与预测值52.5%较为一致。

(二)亚麻胶

1. 组分及作用　亚麻籽胶是一种由酸性和中性多糖组成的植物胶,并含有少量蛋白质及矿物元素的天然高分子复合胶。亚麻籽胶是国家绿色食品发展中心认定的绿色食品专用添加剂,具有成分高、黏度大、吸水性强、乳化效果好,对重金属有吸附解毒作用等特点,还具有护肤、美容、保健的功效。中性组分由L-阿拉伯糖,D-木糖和D-半乳糖和阿拉伯木聚糖构成,酸性组分包含L-鼠李糖,L-岩藻糖,L-半乳糖和D-半乳糖醛酸。在功能上,这些多糖具有与瓜耳胶相似的特性。黏质物可以用水提取并显示出良好的泡沫稳定性。目前在食品行业主要用于高中档雪糕、冰淇淋、原汁饮料、搅拌性酸奶、软糖、中档香肠、方便面、挂面以及膨化涂层小食品等方面。

谢海燕(2015)研究认为亚麻籽皮中含有丰富的营养物质,亚麻籽胶是其中最重要的部分。它是一种可溶性的膳食纤维,一种糖与蛋白的结合物质,还含有少量的矿物质;它具有营养成分高、黏性大、吸水性强和乳化效果好的特点,是国家绿色食品发展中心认定的绿色食品添加剂,广泛适用于食品、医药、石油开采和化妆品等行业。同时亚麻胶还具有减少糖尿病和冠心病危险的作用,能防止结肠和直肠癌的产生,减少肥胖症。

2. 制取　亚麻籽胶在生产过程不仅不会影响亚麻籽油的制取还可以降低毛亚麻籽油的胶质含量、提高亚麻籽油的品质。鹿保鑫等(2007)以亚麻籽为原料,利用浸提工艺和喷雾干燥工艺制备亚麻胶的过程,来确定亚麻胶提取的最佳工艺。分别考察了提取温度、浸提时间、洗胶次数、总料液比对提取率的影响。并通过单因素和正交试验确定了亚麻胶最佳提取工艺条件。洗胶次数为4次,浸提温度为80 ℃、浸提时间为1 h、总料液比为1∶4,该条件下100 g亚麻籽中亚麻胶的量可达8.307 g。

(三)木脂素

胡晓军等(2009)研究亚麻品种及生态环境对亚麻木脂素含量的影响,以晋亚7号为供试品种,试验结果表明,亚麻木脂素只在亚麻籽、种皮中存在,根、茎、叶和蒴果等其他器官中没有发现。籽中木脂素含量为12.80 mg/g,皮中木脂素含量达26.22 mg/g。同品种不同年份对亚麻木脂素含量的影响试验结果表明,2006年晋亚7号木脂素含量为11.82 mg/g(三次重复值分别为11.80 mg/g、11.56 mg/g、12.11 mg/g),2007年木脂素含量为12.89 mg/g(三次重复值分别为12.85 mg/g、12.74 mg/g、13.09 mg/g)。经两样本比较$t$测验,$t=18.2611>t_{0.01}=4.604$,说明同一品种在不同年份亚麻籽中木脂素的含量在统计学上有极显著差异。

(四)亚麻籽中的抗营养因子

1. 生氰糖苷　亚麻籽含有生氰糖苷,是亚麻籽中主要的抗营养因子。可能对人体健康产生不良影响。主要可分为亚麻苦苷、百脉根苷、β-龙胆二糖丙酮氰醇和β-龙胆二糖甲乙酮氰醇等。这几种生氰糖苷的含量取决于亚麻的品种,种植地等(Oomah et al,1993),纤维类的亚麻籽的生氰糖苷比油料种子类的比例更高,成熟种子中含有的生氰糖苷比未成熟种子中的少。全亚麻籽含有约250～550 mg/100g 的生氰糖苷(Singh et al,2011)。

生氰糖苷的危害在肠道内,生氰糖苷通过肠道β-糖苷酶产生硫氰酸盐,同时会释放出氰化氢,一种强有力的呼吸抑制剂。硫氰酸盐会抑制甲状腺摄入碘,长期接触硫氰酸盐会加剧碘缺乏病,甲状腺肿大及呆小症。氢氰酸是强烈的细胞质毒素,会使红细胞输氧能力下降同时也影响体内细胞色素氧化酶活性,摄入量过高时,会产生急性中毒,即使摄入少量的氢氰酸,也会降低碘、铜、维生素$B_{12}$、胱氨酸、蛋氨酸等营养物质的利用效率。亚麻籽中的生氰糖苷是制约亚麻籽成为功能性健康食品的一大障碍。

孙兰萍等(2007)介绍,氰糖苷(Cyanogenetic glycosides)亦称氰苷、氰醇苷,是由氰醇衍生物的羟基和D-葡萄糖缩合形成的糖苷。生氰糖苷主要存在于亚麻籽的壳和仁中,亚麻籽中的生氰糖苷主要有二糖苷(Bioside)和单糖苷(Monoglycoside)。二糖苷为β-龙胆二糖丙酮氰醇(Linustatin,LN)和β-龙胆二糖甲乙酮氰醇(Neolinustatin,NN);单糖苷为亚麻苦苷(Linamarin)和百脉根甙(Lotaustralin),其中二糖苷含量较多,分别为0.17%和0.19%,单糖苷含量较少。亚麻籽中氰糖苷的含量与亚麻品种、种植方式、气候等因素有关。完全成熟的籽极少或完全不含亚麻苦苷,油用亚麻籽亚麻苦苷含量较少,纤维用亚麻籽由于其收获较早(一般在籽成熟前收获),其籽中亚麻苦苷含量较高。亚麻籽含油越多,生氰糖苷含量越少;亚麻籽含油越少,生氰糖苷含量越高。新鲜亚麻籽中的氰化物通常以氢氰酸(HCN)含量计,可达 0.25～0.69 mg/kg,贮藏过程中会下降。Oomah 等对 10 个不同品种进行分析,发现各品种中的亚麻苦苷、β-龙胆二糖丙酮氰醇和 B-龙胆二糖甲乙酮氰醇含量分别为 13.8～31.9 mg/100 g、218～538 mg/100 g 和 73～454 mg/100 g。

李次力等(2006)采用挤压法、微波法、压热法、微生物法、水煮法、溶剂法等对亚麻籽粕进行处理,由比色滴定法测定亚麻籽粕中氢氰酸含量,比较分析不同处理方法对亚麻籽中生氰糖苷的脱除效果和机理。试验结果表明,挤压法与微波法最适合进行亚麻籽粕脱毒处理,氢氰酸(HCN)脱除率分别达到 92.79% 和 89.64%,这十分有利于亚麻籽粕的开发应用。

2. 植酸 植酸是另一个存在于亚麻籽中的抗营养因子,含量范围是 23 到 33 g/kg。植酸能阻碍钙、锌、镁、铜和铁的吸收。它是一种强螯合剂,可以形成蛋白质和矿物质的植酸络合物,从而减少其生物利用度(Erdman,1979a;1979b)。但经过临床研究,用亚麻籽喂养大鼠,对它们体内锌的水平并没有影响。Ganorkar 等(2013)还阐述了亚麻籽相比大豆和油菜其抗营养因子对人体健康影响较小。在鸡蛋胚胎中 N 谷酰胺脯氨酸已被确定为是维生素 $B_6$ 的拮抗剂。而在人类体内,亚麻籽并未发现与维生素 $B_6$ 缺乏症相关。亚麻籽中也被发现含有胰蛋白酶抑制剂,但其活力与大豆和油菜种子相比是微不足道的。因此,亚麻籽中的植酸的危害性可基本忽略不计。

## 二、胡麻脂肪和脂肪酸

(一)粗脂肪及主要脂肪酸

胡麻油又称亚麻油、亚麻仁油,是以亚麻籽为原料制取的油,是一种营养性和功能性极高的食用植物油脂,其不饱和脂肪酸含量达 87% 以上。亚麻籽含油率高,其含油率通常在 38%～45%,亚麻籽油的主要脂肪酸有 5 种,分别是亚麻酸、油酸、亚油酸、棕榈酸和硬脂酸,其脂肪酸组成特点是,含有大量的 ω-3 型多不饱和脂肪酸即 α-亚麻酸。α-亚麻酸在体内可转化为 DHA 和 EPA,被誉为"液体黄金"和"植物脑黄金"。对维持成年人血脂健康以及儿童大脑和视力发育具有重要作用。多不饱和脂肪酸还有亚油酸和花生四烯酸等,单不饱和脂肪酸有油酸。其中亚油酸、亚麻酸为必需脂肪酸。人体不能合成亚油酸和亚麻酸,必须从膳食中补充。根据双键的位置及功能又将多不饱和脂肪酸分为 ω-6 系列和 ω-3 系列。亚油酸和花生四烯酸属 ω-6 系列,亚麻酸、DHA、EPA 属 ω-3 系列。在传统饮食习惯和传统文化的影响下,浓香型食用油脂深受消费者青睐。

亚麻籽中含有大量的不饱和脂肪酸,其中最主要的是亚油酸(ω-6 脂肪酸)和亚麻酸(ω-3 脂肪酸)。亚油酸(ω-6 脂肪酸)代谢产生的类花生酸、E2 系列前列腺素以及白三烯 B4 是导致许多炎症疾病如心血管疾病和关节炎的关键代谢物;而从亚麻酸(ω-3 脂肪酸)代谢产生的类花生酸和 E3 系列前列腺素则具有抗炎反应。人类应该食用 ω-3 和 ω-6 必需脂肪酸比例平衡的饮食。两组必需脂肪酸相互竞争在细胞膜内的位置。如果细胞间的环境中有一种类型的脂肪酸相比其他的比例较高,这可能使该脂肪酸被纳入细胞膜,对细胞膜的流动性造成影响,从而影响细胞功能和细胞整体健康。如果必需脂肪酸在细胞间环境中同时存在且比例相等,则优先选择 ω-3 脂肪酸。这两种脂肪酸具有相反的,然而却是必要的,影响生理功能的作用(Lunn et al,2006)。

不同类型的脂肪酸在亚麻籽粒中积累时间和速度是不相同的。棕榈酸和硬脂酸积累主要发生在籽粒发育的早期阶段。在亚麻籽粒发育成熟的过程中,不同品种和同一品种的不同部位籽粒中油酸的含量变化较小,亚麻酸含量随着籽粒逐渐成熟而提高,不同品种和同一品种的不同部位表现出相同的增长趋势。籽粒完全成熟时,不同品种的亚麻酸含量存在着差异,棕榈酸和亚油酸在籽粒发育成熟的初期增长速度较快,含量较高,但随着籽粒逐渐发育成熟而下降,硬脂酸也如此,后者下降幅度较小。油酸和亚麻酸含量随着籽粒发育成熟进程而渐增,油酸含量增加幅度较小。不同品种的籽粒完全成熟时,棕榈酸、硬脂酸、亚油酸和亚麻酸含量有异,同一基因型的亚麻籽粒完全成熟时,开花晚的油酸含量较低,而亚麻酸含量较高。说明它们的积累在籽粒发育成熟的晚期要快于初期。

(二)含量及相关性

亚麻籽油的主要脂肪酸含量,各组分相关性分析研究结果表明,亚麻籽中的平均脂肪酸含量顺序为亚麻酸(47.34%)、油酸(28.62%)、亚油酸(13.15%)、棕榈酸(5.16%)、硬脂酸(4.76%)。油分含量与亚麻酸、棕榈酸呈极显著正相关($r=0.30^{**}$,$r=0.25^{**}$),与硬脂酸、亚油酸呈极显著负相关($r=-0.30^{**}$,$r=-0.30^{**}$),与油酸呈负相关性,但未达到显著。亚麻酸与其他四种脂肪酸都呈负相关性,其中与硬脂酸、油酸达到极显著负相关($r=-0.52^{**}$,$r=-0.87^{**}$)亚麻品种间脂肪酸组分差异极大。

党照等(2008)利用 Perten 公司 DA7200 型近红外透射光谱分析仪,对甘肃胡麻种质资源库的 364 份胡麻资源的籽粒品质成分进行测定。结果表明,胡麻籽粒 4 种品质成分在不同材料间存在明显差异,硬脂酸、木酚素、棕榈酸和油酸变异系数较大;碘价、粗脂肪、亚油酸和亚麻酸含量的变异系数较小。资源中粗脂肪平均含量为 38.64%,硬脂酸平均含量为 4.94%,棕榈酸平均含量为 5.58%,油酸、亚油酸、亚麻酸、碘价和木酚素平均含量依次为 29.15%、11.4%、51.31%、175.69 和 9.60 mg/g。筛选出了 123 份优异种质资源供育种利用。

孟桂元等(2016)为探明亚麻种籽油脂开发利用价值,采取索氏提取法和气相色谱法对其种籽含油量、脂肪酸成分及其相关性进行了研究分析。结果表明,亚麻种籽含油量较高,最高可达 39.92%,超过 36.57% 的有 5 个品种。亚麻籽油主要由棕榈酸、硬脂酸、油酸、亚油酸和亚麻酸组成,其含量均值达 99.09%,其中不饱和脂肪酸含量为 84.29%~92.25%,均值达 89.36%,明显高于棉花籽油、橄榄油和大豆油;其油脂多不饱和脂肪酸亚麻酸含量丰富,变幅为 42.79%~57.06%,均值为 49.51%,表现远高于菜籽油、大豆油、棉籽油、红花籽油、橄榄油和葵花籽油;单不饱和脂肪酸油酸表现仅明显优于红花籽油和棉籽油。相关分析表明,亚麻籽油分与油酸、α-亚麻酸呈负相关,与亚油酸、γ-亚麻酸呈正相关;α-亚麻酸与油酸和亚油酸存在显著负相关;γ-亚麻酸与油酸、亚油酸存在正相关,其中与亚油酸达显著水平;亚油酸与油酸存在负相关。分析可见,亚麻种籽具有适宜含油量和丰富不饱和脂肪酸,其亚麻酸含量优势明显,表明优异亚麻种质对于品质育种具有重要价值,对特种食用植物油和相应高脂肪酸保健食品极具开发利用前景。

周亚东等(2010)利用气相色谱法对引自加拿大植物基因资源中心的 82 份亚麻材料和国内 23 份亚麻品种进行脂肪酸含量的测定,并对各组分进行相关性分析。其中国外材料主要参考 PGRC 的核心种质资源和欧洲亚麻种质资源的代表品种(包括欧洲、北美的主要油用亚麻和纤维亚麻品种),国内品种侧重黑龙江省纤维亚麻品种。结果表明,亚麻籽中的平均脂肪酸含量顺序为亚麻酸(47.34%)>油酸(28.62%)>亚油酸(13.15%)>棕榈酸(5.16%)>硬脂酸(4.76%)。油分含量与亚麻酸、棕榈酸呈极显著正相关($r=0.30^{**}$,$r=0.25^{**}$),与硬脂酸、亚油酸呈极显著负相关($r=-0.30^{**}$,$r=-0.30^{**}$),与油酸呈负相关性,但未达到显著。

亚麻酸与其他四种脂肪酸都呈负相关性，其中与硬脂酸、油酸达到极显著负相关（$r=-0.52^{**}$，$r=-0.87^{**}$）。亚油酸与棕榈酸、油酸呈负相关，其中与油酸达到显著性负相关（$r=-0.25^{*}$），与硬脂酸达到显著性正相关（$r=0.15^{*}$）。油酸与硬脂酸之间达到显著性正相关（$r=0.22^{*}$）。棕榈酸与其他四种脂肪酸间关系均不明显。亚麻品种间脂肪酸组分差异极大，发现一些优异种质资源，为今后亚麻品质育种奠定基础。

郑伟等（2009）利用气相色谱法测定了不同亚麻酸含量的油用亚麻品种（系）和杂交后代的籽粒各种脂肪酸含量，并且对其各种脂肪酸含量相关关系进行了分析。结果表明，在亚麻酸含量差异大的（含突变基因的材料）种质间亚麻酸与亚油酸的相关系数较稳定（$r=-0.9911\pm0.0036$），亚麻酸与油酸的相关系数为$r=0.7808\pm0.0502$，均达到显著水平。在中国普通型的遗传基础稳定的亚麻品种（系）间或仅在突变型品系间进行相关分析，18碳不饱和脂肪酸含量的相关系数均不显著。

王斌等（2018）为了充分利用胡麻种质资源，促进品质育种，对国内外280份胡麻资源的主要品质性状进行了测定分析。其中含油率采用残余法测定；脂肪酸组分采用GB/T 10219—1988《油菜籽中油的中长链脂肪酸组分的测定——气相色谱法》测定，测定仪器为安捷伦气相色谱仪；木酚素含量采用直接碱解法测定。结果表明：(1) 280份资源的粗脂肪平均含量38.3%，变幅为35.12%~45.27%，变异系数最小（3.22%）；木酚素平均含量3.45 mg/g，变幅1.08~7.24 mg/g，变异系数最大（30.88%）；亚麻酸含量平均48.03%，变幅35.62%~57.82%，变异系数为7.07%。(2) 相关分析显示，粗脂肪含量与油酸含量极显著负相关，与硬脂酸含量负相关，与其他性状正相关；木酚素含量与亚油酸含量极显著正相关，与棕榈酸含量正相关，与硬脂酸、油酸、亚麻酸含量负相关；亚麻酸含量与棕榈酸、硬脂酸、油酸和亚油酸含量显著负相关。(3) 主成分分析将主要品质性状聚为4个主成分，油酸因子、亚油酸因子、木酚素因子和粗脂肪因子。(4) 在欧氏距离$D=42.8$水平上可将资源聚为5大类群，第Ⅰ类粗脂肪和亚麻酸含量高；第Ⅱ类木酚素和亚油酸含量高；第Ⅲ类棕榈酸和硬脂酸含量高；第Ⅳ类油酸含量高；第Ⅴ类亚油酸含量低。以上分析和分类将有利于胡麻种质资源利用和品质育种。

赵利等（2008）进行了不同类型胡麻品种资源品质特性及其相关性研究。对来自甘肃省种质资源库的46个胡麻品种资源按甘肃地方品种、国内育成品种和国外品种进行分类，分析研究不同类型及同一类型不同品种籽粒中木酚素含量、粗脂肪含量及5种主要脂肪酸的含量，以了解胡麻品种资源品质特性，为合理高效利用资源、提高胡麻优质育种效率奠定基础。结果表明：①籽粒的木酚素、粗脂肪、棕榈酸、硬脂酸、油酸、亚油酸、亚麻酸含量的变化范围广，说明不同胡麻品种资源的主要品质性状存在显著差异。②国外品种的木酚素含量、亚麻酸含量均最高；国内育成品种与国外品种的粗脂肪含量均较高，但国内育成品种亚麻酸含量最低；甘肃地方品种的木酚素含量、粗脂肪含量均最低。③筛选出具有特异优质品质性状的资源4份。④相关性分析表明，木酚素与亚油酸含量呈显著正相关，硬脂酸与粗脂肪和不饱和脂肪酸含量均呈极显著相关，油酸与粗脂肪含量，亚油酸和亚麻酸含量之间呈极显著负相关。

（三）影响胡麻品质的因素

1. 环境气候对胡麻品质的影响　党照等（2018）利用气相色谱仪对不同环境条件下的胡麻品种进行脂肪酸组分分析，研究环境因子对胡麻籽中脂肪酸组分、产量及含油率的影响。选取甘肃省平凉市崆峒区、甘肃省永登县、甘肃省天祝县、河北省张家口市桥北区、甘肃省民乐县、甘肃省古浪县等6个不同环境气候区作为试验地点。结果表明，随着各环境因子指标的增长或提高，各脂肪酸质量分数趋势各不相同。其中棕榈酸和硬脂酸质量分数变化不大；说明这两种脂肪酸基本不受各环境因子的影响;亚油酸的变化比较平缓,升降幅度不大,基本保持相对稳定的比例;随环境因子的变化,油酸和亚麻酸质量分数趋势基本相反,呈负相关,即当油酸质量分数上升时亚麻酸质量分数下降,当油酸质量分数下降时亚麻酸质量分数上升。环境因子与脂肪酸的各相关系数均未达到显著水平。海拔与所有胡麻品种含油率均呈负相关,说明海拔对含油率有抑制作用;年降水量与含油率均呈正相关,说明年降水量对含油率有一定的促进作用。

吴兵等(2015)以张亚2号为材料,研究了4种不同有机肥——当地农家肥、胡麻油渣、清调补有机肥和窝里横有机肥对油用亚麻品质及产量的影响。结果表明,4种有机肥对油用亚麻品质的影响主要体现为含油率和饱和脂肪酸含量变化。油用亚麻品质中有效成分的积累受有机肥料类型和农田环境因素协同影响,未出现统一性变化。与不施肥和施用化肥相比,尽管4种有机肥对棕榈酸、油酸、亚油酸、亚麻酸和木酚素有一定影响,但处理间均无显著差异,肥料处理后油分品质差异主要体现为含油率、硬脂酸和碘值的变化。窝里横有机肥较化肥显著提高含油率1.24%,而农家肥和窝里横有机肥较化肥处理硬脂酸含量显著降低4.97%和12.04%。

2. 不同栽培方式对胡麻品质的影响　杨天庆等(2017),通过田间试验,研究了单施化肥、单施肉蛋白生物有机肥和不同比例肉蛋白生物有机肥与化肥配施对胡麻干物质积累分配规律、产量及品质的影响。结果表明:不同比例肉蛋白生物有机肥与化肥配施改善了胡麻品质,30%肉蛋白生物有机肥替代化肥处理下胡麻含油率最佳,60%肉蛋白生物有机肥替代化肥的处理胡麻籽粒亚麻酸及亚油酸含量较高。综合考虑,30%肉蛋白生物有机肥替代化肥的效果最佳。研究表明,肉蛋白生物有机肥替代化肥可以显著改善胡麻品质,含油率、亚麻酸、亚油酸、油酸均为肉蛋白生物有机肥替代化肥的处理最佳。

崔红艳等(2014)研究施用有机肥对土壤水分、胡麻产量和品质的影响。结果表明,施用有机肥后胡麻的品质有明显的变化,胡麻油渣处理显著提高亚油酸的含量,比不施肥、施化肥($N+P_2O_5+K_2O$)显著提高0.98%～1.48%、0.57%～0.73%,而窝里横生物肥处理对胡麻籽粒粗脂肪和油酸含量的增加也有较好的促进作用。研究表明,胡麻油渣对增加土壤贮水量、提高胡麻产量和改善胡麻品质有较好的效果,生产上应推广胡麻油渣施用技术,促进胡麻生产实现高产优质。不同有机肥处理对胡麻品质影响的结果表明,施用有机肥后胡麻的品质有明显的变化,特别是农家肥(鸡粪)、胡麻油渣处理对提升胡麻品质的影响较为显著。就胡麻的粗脂肪含量而言,窝里横生物肥处理的粗脂肪含量最高,比施化肥处理显著增加了1.51%～1.24%。与不施肥和施化肥处理相比,农家肥(鸡粪)、胡麻油渣处理的棕榈酸和硬脂酸都有不同程度的增加。农家肥(鸡粪)、胡麻油渣处理的棕榈酸比不施肥处理分别增加了2.28%～3.37%、2.63%～3.19%,比施化肥处理分别增加了1.75%～1.91%、1.75%～2.09%。农家肥(鸡粪)、胡麻油渣处理的硬脂酸比不施肥处理分别显著增加了3.56%～3.78%、5.18%～6.34%,比施化肥处理分别增加0.97%～1.95%、2.32%～4.68%,差异不显著。油酸表现为胡麻油渣、窝里横生物肥处理的含量较高,比不施肥分别显著增加0.33%～0.70%、0.44%～0.48%,比施化肥分别增加了0.08%～0.26%、0.04%～0.15%,差异不显著。农家肥(鸡粪)、胡麻油渣、清调补生物肥处理的亚麻酸含量均比不施肥和施化肥处理高,且比不施肥分别显著增加了0.08%～0.38%、0.53%～0.61%、0.30%～0.51%。4种有机肥处理的碘价均高于不施肥、施化肥处理,呈显著差异水平(除胡麻油渣与施化肥处理差异不显著外)。农家肥(鸡粪)、胡麻油渣处理的木酚素含量较高,比不施肥显著增加了3.80%～3.97%、6.14%～

8.53%，比施化肥显著增加了1.42%~2.49%、4.63%~6.03%。

杨天庆等（2016）研究不同比例氨基酸配方有机肥与化肥配施和单施氨基酸配方有机肥对胡麻干物质积累分配规律、产量、品质及氮肥利用效率的影响。结果表明不同比例氨基酸配方有机肥与化肥配施可以显著提高胡麻籽粒中亚油酸和亚麻酸含量，在60%有机肥配施化肥下胡麻籽粒中亚油酸含量增加显著，而30%有机肥配施化肥下更有利于胡麻籽粒中亚麻酸含量的增加。

叶春雷等（2015）采用裂区设计，主处理为氮肥，副处理为磷肥，在大田旱作条件下，研究了氮磷配肥对胡麻产量、品质和农艺性状的影响，结果表明氮磷配施对胡麻含油率的影响差异不明显，但明显增加了棕榈酸、油酸的含量，低氮水平下（30 kg/hm²），胡麻的硬脂酸含量低于对照，随着磷肥施用量的增加亚油酸和亚麻酸呈减少趋势，当施氮量高于30 kg/hm²时，胡麻硬脂酸含量均高于对照，随着磷肥施用量的增加亚油酸和亚麻酸呈先增加后减少趋势，在施氮量达120 kg/hm²时，随着磷肥施用量的增加而呈减少趋势。

叶春雷等（2014）研究种植密度对旱地胡麻产量及品质的影响，试验结果表明，在1200万粒/hm²、行距30 cm、株距15 cm处理下的胡麻含油率和棕榈酸含量与其他处理差异不明显，但该处理的胡麻硬脂酸、油酸和亚油酸含量最高，亚麻酸、碘值最低，木酚素含量较低，与其他处理差异明显。在行距20 cm，株距20 cm种植模式下，胡麻的硬脂酸含量随胡麻播种量的减少而增加，亚麻酸、碘值和木酚素含量随胡麻播种量的减少呈先增加后减少的趋势。行距25 cm，株距15 cm种植方式下亚麻酸、碘值和木酚素含量随胡麻播种量的减少而减少，硬脂酸含量随胡麻播种量的减少而增加。

3. 粗脂肪及脂肪酸遗传方式　化青春等（2016）为了解胡麻粗脂肪含量的遗传方式。以用DYM×STS构建的包含233个家系的重组自交系群体（$F_{6:7}$）和2个亲本为材料，在甘肃定西、宁夏固原和河北张家口3个环境下种植，采用索氏抽提仪测定粗脂肪含量，运用数量性状主基因＋多基因混合遗传模型分析方法，进行胡麻粗脂肪含量的遗传模型分析。甘肃定西、宁夏固原和河北张家口3个环境条件下家系间胡麻粗脂肪含量均存在广泛变异，表现超亲遗传现象，近似正态分布；粗脂肪含量的遗传模型均为4MG-AI，表现为4对具有加性上位性效应的主基因遗传模型，不存在多基因效应。主基因遗传率分别为92.80%、99.02%和80.71%，环境引起的变异分别为7.20%、0.98%和19.29%。胡麻粗脂肪含量受主基因控制，且存在加性上位性效应。在胡麻高油育种中，提高粗脂肪含量不仅要注重主基因的利用，也要考虑基因间的互作效应。

赵利等（2018）为了解胡麻脂肪酸含量的遗传方式，采用安捷伦气象色谱仪测定了甘肃定西、宁夏固原和河北张家口3个环境下的胡麻亲本DYM与STS及其衍生的233个重组自交系群体（$F_{6:7}$）的脂肪酸含量，运用数量性状主基因＋多基因混合遗传模型对三个不同地点的胡麻脂肪酸含量进行了遗传分析。试验结果表明：①甘肃定西地区棕榈酸、油酸和亚麻酸含量均为1对主基因＋多基因模型，硬脂酸和亚油酸含量均为4对主基因模型。②宁夏固原地区棕榈酸含量为多基因模型，硬脂酸和亚麻酸含量均为4对主基因模型，油酸含量为3对主基因模型，亚油酸含量为3对主基因＋多基因模型。③河北张家口地区棕榈酸、硬脂酸和亚麻酸含量均为无主基因模型，油酸含量为多基因模型，亚油酸含量为4对主基因模型。相关分析表明，亚麻酸与棕榈酸、硬脂酸、油酸和亚油酸均呈（极）显著负相关，硬脂酸与油酸呈（极）显著正相关。因此在选育高亚麻酸含量等优质专用品种时，除注重主基因的作用外，还要注重环境的变化对α-亚麻酸含量的影响。

4. 基因调控　王卓(2019)为了了解 fad 基因在胡麻蒴果发育过程中对不饱和脂肪酸的调控,对高、中、低三个不同亚麻酸(C18:3)含量的胡麻品种(CDC Gold,内亚 7 号,Linola)进行了不同时期的品质测定,以及脂肪酸去饱和酶 2a 基因(fad2a)、脂肪酸去饱和酶 2b 基因(fad2b)、脂肪酸去饱和酶 2c 基因(fad2c)、脂肪酸去饱和酶 3a 基因(fad3a)、脂肪酸去饱和酶 3b 基因(fad3b)的 qRT-PCR 定量分析。结果表明,随着蒴果成熟,可溶性糖含量呈降低趋势,粗脂肪与粗蛋白不断积累,且差异显著($P<0.05$)。fad2a 基因、fad3a 基因以及 fad3b 基因在各个时期中的表达符合正态分布。以 0d 的蒴果为对照,在胡麻种子形成过程中,内亚 7 号的三个基因在 5d 和 15d 的表达量迅速增加,到 30d 时急剧减少,15d 的 fad2a 基因表达量为 5.23 倍,Fad3a 基因表达量是 fad2a 基因表达量的 14.52 倍,Fad3b 基因的表达量是 fad2a 基因表达量的 16.14 倍,表明这三个基因参与不饱和脂肪酸积累过程。在低亚麻酸含量品种 Linola 的 30d 中,fad3a 基因是 fad2a 基因表达量的 52.71 倍,fad3b 呈下调趋势;在高亚麻酸含量品种 CDC Gold 的 30d 中,fad3a 基因与 fad2a 基因的表达量均呈下调趋势,fad3b 的表达量为 3.92 倍;在中等亚麻酸含量品种内亚 7 号中,fad2a 基因表达量降低了 0.31 倍,Fad3a 基因是 fad3b 基因表达量的 1.87 倍。Fad2b 基因、fad2c 基因熔解曲线不稳定,峰值低,可以在后续实验中继续探索。

李闻娟等(2019)研究不同胡麻品种 TAG 合成途径关键基因表达与含油量、脂肪酸组分的相关性分析,认为胡麻是一种富含不饱和脂肪酸尤其是 α-亚麻酸的油料作物,明晰 TAG 合成途径中与胡麻含油量和脂肪酸组分相关的基因具有重要的理论意义。以 3 个含油量和脂肪酸组分有显著差异的胡麻品种(系)为材料,分析了不同品种(系)、不同组织和不同发育阶段胡麻油脂和脂肪酸组分的动态积累模式和 TAG 合成途径中 7 个关键基因的动态表达模式,以及含油量和不饱和脂肪酸与 7 个关键基因表达的相关性。结果表明,胡麻开花后 10～20d,是种子油脂和亚麻酸的快速积累期,且不同胡麻品种(系)油脂和亚麻酸的动态积累模式差异显著。TAG 合成途径中的 7 个关键基因(GPAT9、DGAT1、DGAT2、PDAT1、PDAT2、FAD2A 和 FAD3A)在胡麻不同发育阶段的不同组织中均有表达,在不同品种(系)间的表达模式各不相同。其中 PDAT1,DGAT1 和 DGAT2 基因的动态表达模式与含油量的动态积累模式显著正相关,PDAT1 的动态表达模式与亚麻酸的动态积累模式显著正相关,且在高油高亚麻酸材料的种子动态发育阶段中 PDAT1,基因的累积表达量也显著高于低油低亚麻酸材料。因此,PDAT1 可能是影响胡麻不同品种(系)中含油量和亚麻酸含量的关键基因。

## 三、胡麻蛋白质

亚麻籽油由 98% 三酰甘油、磷脂和 0.1% 的游离脂肪酸构成。蛋白质含量一般在 10.5%～31%,平均含量为 21%,蛋白质大部分集中在子叶(Rabetafika et al,2011),亚麻籽蛋白主要由高分子量的盐溶性球蛋白(11-12S,MW=29400 kDa,58%～66%)和低分子量的水溶性白蛋白(1.6-2.0S,MW=16000 kDa,20%～42%)组成,其水解产物具有抑菌、抗氧化、预防心血管疾病等生理功能。

亚麻籽的营养价值和氨基酸组成媲美大豆蛋白(Singh et al,2011;Chung et al,2005)。亚麻籽蛋白质富含精氨酸,天冬氨酸和谷氨酸,而赖氨酸含量有限。高半胱氨酸和甲硫氨酸含量提高了抗氧化的水平,从而有助于降低患痛症的风险(Oomah,2001)。加工过程,如脱壳和脱脂会影响蛋白质含量(Oomah et al,1993;1997)。脱脂和脱壳后蛋白质含量较高。亚麻籽蛋白质对番茄早疫病菌,白色念珠菌和黄曲霉具有抗真菌特性(Xu et al,2008)。

亚麻籽中富含植物蛋白,蛋白含量一般在 10.5%~31%(Oomah et al,1993),面对中国目前日益短缺的植物蛋白资源,亚麻籽蛋白质的重要性日益凸显出来(孙红,2015)。黄海浪等(2006)认为,目前中国的亚麻籽多在榨油后作为饲料或者肥料使用,蛋白质利用率不高,造成资源浪费。因此,开发亚麻蛋白,对亚麻籽在食品方面的开发利用具有重要意义。亚麻籽中的蛋白质富含多种氨基酸,尤其是天冬氨酸、精氨酸、谷氨酸、谷氨酰胺,和大豆的必需氨基酸组成较为接近(Rabetafika et al,2011)。亚麻蛋白与可溶性多糖结合,可抑制体内鲁米那氨的作用,防止能促进癌变的氨产生的影响(狄济乐,2002);亚麻蛋白与植物胶结合,可增加胰岛素的分泌,防止血糖过高,同时,可以增强人体免疫功能,对心脏病的预防与治疗有一定作用(Goyal et al,2014)。

由于亚麻籽蛋白质的重要性越来越被人们所关注,亚麻籽蛋白质的提取方法是其能否有效开发利用的关键。目前提取亚麻籽中蛋白质的主要困难在于亚麻种子中黏质物的存在(Oomah et al,1993)。在黏质物脱除方面,目前主要有干、湿两种方法。湿法脱黏是用水作为浸提液来分离去除黏质物。干法脱黏是通过打磨来脱除亚麻籽种皮或其表面的黏质物,工艺较为简单,但是由于种皮与胚乳结合紧密,且韧性较强,脱黏效果并不理想,杨金娥等(2013)采用打磨法提取亚麻籽黏质物,得率仅为湿法的 1/3~1/2。水相法同时提取亚麻籽中的脂肪和蛋白质的方法不可行(Mahdi,2001)。孙红(2015)用乙醇辅助水相法提取完亚麻籽的油脂之后,通过对亚麻籽粕中渣相蛋白质提取工艺的研究,确定了提取亚麻籽蛋白质的最佳提取工艺:料水比 1∶10(w/v),提取时间为 90 min,提取温度 70 ℃,提取 pH10.5,在此条件下,亚麻蛋白的提取率可达 64.79±0.89%。

许光映等(2013)试验研究了亚麻不同品种和生态环境对亚麻蛋白质含量的影响。结果表明亚麻品种、亚麻种植地海拔高度和北纬度 3 个因素对亚麻籽的蛋白质含量影响均较大,其中,品种对亚麻籽蛋白含量的影响是由基因所决定;生态环境对亚麻籽蛋白含量的影响表现为种植地海拔越低,亚麻籽的蛋白质含量越高,种植地北纬度越低,亚麻籽的蛋白质含量越高,且海拔、北纬度和亚麻籽蛋白质含量之间的绝对相关系数均在 0.7974 以上,负相关性较大。

李燕青等(2018)依据 GB 5009.124—2016《食品安全国家标准食品中氨基酸的测定》的方法对 9 种不同产地及种皮颜色的亚麻籽中氨基酸组成成分及含量进行研究。结果表明,亚麻籽中氨基酸含量在 15% 以上,并且不同亚麻籽中 16 种氨基酸含量的比例近乎一致,其中人体必需的 7 种氨基酸平均含量可达 6.02%,除甲硫氨酸含量略低,其他必需氨基酸均符合或接近 WHO/FAO 规定的适宜人体氨基酸模式的要求。可以作为新食品原料或补允氨基酸的功能食品加以开发。

## 四、其他成分(以木酚素为例)

(一)木酚素含量及功效　亚麻籽含有较高含量的酚类化合物,这些酚类化合物是公认的抗癌和抗氧化物质。基本上,亚麻籽有三种不同类型的酚类化合物,酚酸、黄酮和木酚素,存在于脱脂亚麻籽中的主要酚酸是阿魏酸(10.9 mg/g)、绿原酸(7.5 mg/g)、没食子酸(2.8 mg/g)。其他的酚酸包括对-香豆酸糖苷,羟基肉桂酸葡糖苷和 4-羟基苯甲酸,它们的含量较低(Beejmohun et al,2007)。黄酮 C-苷和黄酮 O-苷是亚麻籽中发现的主要黄酮(Mazza et al,1989)。

胡麻籽是植物雌激素(木酚素)最丰富的来源。其中 SDG 含量为 77~209 mgSDG/tbsp 亚麻籽。木酚素(Lignans)作为一种天然植物雌激素,具有多种生物学作用,在抗癌及预防心血管疾病等方面具有显著药效。胡麻籽木酚素的含量极高,比其他植物高几十倍甚至数百倍,因此,胡麻也被赋予"木酚素之王"的称号。亚麻籽主要含有的木酚素是开环异落叶松树脂酚二葡萄糖苷(SDG),也含有微量的罗汉松脂素、松脂醇、落叶松和异落叶松脂素。SDG 的范围从 1.7 到 24.1 mg/g 脱脂粉和 6.1 至 13.3 mg/g 全亚麻籽粉(Johnsson et al,2000)。流行病学研究表明,富含植物雌激素的饮食可降低各种激素依赖性癌症,心脏疾病和骨质疏松症的风险。调查研究还证明 SDG 有清除羟基自由基的能力,它是一种强效的抗氧化剂可防止人体在脂肪、蛋白质和碳水化合物氧化过程中产生自由基。自由基损害组织、膜脂、核酸、蛋白质,可导致癌症、肺疾病、神经系统疾病、过早衰老和糖尿病。木酚素的抗癌活性是由于其清除羟基自由基的能力。SDG 也对减少动脉粥样硬化、高胆固醇血症、高血压和糖尿病发挥着重要作用。一般认为每日摄入 100 mg SDG 能有效减少中度高胆固醇血症患者血液中的胆固醇和发生肝脏疾病的风险。胡麻木酚素对预防和辅助治疗癌症等一些严重危害人体健康的疾病具有显著的功效,在增强人体免疫力、提高人体健康水平发挥重要作用。开发和利用胡麻木酚素是胡麻籽精深加工和综合利用不可缺少的重要部分,可以大大提高胡麻产品的附加值,对提升胡麻产品的竞争力,促进胡麻产业的可持续发展具有重要意义。

臧茜茜等(2017)研究不同品种亚麻籽木酚素多聚体水解物的组成及含量,为考察国内主栽品种亚麻籽的木酚素含量,采用反相高效液相色谱技术,测定分析了 24 个品种的亚麻籽木酚素多聚体的水解产物。结果表明:亚麻籽木酚素碱水解产物主要为对香豆酸糖苷(CouAG)和开环异落叶松酚葡萄糖苷(SDG),酸水解产物主要为开环异落叶松脂素(SECO)、对香豆酸(CouA)和 5-羟甲基-2-糠醛(HMF)单体,其中含量最高的组分为 SDG。不同品种和产区的亚麻籽木酚素水解产物的含量具有显著差异($P<0.05$)。24 个品种亚麻籽中,坝亚 9 号的对香豆酸糖苷($6.07\pm1.97$ mg CouA/g)SDG($33.31\pm0.50$ mg/g)、SECO($5.03\pm0.16$ mg/g)和对香豆酸($0.87\pm0.01$ mg/g)含量最高,内亚 6 号的 HMF 含量最高达 $1.63\pm0.03$ mg/g,而定亚 23 号的对香豆酸糖苷($1.16\pm0.15$ mg CouA/g)、SDG($11.37\pm0.77$ mg/g)和对香豆酸($0.18\pm0.01$ mg/g)含量最低,内亚 9 号的 SECO 含量低于 1 mg/g($0.76\pm0.01$ mg/g),轮选 2 号的 HMF 含量最低为 0.13 mg/g。6 个亚麻产区中内蒙古、山西和河北地区的亚麻籽木酚素水解产物的平均含量相对较高。

赵利等(2006)对亚麻木酚素研究进展进行了说明,亚麻木酚素具有抗肿瘤生成作用、雌激素及抗雌激素效应、抗癌、抗动脉硬化、预防糖尿病、抑制芳香酶活性、抑制 DNA 和 RNA 合成、抗病毒、抗真菌等多种功效。在食品、临床医学和化妆品领域应用广泛。随着人类生活水平的提高和营养的变化,心血管疾病、癌症、糖尿病等与饮食习惯有关的疾病迅速上升,木酚素对于预防与防治这一类疾病意义重大,同时化妆品也成为一大消费领域,以木酚素为主要原料的化妆品可以预防或治疗肌肤衰老。木酚素在亚麻籽中含量非常丰富,中国又是亚麻的生产大国,开发亚麻木酚素会产生巨大的经济和社会效益,前景广阔。

(二)木酚素的基因调控

伊六喜等(2020)为了挖掘胡麻木酚素含量相关基因,用近红外仪对呼和浩特、集宁、新疆、锡林郭勒盟等 4 个环境下获得的种子进行木酚素含量的测定;用 269 份胡麻种质的基因型数据和木酚素含量数据进行全基因组关联分析研究。呼和浩特、集宁、锡林郭勒盟和新疆等 4 个环境下木酚素含量的统计分析表明:新疆伊犁地区种的 269 份胡麻种质平均木酚素含量为最大,其次为锡林郭勒盟太仆寺旗产区,呼和浩特和集宁地区的平均木酚素含量基本相等。呼和浩特、集宁、新疆、锡林郭勒盟地区胡麻种质木酚素含量范围分别为 $2.84\sim12.34$ μg/g、$1.32\sim$

9.31 μg/g、3.38~13.25 μg/g、2.94~21.94 μg/g。变异系数依次排序为锡林郭勒盟＜呼和浩特＜集宁＜新疆,广义遗传力为60.67%。4个环境下胡麻种质木酚素含量均呈现正态分布的趋势。全基因组关联分析获得了13个显著SNP位点和21个候选基因,表明胡麻产量相关性状主要由基因型控制。为胡麻分子标记辅助育种以及高木酚素含量新品种选育提供科学依据。

## 第二节　胡麻的利用

中国是世界上胡麻籽加工量最大的国家。据统计,全球每年胡麻籽总产量205万t左右,其中1/3左右由中国加工。胡麻籽加工主要是用来压榨胡麻油(胡麻籽油),同时产生副产品——胡麻籽饼粕。目前,中国胡麻籽用来榨油的比例达到98%,其他加工产品比例不足2%,如胡麻籽脱皮加工成胡麻籽仁、磨成胡麻籽粉用于食品加工原料等,还有胡麻油胶丸、天然植物胶亚麻胶、胡麻木酚素等一些小产量的加工产品。胡麻油胶丸是用胡麻油为主要原料加工的,亚麻胶则是以胡麻籽进行提胶,提取亚麻胶后的胡麻籽再用于榨油,也有以榨油后的胡麻籽饼粕提取亚麻胶产品。胡麻木酚素也是利用胡麻籽饼粕进行提取加工。

### 一、提取胡麻油

(一)提取方法

在中国,胡麻籽加工最主要的加工产品是胡麻油。目前胡麻油生产技术主要有:动力螺旋榨油机榨油技术(包括热榨和冷榨)、溶剂浸出制油技术(包括在大油料加工上普遍应用的6号溶剂浸出技术和新型4号溶剂临界浸出技术)、超临界$CO_2$萃取技术和胡麻油精制技术(通过前几种技术所提取油脂,必须通过精制才能满足食用油要求)。这方面的研究报道甚多。例如:

党占海等(2016)研究认为,动力螺旋榨油机压榨抽取胡麻油是采用最为广泛的技术,无论是小型胡麻加工作坊还是大型胡麻加工企业,都会采取这一技术提取胡麻油,在一些从事大油料加工兼营胡麻籽加工的规模化加工企业采用6号溶剂浸出技术。由于现在人们对无污染食用油的高度关注,一些企业采用超临界$CO_2$萃取技术生产胡麻油;随着4号临界流体萃取胡麻油技术的推出,由于胡麻油的提取率高达98%以上、4号溶剂在胡麻油中不残留、更容易萃取出胡麻籽中的天然维生素E等微量油溶性营养物质并保存在胡麻油中等好处,已经有企业开始采用这种技术生产胡麻油。

张培宜等(2012)采用Schaal烘箱法对不同方法提取的胡麻油的氧化性质进行了对比研究。试验结果表明:由3种方法提取的胡麻油的自氧化试验可知,过氧化值变化由大到小为冷榨胡麻油、超临界$CO_2$提油、溶剂提油。碘值变化从大到小的顺序为超临界提油、冷榨胡麻油、溶剂提油;酸值变化从大到小的顺序为超临界提油、溶剂提油、冷榨胡麻油;黏度变化从大到小的是超临界提油、冷榨胡麻油、溶剂提油。3种胡麻油中特征值变化最大的是超临界$CO_2$提取的胡麻油。

邓乾春等(2012)比较了不同加工工艺获得的亚麻籽油的降脂活性。与热榨精炼亚麻籽油相比,冷榨亚麻籽油具有更显著的降脂活性和抗氧化活性。

陈超等(2014)采用HS-SPME(顶空固相微萃取)方法对新疆伊亚3号胡麻油脂挥发性香气成分进行了萃取。通过优化固相微萃取的条件,建立了胡麻油香气组分萃取的方法。结果表明,采用50/30 μm DVB/CAR/PDMS萃取头,在磁力搅拌条件下,萃取温度60 ℃、萃取时间 40 min 时胡麻油中的挥发性风味物质能最大限度地挥发、吸附。

卢银洁等(2017)采用顶空固相微萃取-气相色谱-质谱联用技术,对比了冷榨和热榨胡麻油中挥发性物质的组成,并结合相对气味活度值法,分析了胡麻油中关键风味物质。结果表明:胡麻油中挥发性物质有醛类、醇类、杂环类、酮类、烷烃类、酸类和酯类,含量最高的是醛类物质,主要是己醛和反式-2,4-庚二烯醛;冷榨和热榨胡麻油醛类物质分别占挥发性物质总含量的40.79%和68.53%,两种胡麻油共有的关键风味物质有壬醛、己醛、反-2-辛烯醛和反式-2,4-庚二烯醛;冷榨和热榨胡麻油挥发性物质中对总体风味贡献最大的分别是壬醛和反式-2,4-癸二烯醛;热榨胡麻油的关键风味物质中还有2,5-二甲基吡嗪和2-戊基呋喃,这两种物质是热榨胡麻油特有的烤香味的来源。

(二)提取工艺

1. 压榨制油技术路线　压榨制取胡麻籽油脂,因为榨油前对胡麻籽的处理方式不同,有多种技术路线。按现在的划分,根据胡麻籽进入榨油机的温度不同,分为热榨法和冷榨法,热榨油通常在产品标示上标注"压榨油",而冷榨油在产品标示上标注"冷榨胡麻油"。

(1)热榨技术路线　热榨技术路线在早期的油料加工中经常采用,以获取食用油为加工目标,通过压榨最大限度地获得植物油,作为提高出油率的主要手段就是将胡麻籽轧制成坯片后用比较高的温度进行间接和直接蒸汽蒸炒,胡麻籽坯片蒸炒后温度≥120℃、水分≤5%、油脂开始聚集在坯片的表面,通过榨油机压榨,胡麻籽饼粕的残油一般≤8%,残油的变化范围在5%～8%,热榨油具有非常浓的香味,但却具有较深的颜色,而且按质量控制标准检测其过氧化物值和酸价也较高,因此必须进行精炼。

胡麻热榨加工工艺路线如图5-1,在这一加工工艺路线中,清理除杂是必要的预处理措施,去除混杂在胡麻籽里的轻重杂质,如秸秆、蒴果皮、灰尘、土块、石块、金属等,一般占到胡麻籽的2%～3%,若清理不干净由于压榨饼残油的限制会降低胡麻籽压榨出油率,尤其是石块和金属,清理不干净会对加工设备造成损坏。清理除杂可以在多个设备中完成,如分选筛、比重除石机、除铁机都可以分开做成设备。现在多采用综合清理除杂,一个设备就能完成全部清理除杂任务。经过清理除杂,胡麻籽净度达到99%以上。

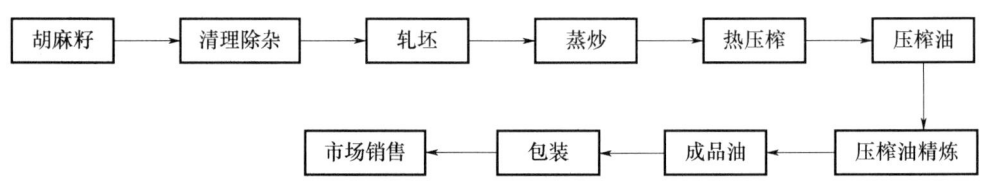

图 5-1　热榨加工工艺路线(童海生制图)

轧坯对增加压榨出油也很重要,胡麻籽进榨油机之前加热完成、均匀,有利于油脂聚集,增加胡麻籽压榨出油率。由于以蒸汽为热源的蒸炒锅温度有限,对胡麻籽的蒸炒难以达到这一要求,因而轧坯就成为较好的选择。一般采用对辊轧坯机,利用相向旋转运动的碾子将胡麻籽轧制成薄片状,这样在蒸炒过程中容易蒸炒均匀,有利于油脂的聚集。

热榨加工这个工艺过程最关键设备是蒸炒锅和动力螺旋压榨机。蒸炒锅是一个以蒸汽作为热源对胡麻籽坯片既采用间接加热进行"炒",又采用直接蒸汽进行"蒸"的设备,这种设备一般设计成多层,立式放置,因此称为多层立式蒸汽锅。动力螺旋压榨机主要构成部分为:进料机构、螺旋轴、榨笼、校饼机构和动力机构,其中核心部件是螺旋轴和榨笼。动力螺旋压榨机的工作原理是通过旋转螺旋轴在榨膛内的推进作用,使榨料连续地向前推进,由于榨螺螺旋导程的缩短和根圆直径逐渐增大,使榨膛空间体积不断缩小,对榨料产生压榨作用。榨料压缩后,油脂从榨笼缝隙中挤压流出,同时榨料被压成饼块从榨膛末端排出。

在螺旋榨油机中,压榨过程一般分为3个阶段,即进料(预榨)段、主压榨(出油)段和成饼(重压沥油)段。

① 进料段 榨料向前推进时受到挤紧作用,排出空气与少量水分,形成松饼。此时,由于粒子间的结合作用,榨料发生塑性变形,开始出油,当强制喂料时,变形尤为明显。进料段易产生回压作用,不利于推进,所以必须采取强制进料和预压成型来克服阻力。

② 主压榨段 是形成高压大量排油的阶段。这时由于榨膛空间迅速进行有规律地减小,使个别粒子开始结合,榨料在榨膛内成为连续的多孔状物质而不再松散。榨料粒子在被压缩出油的同时,还会因螺旋中断、榨膛阻力、榨笼棱角的剪切作用引起料层速差位移、断裂混合等现象,使油路不断打开,有利于迅速排尽油脂。

③ 成饼段 是胡麻籽经压榨出油后,榨料已形成瓦块饼,成为完整的可塑性体,几乎呈整体式推进,因而也产生了较大的压缩阻力(主要指轴向力)。此时,仍需保持较高的压力,以便将油沥干而不致回吸。最后从榨油机排出的瓦块饼,还会出现由于弹性变形或膨胀作用而增大体积的现象。

生产实践中,热榨制取胡麻油,出油率一般能达到88%~92%,出油率相当高,但是缺点同样突出。胡麻油是一种高不饱和油脂,和空气接触很容易发生氧化,特别是轧坯后油脂已经暴露并和空气接触,蒸炒的高温对油脂还会起到加速氧化的作用。通过对胡麻籽热榨技术的生产情况了解,对油脂营养的破坏不可忽视,油脂氧化还会造成过氧化物值超标,要满足产品质量标准,必须进行后续油脂精炼过程。油脂精炼必须采用完全精炼,否则难以达到标准要求,而完全精炼会导致胡麻油固有的香味消失和油脂中脂溶性营养物质的丧失。为了减少热榨过程的高温蒸炒对胡麻油产品品质的影响,加工出现了在适当较低温度下榨油的趋势。

(2)冷榨技术路线 相对于热榨,冷榨技术是目前比较热门的油料压榨技术,以此为代表的是双螺杆冷榨机榨油技术的兴起。这一技术是一种处于前沿的胡麻油加工技术,目前中国采用冷榨技术生产胡麻油的加工企业约占比30%。冷榨技术核心是油料压榨的温度≤80 ℃,且胡麻籽饼粕中的残油较高,但生产中一般不采用溶剂浸出胡麻籽饼粕中的残油。一是溶剂为化学物质,用溶剂提取残油,有溶剂残留、污染的风险;二是冷榨饼结构过于致密,用溶剂浸出制油生产成本很高,所以浸出生产胡麻油利润极小。对冷榨工艺而言,在工艺上控制胡麻加热温度比较容易,采用传统加热方式、热水加热、太阳能加热都可以满足工艺要求。冷榨加工工艺路线见图5-2。

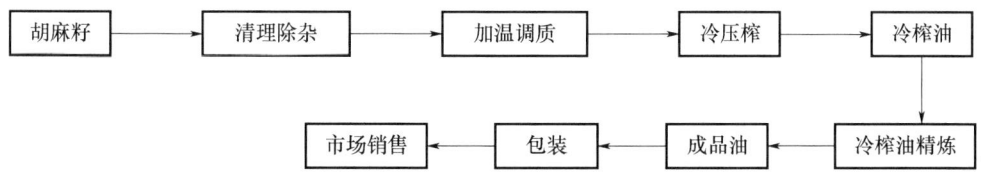

图5-2 冷榨加工工艺路线(童海生制图)

冷榨技术的关键是冷榨机,要求在较低温度下榨油而且尽可能多压榨出油,目前比较好的冷榨榨油机为双螺杆榨油机,这种榨油机具有比单螺杆榨油机更高的压缩比,单螺杆榨油机的压缩比一般为18左右,而双螺杆榨油机可以达到24。从双螺杆在胡麻籽冷榨的实践情况看,效果还是比较差的,其主要原因就是冷榨饼的残油较高,目前冷榨只能提取胡麻籽中83%~87%的油分,胡麻籽饼粕中的残油率高达13%~17%。

关于冷榨油要不要精炼的争论较多,精炼必须与化学物质的接触,意味着污染的风险存在,但是不精炼已经出现了明显问题,主要表现在两个方面:一是油脂有强烈的苦味,郑岩(2017)研究证实这个苦味是由一种8个氨基酸组成的环亚油肽E物质存在引起的,目前对该物质是好是坏尚无定论;二是油脂在较低温度下产生絮状物,从而引起消费者对油脂产品质量的怀疑。目前这些问题正在逐步解决。

关于胡麻籽冷榨技术还有很多需要深入研究的问题,如何通过压榨提高胡麻籽的出油率,增加冷榨加工制油的经济效益,是今后胡麻油冷榨技术发展的方向。

2. 胡麻籽浸出制油技术　浸出制油技术是另外一种常见的植物油制取方法,浸出法是依据萃取原理,用溶剂从油料中提取油脂的一种方法。利用油脂与所选定溶剂(要求符合相关卫生标准规定)相互互溶的性质,通过溶剂浸泡含植物油的油料,将油脂溶解到溶剂中,而将油脂萃取溶解出来,然后再通过蒸馏等工艺过程将溶剂从毛油中分离出去。虽然压榨法制取胡麻油具有工艺简单、配套设备少、生产灵活、油品质量好、风味纯正等优点,但压榨后饼还含有较高的残油,一般压榨饼残油热榨为5%~8%,冷榨为13%~17%,由于胡麻油的价格显著高于饼的价格,所以希望将压榨饼中的残油都提取出来,从而提高胡麻加工的经济效益。浸出制油一般安排在胡麻籽预压榨之后进行,也有直接采用胡麻籽破碎后直接浸出制油得到低温下的浸出胡麻油。目前已经得到工业应用的浸出溶剂有6号溶剂(主要是$C_6$饱和烷烃)、4号临界流体溶剂($C_4$饱和烷烃,需要在一定的压力和温度下形成临界流体)。

浸出制油在工艺上是较为成熟的,经过预压榨获取压榨油的压榨饼进入浸出设备进行萃取,然后对浸出的混合油利用过滤、沉降等方法将其中的固体粕分离,再对其进行蒸发和气提,使溶剂与油脂进行分离,就得到浸出胡麻油;对浸出的湿粕进行脱溶、干燥和冷却处理,得到副产品胡麻籽饼粕。

(1) 6号溶剂浸出制油技术　目前利用浸出法制油大都采用6号溶剂浸出工艺,此工艺可以在常压下操作,所以被大多数加工厂应用。6号溶剂浸出技术的关键设备是浸出器和溶剂蒸脱机。浸出器有3种:履带式浸出器、平转式浸出器、环形浸出器,履带式浸出器、环形浸出器都是供大规模油料浸出的设备,而胡麻籽加工厂规模一般较小,所以胡麻籽加工浸出制油工艺一般使用平转式浸出器。蒸脱机是提取油脂后回收湿粕物料中溶剂的设备,浸出后湿粕物料含浸出溶剂在30%以上,必须进行溶剂回收,否则因溶剂消耗大,使得采用溶剂浸出生产成本太高,而且还有食用安全等一系列问题。

(2) 4号临界流体溶剂浸出制油技术　4号临界流体溶剂浸出和6号溶剂浸出制油技术的显著差别就在于4号临界流体浸出需要较高的压力才能保证溶剂成流体状态从而实现浸出制油,这样就需要把浸出设备做成一个压力容器。不过4号临界流体溶剂浸出温度显著要低于6号溶剂浸出,较低温度浸出有利于保护胡麻籽的活性物质不被破坏,浸出油脂的内在品质更高。而且浸出溶剂在常温下通过降压就可以实现溶剂从所接触和携带的物料中分离,油脂产品污染的风险要小很多。投资高、操作费用高,是这一工艺技术的主要弊端,一般的中小型加工厂不会采用。

3. 预榨浸出制油技术　预榨是相对于热榨提出的改进措施,适当降低胡麻籽进压榨机的温度,采用不轧坯让完整胡麻籽经过热处理后进榨油机,虽然压榨出油率降低,但压榨油的品质得到明显提升、色泽得到显著改善,过氧化物值保证在产品质量控制指标以内,为后续压榨油的精炼创造了好的条件,可以通过比较简便的办法实现油脂的精炼来满足产品质量指标的要求,压榨油中的微量脂溶性营养成分就得以保留。对于压榨后饼中残油升高的问题,可以对饼采用有机溶剂浸出。目前,这一加工技术在胡麻加工行业得到大力推广、普及,其加工工艺路线如图5-3。

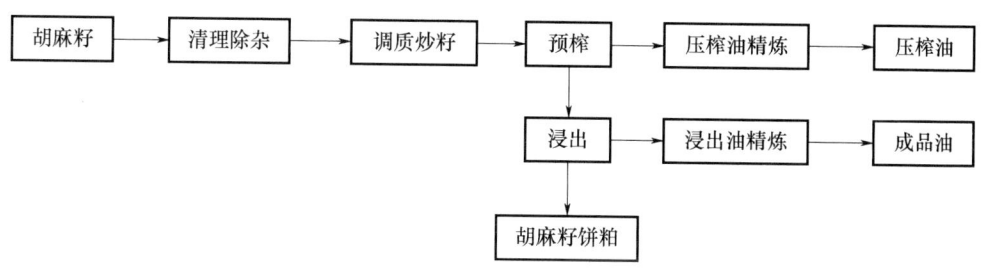

图5-3 预榨浸出加工工艺路线(党占海等,2016)

预榨浸出制油技术没有轧坯过程,胡麻籽进榨油机之前籽粒完整,从而减少了油脂和空气的直接接触,保证了压榨油的较高品质。由于调质炒籽代替了蒸炒,只对胡麻籽进行适当的加热,以保证压榨有较好的出油,并不会达到油脂聚集的程度,给设备的选择带来很大便利。根据研究,胡麻籽加热到90~110℃,压榨能够较好地进行,而压榨油中微量营养物质保持在一个较高水平。可以采用热榨工艺的层式蒸炒锅,也可以选择效率更高的其他设备,其中采用导热油加热的层式炒锅、采用加热更加均匀的旋转滚筒炒锅都在工艺上进行了应用。特别是旋转滚筒炒锅可以方便地控制胡麻籽的炒籽温度,还可以控制炒籽时间,炒籽后胡麻籽品质均匀,保证了后续压榨油质量的稳定。由于调质炒籽并没有达到油脂聚集的程度,压榨出油率受到较大影响,预榨饼残油一般为12%~15%。

经过预榨得到的胡麻籽粕是一种多孔的疏松物料,适合采用溶剂浸出其中残留的胡麻油。预榨浸出工艺可以得到压榨油和浸出油两种品质完全不同的胡麻油,基本上可以将98%以上的胡麻油提取出来。

4. 超临界$CO_2$萃取技术 超临界$CO_2$是一种绿色洁净的流体,基本对人体无毒(人们只有在高浓度的$CO_2$气体中才会窒息),在高压和一定温度下才成为一种流体,这种流体对油脂具有较好的溶解能力,而且失去压力就会成为气体从而和所接触的物料分离,利用这一性质就可以萃取出胡麻油,这种胡麻油具有绿色纯天然的最高品质。由于要保持$CO_2$为超临界流体状态所需压力比较高,一般在8 MPa以上,目前还不能实现大规模的工业生产,而且采用这一技术生产投资非常高,生产运行费用也很高,目前在胡麻籽加工中应用比较少,不过这一技术在科研领域研究比较多。

5. 胡麻油精炼技术 目前除了超临界$CO_2$萃取的油脂不需要精炼直接食用外,其他方法加工的胡麻油都含有许多杂质,通常称为毛油,主要是含有游离脂肪酸、磷脂、色素、黏质及油脂氧化形成的过氧化物等物质,这些物质都影响胡麻油的质量。有的是加速油脂的氧化酸败使得油脂具有非常不良的风味如哈喇味,这些氧化产生的物质本身具有一定毒性,食用后会对健康造成损害;有的使油脂产生混浊和沉淀,影响产品的外观,容易导致消费者对产品质量的质疑。因此都需要经过精炼,以达到产品质量标准。油脂精炼包括4个步骤:脱胶、脱酸、脱色和脱臭。

(1)脱胶 油脂中的胶溶性杂质以极小的微粒分散在油中,与油一起形成胶体溶液,这类杂质主要包括磷脂、蛋白质、糖类、树脂和黏液质等。这些杂质都是营养价值较高的物质,在油中使油色变得昏暗、混浊,在遇到较高温度时会焦化发苦,吸收水分会迅速引起油脂酸败,因此需要予以脱除,常用的脱胶有水化脱胶和酸炼脱胶两种方法。

① 水化脱胶　此方法是将热水或稀的盐、碱或其他电解质溶液加入毛油中,再经搅拌,由于磷脂类胶质对水具有亲和力,使其质点吸水膨胀,相互凝聚成不溶于油的水化胶团,比重随之增加,然后采用沉降、过滤或离心分离法将其除掉。加水量一般为磷脂含量的 1.5～3.5 倍,最终温度不超过 80 ℃。食盐或磷酸盐的用量为油重的 0.2%～0.3%,若用明矾与食盐的混合物则两者各占油重的 0.05%。水化工艺有间歇式、半连续式与连续式。间歇式有直接喷气法、高温水化、中温水化与低温水化 4 种,基本过程包括毛油过滤、预热加水(或 7% 盐水)、保温静止沉淀、油脚分离、净油干燥、油脚分油等;半连续式水化通常是前道水化采用间歇式,而后续分离工序采用连续式离心机分离;连续式水化则前道水化工序采用连续喷射式混合、搅拌式混合、静态混合器混合,后道采用离心机分离油脚,它具有精炼率高、磷脂脚含油少和处理量大的特点,缺点是耗汽量较大、磷脂利用困难、操作维修技术要求较高。

② 酸炼脱胶　此方法是毛油中加一定量的无机酸(硫酸、稀盐酸、磷酸)或有机酸(醋酸、草酸、柠檬酸或酒石酸),用以去除蛋白质、黏液物、非水化性磷脂等胶溶性杂质的一种方法。应用最普遍的是磷酸脱胶法,其作用不但能使非水化性磷脂转化为水化性,而且还能将油中的 Ca、Mg、Fe、Cu 等金属离子形成络合物沉淀,并有部分脱色作用。常见的操作过程:将 85% 磷酸按油重 0.05%～0.3% 的比例加入油中,在 60～80 ℃ 的条件下加水 1%～5% 充分搅拌水化(连续式混合器约 15 min,半连续式 20～60 min),然后沉淀分离(8～24 h),或用离心机脱胶(操作温度 80～85 ℃)。

目前脱胶有一些新进展,利用胶质是一类极性较强物质的这一特点,选择将硅藻土处理成一定极性后直接吸附脱除胶质类物质。经过这样处理不仅脱除了胶质,还同时吸附脱除油脂中的微量水分,使油脂变得洁净。

(2) 脱酸　脱酸是采用烧碱、纯碱等碱类物质中和油中的游离脂肪酸,使生成皂脚并进行分离。碱炼的主要功能:一是中和反应生成皂脚沉淀物,起到脱酸作用;二是皂脚可吸附除去蛋白质、黏液质及少量机械杂质;三是去除其他偏酸性色素;四是可皂化部分磷脂,适于对高酸价、低含磷类油脂直接进行碱炼处理。碱炼过程主要包括加碱中和、油皂分离、水洗、油水分离与干燥等。脱酸有间歇式、半连续式与连续式 3 种工艺及其成套设备。间歇式炼油按碱液浓度与油温不同分为低温浓碱法(初温 20～30 ℃、浓度 20～25 波美度)与高温淡碱法(初温 75 ℃、浓度 10～16 波美度)两种,后者适用于酸价低、色泽浅而杂质少的毛油。连续式碱炼有直接加碱法与瞬时混合法两类工艺。油和皂、油和水分离采用管式离心机与碟片式离心机两种方式。

(3) 脱色　脱色是利用漂白土、活性白土、活性炭、硅藻土等吸附剂在加热条件下,吸附油脂中的色素及胶质、金属和残皂等其他杂质,进行脱色净化。要求吸附剂的吸附力强、选择性好、吸油率低,对油脂无反应呈中性,本身无异味、来源丰富、价格低廉,应用最普遍的吸附剂是活性白土。脱色工艺过程为配比混合、加热脱色、冷却及吸附剂分离等。此外,尚需从废白土中回收油脂。工艺有间歇式(罐式)与连续式(塔式、管式)之分。影响脱色的因素,除油脂种类、色素的成分与含量、杂质的成分与含量及脱色剂性质外,还必须严格掌握以下工艺条件:一是最高温度,常压下为 104～110 ℃,真空脱色为 82 ℃ 左右;二是搅拌混合时间,间歇式为 15～30 min(转速为 40 r/min),连续式为 5～10 min;三是油脂水分低于 0.2%,含磷量在 10～30 mg/kg;四是真空度为 86～95 kPa;五是白土用量,预脱色为油重的 0.5%～1%,主脱色为

0.5%～2%,后脱色为 0.5%～1%。

(4)脱臭 脱臭是在高真空条件下,将蒸汽直接接触含臭味物质的高温油脂,使臭味物质挥发,并随蒸汽逸出,以达到脱臭的目的。影响脱臭效果的主要因素有工艺条件(温度、真空度、直接蒸汽用量、时间等)、高温载热体的特性、稳定剂(柠檬酸或草酸)的添加量、确定的生产方式(间歇式或连续式),以及油脂质量指标(酸价、过氧化物值、热稳定性)等。

目前生产上采用的胡麻油精炼工艺基本上都是以上 4 个过程的组合,根据毛油的质量指标来确定具体采用哪些过程。对预榨和冷榨胡麻油而言,其酸价和过氧化物值已经高于产品质量标准控制的指标,油品的色泽也很好,而且本身又不含有其他有毒有害的化学成分,其精炼过程就要简化很多,实践上较多的是采用水洗(盐水溶液),然后沉降分离就得到满足产品质量标准要求的胡麻油。近年来针对冷榨胡麻油,结合最新的研究成果,正在推广固体吸附精炼技术,利用经过极性改性的固体吸附剂脱除冷榨油中的杂质,并脱除油中微量的水分减少油脂储存酸败的影响因素。这种固体吸附剂不会带入任何外源性的污染物,更不会在油脂中残留,对油溶性的微量营养物质吸附很少而使它们得以在胡麻油中保留下来,从而保持冷榨胡麻油的高品质。

对热榨油而言,油脂的颜色很深,而且过氧化物严重超标,尽管有非常良好的胡麻油香味,但还是必须采用脱胶、脱酸、脱色和脱臭的全精炼过程,否则难以满足产品质量标准的要求。对浸出油而言,因为溶剂的带入,也必须进行油脂的脱胶、脱酸、脱色和脱臭全精炼过程。

6. 产品质量控制及质量标准 目前中国胡麻油产品遵循的产品质量标准是《亚麻籽油》标准(GB/T 8232—2008)、《食用植物油卫生标准》(GB 2716—2005),生产绿色食品胡麻油还需要遵循《绿色食品 食用植物油》标准(NY/T 751—2011)。这 3 个标准均是现行有效地对胡麻油进行产品质量控制的执行标准,因此胡麻油产品上市销售必须严格执行。中国有一批企业主要生产供出口到欧洲、美国和日本的胡麻油产品,在国际食品法典标准中目前没有胡麻油的标准,因此主要遵循产品消费所在国的要求,产品需要经过质量认证。

按照《亚麻籽油》(GB/T 8232—2008)国家标准,上市销售胡麻油产品必须满足产品质量指标要求,主要是 3 个方面,包括特征特性、质量指标和卫生指标。在质量中将成品胡麻油分成了压榨油和浸出油两种,并给出了不同的标准指标值,主要指标情况如表 5-1 至表 5-4 所示。从指标体系看出这个标准有相矛盾之处,主要是产品的质量指标和食用植物油卫生标准指标间存在矛盾,相同的指标如酸价、过氧化物值和溶剂残留等,给出的指标限量值有很大的差距。《亚麻籽油》(GB/T8232-2008)是推荐标准,而《食用植物油卫生标准》(GB 2716—2005)是国家强制标准。目前国际上普遍认为溶剂浸出胡麻油不适宜用于食用,那么国家标准是否应该取消浸出胡麻油是值得商榷的。

表 5-1 胡麻油特征指标(党占海等整理,2016)

| 项　　目 | 指　　标 |
|---|---|
| 折光指数 $n^{20}$ | 1.4785～1.4840 |
| 相对密度 $d_{20}^{20}$ | 0.9276～0.9382 |
| 碘值(以 $I_2$ 计) | 164～202g/100g |
| 皂化值(以 KOH 计) | 188～195 mg/g |
| 不皂化物 | ≤15 g/kg |
| 脂肪酸组成 | |
| 棕榈酸 $C_{16:0}$ | 3.7%～7.9% |

续表

| 项 目 | 指 标 |
|---|---|
| 硬脂酸 $C_{18:0}$ | 2.0%～6.5% |
| 油酸 $C_{18:1}$ | 13.0%～39.0% |
| 亚油酸 $C_{18:2}$ | 12.0%～30.0% |
| 亚麻酸 $C_{18:3}$ | 39.0%～62.0% |

表5-2 压榨成品胡麻油质量指标(党占海等整理,2016)

| 项目 | 一级 | 二级 |
|---|---|---|
| 色泽(罗维朋比色槽25.4 mm) | 黄≤45,红≤4.5 | 黄≤50,红≤7.0 |
| 气味、滋味 | 具有胡麻油固有的气味和滋味,无异味 | 具有胡麻油固有的气味和滋味,无异味 |
| 透明度 | 澄清、透明 | 澄清、透明 |
| 水分及挥发物(%) | ≤0.10 | ≤0.15 |
| 不溶性杂质(%) | ≤0.05 | ≤0.05 |
| 酸值(以KOH计,mg/g) | ≤1.0 | ≤3.0 |
| 过氧化值(mmol/kg) | ≤6.0 | ≤7.5 |
| 溶剂残留量(mg/kg) | 不得检出 | 不得检出 |
| 加热试验(280 ℃) | 无析出物,罗维朋值:黄色值不得增加,红色值增加小于0.4 | 微量析出物,罗维朋值:黄色值不得增加,红色值增加小于4.0,蓝色值增加小于0.5 |

注:溶剂残留量小于10 mg/kg时,视为未检出。

表5-3 压榨成品胡麻油质量指标(党占海等整理,2016)

| 项目 | | 一级 | 二级 | 三级 | 四级 |
|---|---|---|---|---|---|
| 色泽 | (罗维朋比色槽25.4 mm) | — | — | 黄≤35,红≤3.0 | 黄≤35,红≤5.0 |
| | (罗维朋比色槽133.4 mm) | 黄≤35,红≤3.0 | 黄≤35,红≤5.0 | — | — |
| 气味、滋味 | | 气味、口感好 | 具有胡麻油固有的气味和滋味,无异味,口感良好 | 具有胡麻油固有的气味和滋味,无异味 | 具有胡麻油固有的气味和滋味,无异味 |
| 透明度 | | 澄清、透明 | 澄清、透明 | — | — |
| 水分及挥发物(%) | | ≤0.05 | ≤0.05 | ≤0.10 | ≤0.20 |
| 不溶性杂质(%) | | ≤0.05 | ≤0.05 | ≤0.05 | ≤0.05 |
| 酸值(以KOH计,mg/g) | | ≤0.2 | ≤0.3 | ≤1.0 | ≤3.0 |
| 过氧化值(mmol/kg) | | ≤5.0 | ≤5.0 | ≤6.0 | ≤6.0 |
| 加热试验(280 ℃) | | — | — | 无析出物,罗维朋值:黄色值不得增加,红色值增加小于0.4 | 微量析出物,罗维朋值:黄色值不得增加,红色值增加小于4.0,蓝色值增加小于0.5 |

续表

| 项目 | 一级 | 二级 | 三级 | 四级 |
| --- | --- | --- | --- | --- |
| 含皂量 | — | — | ≤0.03 | ≤0.03 |
| 冷冻试验(0 ℃储藏5.5 h) | 澄清、透明 | — | — | — |
| 溶剂残留量(mg/kg) | 不得检出 | 不得检出 | ≤50 | ≤50 |

注：1．划有"—"不做要求。
2．溶剂残留量小于10 mg/kg时，视为未检出。

表5-4 食用植物油卫生标准(党占海等整理，2016)

| 项目 | 指标 | |
| --- | --- | --- |
| | 植物原油 | 食用植物油 |
| 酸价*(KOH)(mg/g) | ≤4 | ≤3 |
| 过氧化值*(g/100 g) | ≤0.25 | ≤0.25 |
| 浸出油溶剂残留(mg/kg) | ≤100 | ≤50 |
| 游离棉酚(%) | | |
| 棉籽油 | — | ≤0.02 |
| 总砷(以As计，mg/kg) | ≤0.1 | ≤0.1 |
| 铅(Pb,mg/kg) | ≤0.1 | ≤0.1 |
| 黄曲霉毒素$B_1$($\mu$g/kg) | | |
| 花生油、玉米胚油 | ≤20 | ≤20 |
| 其他油 | ≤10 | ≤10 |
| 苯并(a)芘($\mu$g/kg) | ≤10 | ≤10 |
| 农药残留 | 按GB 2763的规定执行 | |

\* 栏内项目如具体产品的强制性国家标准中已作规定，按已规定的指标执行。

(三)胡麻油的成分

王映强等(1998)用化学萃取法获得亚麻籽油，得油率38.97%。皂化、甲酯化后用GC/MS计算机联用技术分析其中的脂肪酸组成及其相对含量。实验检出α-亚麻酸等5种脂肪酸和2种未知成分。归一化(时间)结果表明，脂肪酸占99.91%。软脂酸、亚油酸、α-亚麻酸、硬脂酸和二十二烷酸的相对百分含量分别为4.29%、8.20%、83.84%、3.53%和0.05%。用化学萃取法获得亚麻籽油，得油率38.97%。皂化、甲酯化后用GC/MS计算机联用技术分析其中的脂肪酸组成及其相对含量。实验检出α-亚麻酸等5种脂肪酸和2种未知成分。归一化结果表明，脂肪酸占99.91%。软脂酸、亚油酸、α-亚麻酸、硬脂酸和二十二烷酸的相对百分含量分别为4.29%、8.20%、83.84%、3.53%和0.05%。

李高阳等(2005)利用GC-MS技术对亚麻籽油的化学组成进行了分析，鉴定出13种脂肪酸，其中有4种饱和脂肪酸和9种不饱和脂肪酸，9种不饱和脂肪酸占脂肪酸总量的87.1%，其中以亚麻酸(49.05%)、油酸(22.34%)、亚油酸(13.73%)为主。

魏长庆等(2015)介绍，胡麻油是含油率和营养价值较高的食用油，被医学界称为"高山上的深海鱼油"，其中人类必需的"双亚脂肪酸"亚麻酸达45%～60%，亚油酸达15%～30%，粗蛋白23.0%～33.6%，具有降血压、降血脂、健脑等功能，是人类优质的食用油。

王兰(2006)介绍，脂肪酸是脂肪的主要组成部分，人体可以自身合成多种脂肪酸，但是有两种脂肪酸人体无法合成,只能从食物中摄取,因此被称作"必需脂肪酸",这两种必需脂肪酸分别是亚油酸和α—亚麻酸。胡麻油中不饱和脂肪酸占90%以上,其中含α-亚麻酸为58%,亚油酸为16%,是植物油中含量最高的。

范玉婷等(2016)分析宁夏产胡麻籽中含油量及脂肪酸组成。采用超临界$CO_2$提取胡麻籽油,胡麻籽油经甲酯化后,GC-MS对胡麻籽油中脂肪酸组成进行分析。结果表明:相比较水蒸气蒸馏,超临界$CO_2$提取胡麻籽出油率高,达到43.4%。宁夏胡麻籽油中含有6种脂肪酸,不饱和脂肪酸含量占总脂肪酸含量92.27%,含量最多的为亚油酸(71.25%),其次为亚麻酸(20.85%)。

梁少华等(2016)以5个品种亚麻籽为原料,分析和研究不同品种亚麻籽油的基本理化指标、脂肪酸分布、甘三酯组成,测定了亚麻籽及油中木脂素含量以及亚麻籽油中维生素E含量。结果表明:亚麻籽中粗脂肪质量分数为45%左右,油中不饱和脂肪酸含量较高,主要为亚麻酸,相对质量分数为49.20%~55.43%,其次是油酸,相对质量分数18.69%~28.21%,亚油酸相对质量分数为10.85%~16.73%,总不饱和脂肪酸质量分数达到88%以上。高效液相色谱法测定亚麻籽油中维生素E含量均达到6.59 mg/100g以上;采用紫外可见分光光度计法测定亚麻籽和亚麻籽油中木脂素(SDG)的质量分数,分别为1.53%~3.69%和0.03%~0.22%。

魏长庆等(2018)采用顶空固相微萃取-气相色谱-质谱(HS-SPME-GC-MS)联用技术对新疆胡麻油挥发性成分测定分析进行优化,以期获得HS-SPME-GCMS分析胡麻油挥发性香气的最佳条件。结果表明,采用DVB/CAR/PDMS萃取头,在磁力搅拌条件下,胡麻油SPME最佳萃取条件为萃取温度50 ℃、萃取时间40 min、解吸时间4 min,在该条件下采用HS-SPME-GC-MS鉴定出的胡麻油挥发性物质达到46种,主要包括醛类、酮类、醇类、酸类、酯类、烷烃类、杂环类及其他类物质,其中醛类、杂环类和醇类总相对含量较高,分别为30.14%、12.73%和9.25%,分离鉴定效果较好。

梁慧锋(2010)介绍,胡麻油中不饱和脂肪酸的含量为73%,其中α-亚麻酸高于50%。α-亚麻酸是胡麻油的主要营养成分,可以参与人体内磷脂的合成,并以磷脂形式作为线粒体和细胞膜的重要组成部分,促进胆固醇和类脂质的代谢,合成前列腺体,对脑和视网膜、皮肤和肾功能的健全有十分重要的作用。但在一般食用油脂中α-亚麻酸含量较少,胡麻油和深海鱼油中含量较高。胡麻油是含α-亚麻酸最高的植物油,其中ω-3∶ω-6接近1∶(4~6),符合营养学家推荐的比例。

(四)胡麻油的保健功能

这方面的研究资料和事例甚多。郭永利等(2007)综述了亚麻籽富含α-亚麻酸、木酚素等多种功能性活性物质,可用来预防和治疗高血压、高血脂、癌症等多种疾病。α-亚麻酸在人体内可衍生DHA和EPA两种不饱和脂肪酸,DHA和EPA是目前保健市场畅销的"深海鱼油"的主要成分,其对人体独特的生理、病理功效,在古今中外都得到了证明。亚麻籽中α-亚麻酸的含量极高,超过其他植物品种,这一特性决定了亚麻籽的保健功效和药用价值。

曹秀霞等(2009)介绍了胡麻籽粒中含有α-亚麻酸、氨基酸、维生素、微量元素、膳食纤维、木酚素、胡麻胶等物质,对提高人体的营养健康水平有非常重要的作用。而有些物质是人体新陈代谢过程不可缺少而且在人体内部不能合成的,只有通过食用胡麻等食品才能摄入并满足人体营养健康的需要。α-亚麻酸和木酚素被广泛用于医药工业,胡麻油和胡麻胶被大量用于绿色食品加工业。

林非凡等(2012)研究了亚麻籽油中α-亚麻酸对实验性高血脂小白鼠的预防和治疗作用。结果表明,亚麻籽油中α-亚麻酸能有效降低高血脂小白鼠血清中的总胆固醇水平、甘油三酯和低密度脂蛋白胆固醇水平,提高高密度脂蛋白胆固醇水平,能使血浆致动脉硬化指数降低,对小白鼠的高脂血症和动脉硬化有明显的抑制作用。利用β-环糊精包合法从亚麻籽油中分离纯化的α-亚麻酸具有显著的预防和治疗高脂血症的作用。

刘珊等(2015)通过大鼠试验,证明亚麻籽木酚素有预防乳腺癌的效应。

云少君等(2015)试验证明,胡麻油的抗氧化性随加入抗氧化剂浓度的增大而增强,并且加入植酸后胡麻油的抗氧化性更强。

徐静(2012)介绍,胡麻油中α-亚麻酸的含量高达48%左右,其在人体内可转化成二十二碳六烯酸和二十碳五烯酸,除了能促进体内胆固醇和类脂质代谢外,还能起到健脑的作用。另外据《本草纲目》记载,胡麻油还有润燥、解毒、止痛、消肿的功效。

(五)影响胡麻油含量和质量的因素

品种、产地、种植密度、施肥、贮藏等都对胡麻油产量和品质有一定影响。例如:高翔等(2003)通过田间试验曾说明,随着种植密度的增加,胡麻的生物产量、籽粒产量呈抛物线形变化,经济系数和籽粒油分含量呈下降趋势。种植密度对生物产量的影响大于经济系数,对籽粒产量的影响又大于油分含量。

高忠东等(2013)试验表明,亚麻品种和品系对亚麻籽中粗脂肪含量影响极显著。海拔对亚麻籽中粗脂肪含量的影响也极显著,海拔越高粗脂肪含量越高。纬度越高粗脂肪含量越高。总体上是海拔的影响最大,其次是品种和品系,第三是纬度。

乔海明等(2014)以α-亚麻酸为测定指标,采用气相色谱法测定了"坝选3号"等5个油用亚麻品种2个不同收获时期,以及内蒙古、河北两省区七个产地油用亚麻籽实中的α-亚麻酸含量。结果表明:①同一地点测定5个油用亚麻品种间α-亚麻酸含量最高相差4.476个百分点,不同品种间α-亚麻酸含量有较大差异。②不同品种两个收获时期α-亚麻酸含量差异在1.052~1.896个百分点,同一品种不同收获时期α-亚麻酸含量有明显变化,随着成熟度的提高,α-亚麻酸含量相应提高。③同一品种在同一地点不同年份α-亚麻酸含量也有一定变化,最高年份和最低年份相差1.338个百分点。④"坝选3号"在5个不同产地测定α-亚麻酸含量变动幅度在53.802%~60.579%,最多相差6.777个百分点,同一品种在不同产地α-亚麻酸有较大差异。

胡晓军等(2012)采用单因素随机区组试验设计,就施肥种类和施用量对亚麻籽油中α-亚麻酸含量的影响进行了研究。结果表明,施肥后α-亚麻酸含量的消长与硬脂酸含量呈正相关,与棕榈酸、油酸和亚油酸含量呈负相关;各处理间亚麻籽油中α-亚麻酸含量存在显著或极显著差异,在试验范围内,施肥量与α-亚麻酸含量呈正相关,N、P素施用量越大,α-亚麻酸含量越高。

卢银洁等(2016)利用气相色谱法分析胡麻油中主要脂肪酸的组成及含量,并采用加速氧化法对胡麻油在贮藏过程中主要脂肪酸含量和过氧化值的变化进行分析。结果表明:胡麻油的主要脂肪酸有亚麻酸、亚油酸、油酸、棕榈酸和硬脂酸,其中亚麻酸含量为53.6%;随贮藏时间的延长,胡麻油各不饱和脂肪酸含量下降,且下降程度随不饱和度的增大而增大,过氧化值降低,饱和脂肪酸含量基本不变。

张晓霞等(2017)采用索氏提取法和GC-MS法测定并分析了6个不同产地亚麻籽含油率及亚麻籽油脂肪酸组成。结果表明:不同产地亚麻籽含油率在36.59%~44.88%,含油率与产地的生长季积温呈显著负相关；亚麻籽油中相对含量最高的 5 种脂肪酸分别是亚麻酸（53.36%～65.84%）、亚油酸（10.14%～16.39%）、油酸（10.03%～12.37%）、硬脂酸（3.98%～9.85%）和软脂酸（2.41%～7.97%），不饱和脂肪酸含量高达 77.51%～92.39%。

李一凡等（2017）认为，亚麻籽油中不饱和脂肪酸在加热过程会发生氧化和异构化。利用气相色谱法测定不同温度下亚麻籽油的脂肪酸组成和含量变化。结果表明，油温低于 120 ℃加热不会对其中的脂肪酸造成显著影响；高于 160 ℃时，随着温度升高脂肪酸组成和含量变化显著，到达 240 ℃时，不饱和脂肪酸总量由 65.241 g/100 g 降低到 16.013 g/100 g；反油酸相对含量增加至 3.31%，反亚油酸增加至 4.58%，反亚麻酸增加至 29.01%。在日常烹饪过程中应控制亚麻籽油的加热温度，保证营养健康。

## 二、提取其他成分

（一）提取亚麻胶

亚麻胶是目前中国除胡麻油外实现工业生产的又一个胡麻加工产品，围绕亚麻胶生产，已有大量的研究报道，在所有提取亚麻胶技术中，根据是否用水作为溶剂提取亚麻胶进行分类，可分为需要水为溶剂的湿法提胶和不需要水的干法提胶两大类。

1. 湿法提取亚麻胶  在湿法提取亚麻胶技术中，以水为主要提取溶剂，也有添加酶或辅助化学试剂，对于借助酸碱等辅助化学试剂的湿法提取亚麻胶技术，尽管亚麻胶得率较高，一般可达 10% 以上，但存在污染或降低亚麻胶产品黏度等问题，在实际生产中未得到应用。目前投入实际生产的主要是直接用软化水浸泡胡麻籽提取亚麻胶，然后经过精制、浓缩、乙醇沉淀，最后干燥得到成品亚麻胶产品，采用这种水溶提胶技术获得的亚麻胶黏度为 8000～10000 mPa·s，甚至有黏度达到 10000 mPa·s 以上的。

以水为溶剂提取亚麻胶，提取温度、pH 和溶剂倍量（用水和种子比值表示，W∶S）是影响提取效果的最重要的 3 个因素，试验最佳提取条件为：T=80 ℃、pH=6.5、W∶S=14，实际生产也是按照这个参数进行操作。

水溶出亚麻胶后，变成了非常黏稠的胶体溶液，因为胶体溶液是一种高黏度体系，一些细小物料及微尘会悬浮在胶体溶液中，如果直接干燥成亚麻胶粉，会影响亚麻胶产品的质量，因此需要过滤除杂精制，过滤采用压滤机，滤网孔能够拦截掉悬浮杂质即可。

经过精制后，由于亚麻胶溶液含水在 98% 以上，直接干燥制成胶粉难以实现，一般还要进行真空浓缩进一步提高胶浓度。浓度大的胶体溶液，利用乙醇能够吸水形成互溶体系，而胶成为假塑性固体析出的这一特性，将胶进一步浓缩，乙醇水溶液滤出回收乙醇重复使用，胶则经过干燥和粉碎得到成品亚麻胶粉。

采用水提取亚麻胶，产品纯度高，胶黏度很高，质量好，这是湿法提胶的最大优点。但是存在的最大问题是生产过程成本较高，从水提胶到制成干燥的胶粉要脱除 98% 以上的水分，采用乙醇脱水，虽然减少脱水的能耗，但是却增加了乙醇的消耗，这使得成本增加。此外，因为采用胡麻籽直接浸泡提胶，提胶完后，胡麻籽需要干燥用于加工，这个干燥过程能耗也是很大的。这也就注定了湿法提取亚麻胶产品的高成本，而且因为产品质量好，所以售价也高。

2. 干法提取亚麻胶  有专利报道采用粉碎机粉碎提取油脂后的胡麻籽饼粕，利用亚麻胶主要附着在种皮上的这一特性，筛选出胡麻籽皮，再粉碎胡麻籽皮就获得亚麻胶，亚麻胶得率高达 25%。因为这种产品含有大量的胡麻籽饼粕粉，所以胶的纯度不高，实测产品胶黏度不超过 2000 mPa·s。相类似的专利是直接将胡麻籽粉碎，分离出胡麻籽种皮，将胡麻籽种皮粉碎就能得到亚麻胶粉。这个技术实现起来很容易,产品生产也不会消耗大量的能源,相对其较低的生产成本,其售价尽管远远低于湿法亚麻籽胶,但仍有很好的利润。

关于干法提取亚麻胶的最新进展是一种采用打磨直接提取亚麻胶表层胶粉的专利技术研究成功,通过机械打磨能得到6%～8%的亚麻胶粉,胶粉黏度在3000～5000 mPa·s。虽然也是采用整籽来提取亚麻胶,但是采用打磨提取亚麻胶粉后,胡麻籽仍然用于榨油不受到影响,在进行打磨提胶试验后,用胡麻籽进行榨油,压榨油冷冻析出的蜡质物显著下降,相同条件下榨出的油脂技术指标没有显著性差异。

3. 亚麻胶产品质量控制　　亚麻胶在中国是一种可以投入实际应用的食品添加剂,列在增稠剂一类,并为其制定了专门的产品质量标准,即轻工行业标准《食品添加剂　亚麻籽胶》(QB 2731—2005),该标准规定亚麻胶的理化指标和卫生指标如表5-5和表5-6所示。

表5-5　亚麻胶理化指标(党占海等整理,2016)

| 项目 | 指标 |
| --- | --- |
| 黏度(mPa·s) | ≤10000 |
| 干燥失重(%,质量分级) | ≤8.0 |
| 灼烧残渣(%,质量分级) | ≤8.0 |
| 水不溶物(%,质量分级) | ≤2.0 |
| 蛋白质(%,质量分级) | ≤6.0 |
| 淀粉 | 不应检出 |

表5-6　亚麻胶卫生指标(党占海等整理,2016)

| 项目 | 指标 |
| --- | --- |
| 砷(以As计,mg/kg) | ≤1 |
| 铅(以Pb计,mg/kg) | ≤1 |
| 菌落总数(CFU/g) | ≤10000 |
| 大肠菌群(MPN/100 g) | ≤30 |
| 沙门氏菌(25 g样) | 不应检出 |

(二)提取蛋白质及其制剂

Osborne(1892)第一次分离得到胡麻籽蛋白,分离胡麻籽蛋白的方法主要有碱提酸沉、膜分离、离子交换等,基本程序为:原料前处理→脱溶→浸泡→磨浆→分离→浓缩→干燥→胡麻籽分离蛋白粉。Smith等(1946)就用碱提酸沉的方法研究胡麻分离蛋白的提取,为了克服胶质对分离蛋白的干扰,他们脱去胡麻籽皮制得脱皮籽粉再来提取胡麻籽蛋白,得率为44%,通过3次连续的提取,N的回收率为75%。由于提取胡麻籽蛋白首先要对胡麻籽进行脱脂脱胶处理以减少干扰提取效率,此后关于胡麻籽蛋白质的研究主要集中在从脱脂胡麻籽饼粕在提取蛋白。

Wanasundara等(1996)应用响应面法优化了用六偏磷酸钠水溶液提取胡麻籽蛋白工艺条件,得出最佳工艺:一是六偏磷酸钠浓度2.75%(m/V),pH8.9,饼粕容积比1:33(m/V),得到的总N含量为低胶胡麻籽饼粕的77%;二是六偏磷酸钠浓度2.89%(m/V),pH9.0,饼粕容积比1:33(m/V),得到的总N含量为低胶胡麻籽饼粕的57%。3个因素中pH的影响最为显著,而饼粕容积比的影响最不显著。

李高阳等(2006)分别用含水乙醇正己烷双液相萃取与正己烷低温单相萃取两种途径来提取胡麻籽蛋白,结果表明,在保水性、保油性、起泡能力和起泡稳定性上双液相萃取分离蛋白优于单相萃取分离蛋白,而在溶解性、乳化能力和乳化稳定性上,两者基本一致。

施树(2007)利用碱溶酸沉法从机械压榨和溶剂浸提法制油后产生胡麻饼粕中提取蛋白质,用双缩脲法测定这两种碱提液蛋白质等电点。溶剂浸提脱脂饼粕提取蛋白质 pI=4.4,等电点非常稳定,沉淀蛋白质颜色很白;机榨脱油胡麻饼粕提取蛋白质 pI=3.3,等电点降低,且不太稳定,可能是高温压榨致使蛋白质变性和蛋白质与胶质结合作用所致。

董聪等(2015)以胡麻籽粕蛋白粉为原料,分别采用木瓜蛋白酶、碱性蛋白酶及中性蛋白酶对胡麻籽粕蛋白进行酶解,以水解度为指标对酶制剂进行筛选。通过单因素及正交试验,以抗氧化性为指标,获取最佳酶解工艺。结果表明,碱性蛋白酶对胡麻籽粕蛋白的酶解效果较好,胡麻籽粕蛋白的最佳酶解工艺为:底物浓度 1.5%,pH8.5,酶底比 3%,超声波功率 300 W,酶解温度 40 ℃、酶解时间 3 h,在此条件下,胡麻籽粕多肽对 $O_2^-$ · 和 $OH^-$ · 清除能力分别为 42% 和 30%。

(三)提取黄酮

侯兰芳等(2013)以胡麻饼粕为原料、采用乙醇为提取剂提取胡麻饼粕中的黄酮。选取乙醇体积分数、液料比、提取时间、提取温度四个单因素进行正交试验。采用方差分析对试验数据进行分析得出胡麻饼粕黄酮的最佳提取工艺。结果表明,胡麻饼粕黄酮的最佳提取工艺参数为乙醇体积分数 70%、液料比 70∶1、提取时间 90 min、提取温度 70 ℃,在此条件下黄酮的最佳提取得率为 0.195%。

苗常青等(2014)通过单因素试验考察了乙醇浓度、液料比、超声温度和超声功率对胡麻粕总黄酮提取量的影响,利用 Box-Behnken 中心组合试验和响应面法进行优化。结果表明胡麻粕总黄酮的最佳提取工艺为:乙醇浓度 58.00%、液料比 27.50∶1(mL/g)、超声温度 57.00 ℃、超声功率 240.00 W。在此条件下,胡麻粕总黄酮提取量实测值为 29.02 mg/g,与预测值相符。

(四)提取木酚素

胡麻木酚素(SDG)的提取方法主要有溶剂萃取和酶法提取等,溶剂萃取法虽然成本较低,但是耗时太长,提取效率较低;酶法提取选择性较好,但是成本高,得率太低。溶剂萃取法的基本工艺流程为:材料预处理→浸提→离心→调 pH→微滤。苟东凯等(2008)为提高亚麻木酚素的提取效率,采用乙醇作溶媒从脱脂亚麻籽粉中提取了亚麻木酚素聚合物。优化提取条件为:60%乙醇 60 ℃提取 2 次,每次 4 h,固液比为 1∶8。亚麻木酚素聚合物得率为 14%~15%,SDG 质量分数为 8%~10%。

Beejmohun 等(2007)用微波辅助法提取胡麻籽中的 SDG,并研究了微波能量,提取时间及碱处理 3 个方面对提取效果的影响,3 min 提取的 SDG 含量为(16.0±0.4)mg/g,表明微波辅助法在生产量和时间消耗方面都具有明显的优势。

(五)提取多酚

赵二劳等(2015)以多酚提取量为指标,在单因素试验的基础上,通过响应面法优化了超声辅助提取胡麻粕中多酚的工艺条件。结果表明,超声辅助提取胡麻粕中多酚的最佳工艺条件为:以体积分数 54%的乙醇溶液为提取剂,在料液比 1∶20、超声功率 240 W、提取温度 57 ℃的条件下,提取 40 min。在最佳工艺条件下,胡麻粕中多酚提取量为 10.14 mg/g。

### (六)提取植酸钙

林杰等(2008)以脱脂胡麻为原料用酸浸泡提取植酸钙,研究了酸的种类,浸提时间,溶液的 pH,料液比,浸提温度对提取效率的影响,并研究了中和剂和 pH 对植酸钙得率和纯度的影响。实验结果表明,采用酸的种类对植酸钙提取效果影响不大,浸提时间为 3 h、pH 为 6.5~7.0、料液比 1∶8 为最佳工艺条件,可以有效地提高植酸钙的得率和纯度。

## 三、综合利用

### (一)在食品工业中的应用

林凤英等(2014)介绍,亚麻籽油在食品工业中主要有 3 个方面的应用:营养食用油、新型保健食品和强化食品。亚麻油精炼后可与米糠油、玉米油、大豆油等植物油按人体需要脂肪酸模式调配成营养调和油。在美国、加拿大等地亚麻油已作为一种功能性油脂进入寻常百姓家。韩君涛 2009 年获得专利技术,一种 α-亚麻酸补充剂的制备方法,是取 60%~80%的冷榨亚麻油加温至 20~30 ℃,加入 20%~40%的沙棘籽油,再加入占上述原料重量 0.5%~1.0%的苹果多酚,以 20~50 r/min 的搅拌速度混合均匀制成,其中 α-亚麻酸含量≥50%。目前国内市场上主要的亚麻油产品有低温冷榨亚麻油、浓香亚麻油、孕妇专用亚麻油、学生专用冷榨亚麻油以及亚麻油调和油等。

胡晓军等(2012)试验研究了亚麻仁酱的制作。亚麻籽经 160 ℃烘烤 10min,在脱皮机上脱皮后,把仁皮混合物用 12 目和 20 目筛分成三部分,结果仁中含皮率为 9.31%,皮中含仁率为 0.89%,感官评价最好。产品中 α-亚麻酸占到酱体总重的 31.2%,比同重量亚麻籽的 α-亚麻酸高出 10.9%。包装为一次性小包装,净重 3.5 g,每包含有 1 g α-亚麻酸,是人体平均每天应需补充 ω-3 多不饱和脂肪酸的理论值。

邓乾春等(2011)研究表明,亚麻油还可以采用微胶囊技术制成富含亚麻酸的口服液,具有缓解视疲劳等作用。张绪霞等(2006)研制出了一种适应各类人群营养需求的新型月饼,是通过用亚麻油代替部分花生油使月饼中单不饱和脂肪酸含量降低而多不饱和脂肪酸含量增加从而达到平衡脂肪酸比例的作用。Valencia 等(2008)验证了亚麻籽油营养强化型猪肉香肠生产的可能。近年来,还有关于小麦粉、亚麻油、蔗糖、黄油等制作油酥脆饼和低饱和脂肪酸饼干的制作方法的报道,以及亚麻籽小麦面包焙烤方法显著提高了面包的营养和生物学价值的报道。可见,亚麻籽作为食品添加剂,可以强化食品的形式将其提取物合理添加到婴儿奶粉、罐头、饮料、冷冻食品、面点等各种食品中,起到强化营养的作用。

### (二)在畜禽饲料中的应用

开发富含亚麻油的亚麻籽饲料,一方面能够提高肉、蛋、奶中 ω-3 脂肪酸的含量,使其脂肪酸的比例更符合人类健康的要求;另一方面,动物摄取含亚麻油的饲料也能提高自身的健康水平,但要注意适量添加。

目前关于亚麻油在饲料中的应用在国内外已有很多文献报道。黄玉兰等(2005;2010)用含亚麻籽的饲料饲喂肉鸡后,鸡肉中 α-亚麻酸的含量和亚油酸含量得到提高,而添加 5.0%亚麻籽可提高肉鸡胸肉和腿肉的 pH 值。在蛋鸡饲粮中添加亚麻籽及其油脂等富含 ω-3 脂肪酸的物质,可使 ω-3 脂肪酸在鸡蛋中富集,从而生产富含 ω-3 脂肪酸的功能性食品。左璐雅等(2009)研究发现添加 12%的亚麻籽时鹌鹑的饲料增重比最低,鹌鹑肉和蛋黄中不饱和脂肪酸的含量最高。叶帅等(2010)研究发现,添加亚麻籽和亚麻籽油的日粮能显著提高哺乳期间母猪乳汁、血液和新生仔猪胴体和脑组织中不饱和脂肪酸和 ω-3PUFA 的含量，同时降低 ω-6/ω-3 脂肪酸的比值。刘利晓等（2009）研究认为，亚麻油中所含的 ω-3 脂肪酸对肝脏中脂肪酸合成酶（FAS）和腹脂中脂蛋白酯酶（LPL）活性的抑制能有效降低肉鸡血液中甘油三酯的合成，进而降低肉鸡的体脂沉积。所以亚麻籽添加到畜禽类日粮中可以作为能量、蛋白和 ω-3 必需脂肪酸的来源，尤其是谷物和蛋白质补充料价格偏高时，可作为配合饲料使用。目前，加拿大、美国、荷兰等国的农产品超市上已经出现高含量亚麻酸鸡蛋、低脂肪高附加值牛奶和肉类产品，而中国在亚麻籽的研究和大规模的应用还较少，特别是对添加的量、添加的时间及对肉的稳定性、感官品质、蛋及牛乳的品质、干物质的代谢等问题还有待进一步研究。

### （三）在医药保健品中的应用

目前市场上除了营养强化型亚麻油和一些强化食品外，富含 α-亚麻酸的亚麻油在医药保健品方面的应用范围也在不断拓展。吕运一（2004）研究出一种治疗病毒性肝炎、肝硬化症的药物，其中亚麻油的重量份数是 6～10 份。王金珠（2009）研究出了一种止血去疤的中药组合物的制备方法，配方中亚麻油 3 份。在治疗淋巴结的药物、烧伤、外伤感染的药物中都含有一定量的亚麻油。医学上还通过口服和皮肤外用预防和治疗由于缺乏 ω-3 系脂肪酸引起的各种皮肤功能紊乱、皮肤干燥、瘙痒等问题。商宇等（2005）报道了一种蜂胶保健品的制备方法，是以蜂胶、灵芝孢子粉、亚麻籽油为原料制备而成，该保健品能显著降低血液中血清总胆固醇、甘油三酯和高密度脂蛋白胆固醇的含量和调节血糖作用，适合于高血压、高血脂和老年人食用。目前亚麻籽油已经成功应用于调节血脂的保健产品中，如康欣宁胶囊、α-亚麻酸胶囊等。在制药工业上，亚麻籽胶常作为脂溶性药物的优良乳化剂和中西药片的黏合剂等。其次亚麻胶可添加到活性治疗物质中制成人工黏液或润滑剂治疗眼干燥症、口腔干燥以及由于放射治疗引起的内分泌失调。亚麻籽胶还可以作为壁材制备枸杞油、沙棘油等微胶囊。从亚麻籽中提取的木酚素在临床上用于抗肿瘤、预防结肠癌、前列腺癌、胸腺癌、糖尿病、狼疮性肾炎、抗动脉粥样硬化、降低急性冠心病发作等的辅助治疗。艾尔康母生物技术株式会社已申请专利用于预防和治疗神经变性疾病的含二苯并环辛烷木酚素衍生物的药物制剂。US6039955 公开了用于治疗炎症的试剂中木酚素去甲二氢愈创木酸（NDGA）。

### （四）在化妆品中的应用

化妆品用亚麻籽油主要通过低温压榨制得，由于富含功能性成分以及具有化妆品用油所需优异的铺展性和渗透性，欧美等发达国家将亚麻籽油及亚麻籽活性成分成功开发为化妆品功能性原料，并成功应用于多种皮肤和头发护理类化妆品及特殊用途化妆品中。美国 BATORY A. M. 公司将其作为保湿和护肤护发功效成分添加到护肤和护发产品中开发出商标为 QLIFE®LINSEED 的皮肤和头发系列护理产品。

亚麻籽油除作为优良的调理剂和保湿剂外，还具有一些特殊功效的治疗用途。如其含有微量肽类物质-环亚油肽 A 具有免疫抑制及抗炎作用，ω-3 系 α-亚麻酸对一些皮肤缺陷如皮肤干燥粗糙、皲裂、皱纹、瘙痒、过敏、湿疹、痤疮等的修复具有明显的功效。α-亚麻酸和亚油酸是至今发现功能最强的 5α-脱氢酶抑制剂，可以将其用于治疗脱发的特殊发用化妆品中。Davis（2007）针对男性脱发的根源，发明了一种含亚麻籽油特殊生发化妆品配方。

## 参考文献

安建平,牛一川,2006.不同品种亚麻籽粒中主要脂肪酸含量的变化[J].植物生理学通讯,42(1):122-126.
曹秀霞,张信,2009.胡麻籽营养保健功能成分研究综述[J].安徽农学通报,15(21):75-76,101.
陈超,黄景霞,李梦,等,2014.新疆胡麻油香气萃取条件研究[J].食品工业科技(2):242-246.
陈海华,2004.亚麻籽的营养成分及开发利用[J].中国油脂,29(6):72-75.
崔红艳,许维成,孙毓民,等,2014.施用有机肥对土壤水分、胡麻产量和品质的影响[J].水土保持学报,28(3):307-312.
党占海,赵玮,2016.中国现代农业产业可持续发展战略研究:胡麻分册[M].北京:中国农业出版社.
党照,赵利,2008.利用近红外分析技术测定胡麻种质资源品质[J].西北农业学报,17(2):110-113.
党照,牛俊义,党占海,等,2014.胡麻种子发育过程中α-亚麻酸的积累规律[J].西北农业学报,23(12):90-95.
党照,张建平,王利民,等,2018.环境因子与胡麻产量及品质相关性研究[J].甘肃农业科技(6):21-25.
邓乾春,黄凤洪,黄庆德,等,2011.亚麻籽油软胶囊缓解视疲劳作用[J].食品研究与开发,32(01):118-122.
邓乾春,禹晓,许继取,等,2012.加工工艺对亚麻籽油降脂活性的影响[J].中国粮油学报,27(3):48-52.
狄济乐,2002.脂质营养素的保健及其加工方法的发展[J].西部粮油科技,27(6):37-40.
董聪,李芳,王琳,等,2015.酶解胡麻籽粕蛋白制备抗氧化肽的工艺优化[J].食品研究与开发,36(18):111-114.
范玉婷,蔡倩,王学英,等,2016.胡麻籽油提取及脂肪酸组成分析[J].石油化工应用(11):148-151.
高翔,胡俊,王莹,2003.种植密度对胡麻产量和含油量的影响[J].内蒙古农业科技(5)10-11,15.
高忠东,胡晓军,许光映,等,2013.品种及生态环境对亚麻粗脂肪含量的影响[J].农产品加工:学刊(下)(12):66-68.
苟东凯,崔哲,王伟,等,2008.亚麻木脂素聚合物的提取工艺[J].大连工业大学学报,27(2):120-122.
郭永利,范丽娟,2007.亚麻籽的保健功效和药用价值[J].中国麻业科学,29(3):147-149.
侯兰芳,王永,2013.胡麻饼粕黄酮提取工艺研究[J].中国食物与营养,19(12):55-58.
胡晓军,李群,梁霞,等,2009.亚麻品种及生态环境对亚麻木脂素含量的影响[J].中国油料作物学报,31(2):256-258.
胡晓军,李群,许光映,等,2012.亚麻籽中主要营养成分的分布研究[J].中国油脂,37(12):64-66.
化青春,赵利,王利民,等,2016.胡麻粗脂肪含量的主基因+多基因遗传分析[J].西北农林科技大学学报(自然科学版),44(11):83-89.
黄海浪,张水华,2006.亚麻籽的营养成分及其在食品工业中的应用[J].食品研究与开发,27(6):147-149.
黄玉兰,杨焕民,2005.亚麻籽的营养成分及其在家禽日粮中的应用[J].畜禽生产(10):32-33.
黄玉兰,杨焕民,李祥辉,2010.亚麻籽对AA肉鸡生产性能及胴体品质的影响[J].黑龙江畜牧兽医(9):81-83.
李次力,缪铭,2006.亚麻籽不同脱毒方法的比较研究[J].食品科学,27(12):280-282.
李高阳,丁霄霖,2005.亚麻籽油中脂肪酸成分的GC-MS分析[J].食品与机械,21(5):37-39.
李高阳,丁霄霖,2006.双液相萃取对胡麻籽分离蛋白功能特性的影响[J].江苏大学学报(自然科学版),27(5):383-387.
李可,侯伟伟,秦娜娜,等,2013.响应面法优化亚麻籽粕不溶性膳食纤维提取工艺[J].新疆农业科学,50(3):490-498.
李闻娟,齐燕妮,王利民,等,2019.不同胡麻品种TAG合成途径关键基因表达与含油量、脂肪酸组分的相关性分析[J].草业学报,28(1):138-149.
李燕青,金军,等,2018.亚麻酸中氨基酸组成及含量的研究[J].食品研究与开发,39(7):169-173.
李一凡,王凤玲,王玉玮,等,2017.加热对亚麻籽油中脂肪酸种类和含量的影响[J].食品研究与开发,38(1):10-13.
梁慧锋,2010.胡麻油的营养成分及其保健作用[J].企业导报(2):243-244.
梁少华,王金亚,董彩文,等,2016.亚麻籽和亚麻籽油理化特性及组成分析[J].中国粮油学报,31(12):61-66.

林非凡,谭竹钧,2012.亚麻籽油中α-亚麻酸降血脂功能研究[J].中国油脂,37(9):44-47.
林凤英,林志光,邱国亮,等,2014.亚麻籽的功能成分及应用研究进展[J].食品工业,35(2):220-223.
林杰,蔡基智,2008.从脱脂胡麻中提取植酸钙的研究[J].广东化工,35(7):31-32,41.
刘利晓,李和平,李绍钰,等,2009.添加亚麻油对肉鸡脂肪沉积影响的研究[J].中国畜牧兽医,36(3):27-31.
刘珊,李昕,张保平,等,2015.亚麻籽木酚素预防乳腺癌的作用及机制研究[J].现代医学进展(34):6645-6648.
卢银洁,狄建兵,郝利平,等,2017.热榨和冷榨胡麻油挥发性物质与关键风味物质组成的分析[J].中国油脂,42(3):77-47,52.
卢银洁,郝利平,郭雨萱,2016.贮藏过程中胡麻油主要脂肪酸含量及组成变化[J].食品与机械,32(6):115-117.
鹿保鑫,杨健,刘娜娜,2007.亚麻胶提取工艺的研究[J].黑龙江农业科学(3):95-96.
吕运一,2004.治疗病毒性肝炎、肝硬化症的药物:中国,CN1481876[P].
孟桂元,孙方,周静,等,2016.亚麻种质脂肪酸成分差异及其相关性研究[J].分子植物育种,14(9):2502-2508.
苗常青,闫苗,王妮,等,2014.响应面法优化胡麻籽总黄酮提取工艺[J].长治学院学报,31(2):28-32.
乔海明,米君,曲志华,等,2014.影响油用亚麻α-亚麻酸含量主要因素初步分析[J].中国麻业科学,36(4):191-194.
商宇,黄耀,吕永利,2005.一种蜂胶保健品:中国,CN1583161[P].
施树,2007.两种胡麻饼粕提取蛋白质等电点测定[J].粮食与油脂(8)25-26.
孙爱景,刘玮,等,2010.亚麻籽功能成分提取及其应用[J].糖食科技与经济,35(1):44-45.
孙兰萍,许晖,2007.亚麻籽生氰糖苷的研究进展[J].中国油脂,32(10):24-27.
孙红,2015.水相法提取亚麻籽油与蛋白质的研究[D].无锡:江南大学.
王斌,赵利,王利民,等,2018.胡麻种质资源主要品质性状的分析与评价[J].中国油料作物学报,40(6):785-792.
王金珠,2009.用于止血祛疤的中药组合物及其制备方法:中国,CN101342294[P].
王兰,2006.胡麻油必需脂肪酸的宝库[J].四川烹饪高等专科学校学报(3):10-11.
王映强,赖炳森,颜晓林,等,1998.亚麻子油中脂肪酸组成分析[J].药物分析杂志,18(3):176-180.
王卓,2019.不同发育阶段胡麻脂肪酸合成相关基因的转录表达研究[D].内蒙古农业大学.
魏长庆,刘文玉,曹栋,2015.胡麻油挥发性香气提取分析研究进展[J].食品工业科技,36(19):379-384.
魏长庆,周琦,刘文玉,2018.HS-SPME-GC-MS分析新疆胡麻油挥发性成分的技术优化[J].食品科学,38(14):151-157.
吴兵,赵利,谢亚萍,等,2015.不同有机肥对油用亚麻品质的影响[J].土壤与作物,4(2):77-84.
谢冬微,路颖,赵德宝,等,2016.亚麻种质资源木酚素含量及农艺性状分析与评价[J].中国麻业科学,38(4):145-151.
谢海燕,2015.亚麻胶的提取及应用研究进展[J].农业工程,5(5):63-64.
徐静,2012.促健脑吃胡麻油[J].开心老年(4):42.
许光映,胡晓军,高忠东,等,2013.品种及生态环境对亚麻籽蛋白质含量的影响[J].山西农业科学,41(4):336-338.
杨金娥,黄庆德,黄凤洪,等,2013.打磨法提取亚麻籽胶粉的工艺[J].农业工程学报,29(13):270-276.
杨天庆,高玉红,牛俊义,等,2017.肉蛋白生物有机肥对胡麻干物质积累、产量及品质的影响[J].干旱地区农业研究,35(1):128-134.
杨天庆,牛俊义,2016.氨基酸配方有机肥对胡麻生长和籽粒产量及品质的影响[J].西北植物学报,36(8):1632-1641.
叶春雷,罗俊杰,石有太,等,2015.不同肥料配比对旱地胡麻产量及品质的影响[J].干旱地区农业研究,33(2):22-25.
叶春雷,石有太,罗俊杰,等,2014.种植密度对旱地胡麻产量及品质的影响[J].甘肃农业科技(4):11-13.
叶帅,袁朝晖,2010.妊娠后期及哺乳期日粮中添加不同形式的亚麻对母猪及其仔猪脂肪酸组成的影响[J].

猪业科学(3):68-72.

伊六喜,斯钦巴特尔,冯小慧,等,2020.胡麻木酚素含量的全基因组关联分析[J].分子植物育种,18(03):765-771.

禹晓,黄沙沙,程晨等,2018.不同品种亚麻籽组成及抗氧化特性分析[J].中国油料作物学报,40(6):879-888.

云少君,戴碉,延莎,2015.β-胡萝卜素和植酸对胡麻油抗氧化活性的影响[J].山西农业大学学报:自然科学版,35(3):277-280.

臧茜茜,魏晓珊,陈鹏,等,2017.不同品种亚麻籽木酚素多聚体水解物的组成及含量[J].中国油料作物学报,39(2):253-259.

张培宜,毛丹卉,张明靓,等,2012.不同方法提取胡麻油性质的对比研究[J].中国粮油学报,27(7):71-73.

张晓霞,尹培培,杨灵光,等,2017.不同产地亚麻籽含油率及亚麻籽油脂肪酸组成的研究[J].中国油脂,42(11):142-146.

张绪霞,董海洲,刘传富,2006.新型月饼的研究[J].食品与发酵工业,32(9):92-95.

赵二劳,栗瑞萍,贾楠,等,2015.响应面法优化超声辅助提取胡麻粕中多酚工艺条件[J].中国油脂(8):77-80.

赵利,党占海,李毅,等,2006.亚麻木酚素研究进展[J].食品科学,22(4):88-93.

赵利,党占海,张建平,等,2008.不同类型胡麻品种资源品质特性及其相关性研究[J].干旱地区农业研究,26(5):6-9.

赵利,赵玮,李闻娟,等,2018.不同环境下胡麻脂肪酸含量的遗传分析[J].干旱地区农业研究,36(6):48-55.

郑伟,王树彦,高文,等,2009.不同亚麻种质间各脂肪酸含量差异的相关分析[J].中国油料作物学报,31(3):311-315.

郑岩,杨续金,韩育梅,2017.贮藏过程中亚麻籽油苦味物质的来源及概述[J].农产品加工(4):57-59.

周亚东,李明,苏钰,等,2010.亚麻种质资源脂肪酸组分含量与品质性状的相关分析[J].东北农业大学学报,41(9):21-26.

左璐雅,董斌,毛之夏,等,2009.日粮中添加亚麻籽对鹌鹑生长性能及不饱和脂肪酸含量的影响[J].经济动物学报,13(4):221-224.

Beejmohun V,Fliniaux O,Grand E,et al,2007. Microwave-assisted extraction of the main phenolic compounds in flaxseed[J]. Phytochemical Analysis(4):275-282.

Cann P A,Read N W,Holdsworth C D,1984. What is the benefit of coarse wheat bran in patientswi thirritable bowel syndrome[J]. Gut,24:168-173.

Carter J F,1993. Potential of flaxseeds and flaxseed oil in baked goods and other products in human nutrition[J]. Cereal Foods World,38:754-759.

Chung M,Lei B,Li C E,2005. Isolation and structural characterization of the major protein fraction from Nor Man flaxseed(Linumusitatissimum L.)[J]. Food Chem,90:271-279.

Cunnane S C,Hamadeh M J,Liede A C,et al,1994. Nutritionalattributes of flaxseed in healthy young adults[J]. Am J Clin Nutr,61:62-68.

Davis R,2007. Compositions and methods for hair growth:US,0154432A[P].

Du H,et al. 2010. Dietary fiber and subsequent changes in body weight and waist circumference in European men and women[J]. Am J Clin Nutr,91:329-336.

Erdman J W,1979a. Bioavailability of Nutrients from Foods[J]. American Pharmacy,19:42-43.

Erdman J W,1979b. Oilseed phytates:Nutritional implications[J]. Journal of the American Oil Chemists' Society,56:736-741.

Fedeniuk R,Biliaderis C G,1994. Composition and physiochemical properties of linseed(Linusitatissimum)mucilage[J]. J Agric Food Chem,42:240-247.

Ganorkar P M,Jain R K,2013. Flaxseed-a nutritional punch. Int Food Res[J]. 20:519-525.

Goyal A,Sharma V,Neelam,et al,2014. Flax and flaxseed oil:an ancient medicine & modern functional food[J]. Food Science and Technology,51(9):1633-1653.

Jenkins D J A, Wolever T M S, Kalmusky J, 1987. Low glycemic index diet in hyperlipidemia: use of traditional starchy foods[J]. Am J Clin Nutr, 46: 66-71.

Johnsson P, Kamal-Eldin A, Lundgren L N, et al, 2000. HPLC method for analysis of secoisolariciresinol diglucoside in flaxseeds[J]. J Agric Food Chem., 48: 5216-5219.

Lunn J, Theobald H E, 2006. The health effects of dietary unsaturated fatty acids. British Nutrtion Foundation [J]. Nutr Bull, 31: 178-224.

Madhusudan K T, Singh N, 1985. Isolation and characterization of major protein fraction(12 S)of flaxseed proteins[J]. J Agric Food Chem, 33: 673-677.

Mahdi K, 2001. Studies on integrated processes for the recovery of mucilage, hull, oil and protein from solin(low linolenic acid flax)[D]: [Ph. D Thesis] Saskatoon: Department of Apphed Microbiology and Food Science, University of Saskachewan.

Mazza G, Biliaderis C G, 1989. Functional properties of flaxseed mucilage[J]. J Food Sci, 54: 1302-1307.

Morris M C, Evans D A, Tangney C C, 2005. Relation of the tocopherol forms to incident alzheimer disease and to cognitive change [J]. Am J Clin Nutr, 81: 508-514.

Mueller K, Eisner P, Yoshie-Stark Y, et al, 2010. Functional properties and chemical composition of fractionated brown and yellow linseed meal(Linumusitatissimum L. )[J]. J Food Eng, 98: 453-460.

Oomah B D, 2001. Flaxseed as a functional food source[J]. J Sci Food Agric, 81: 889-894.

Oomah B D, Mazza G, 1993. Flaxseed proteins-a review[J]. Food Chem, 48: 109-114.

Oomah B D, Mazza G, 1997. Effect of dehulling on chemical composition and physical properties of flaxseed [J]. Lebensm Wiss Technol, 30: 135-140.

Osborne T B, 1982. Proteids of the flax-seed[J]. American Chemistry Journal(14): 629-661.

Payne T J, 2000. Promoting better health with flaxseed in dread[J]. Cereal Foods World, 45(3): 102-104.

Rabetafika H N, Remoortel V V, Danthine S, et al, 2011. Flaxseed proteins: food uses and health benefits[J]. Food Science and Technology, 46(2): 221-228.

Rebole A, Rodriguez M L, Ortiz L T, et al, 2002. Mucilage in linseed: effects on the intestinal viscosity and nutrient digestion in broiler chicks[J]. J Sci Food Agric, 82: 1171-1176.

Rubilar M, Gutierrez C, Verdugo M, et al, 2010. Flaxseed as a source of functional ingredients[J]. J Soil Sci Plant Nutr, 10: 373-377.

Singh K K, Mridula D, Rehal J, et al, 2011. Flaxseed: a potential source of food, feed and fiber[J]. Criti Rev Food Sci Nutr, 51: 210-222.

Smith A K, Johnson V L, Beckel A C, 1946. Linseed proteins[J]. Ind Eng Chem(3): 353-356.

Spiller R C, 1994. Pharmacology of dietary fiber[J]. Pharmacol Ther, 62: 407-427.

Susheelamma N S, 1987. Isolation and properties of linseed mucilage[J]. J Food Sci Technol, 24: 103-106.

TarpilaA, Wennberg T, Tarpila S, 2005. Flaxseed as a functional food[J]. Curr Top Nutraceutical Res, 3: 167-188.

Thakur G, Mitra A, Pal K, et al, 2009. Effect of flaxseed gum on reduction of blood glucose & cholesterol in type 2 diabetic patients[J]. Int J Food Sci Technol, 60: 126-136.

Valencia, Gradymno, Ansorenad, et al, 2008. Enhancem ent of the nutritional status and quality of fresh pork sausages follow ing the addition of linseed oil, fish oil and natural antioxidants[J]. M eat Sci, 80(4): 1046-1054.

Wanasundara J P D, Shahidi F, 1996. Optimization of hexametaphosphate-assisted extraction of flaxseed proteins using response surface methodology[J]. Journal of Food Science(3): 604-607.

Wanasundara P, Shahidi F, 1997. Removal of flaxseed mucilage by chemical and enzymatic treatments[J]. Food Chem, 59: 47-55.

Xu Y, Hall CIII. Wolf-Hall C, 2008. Antifungal activity stability of flaxseed protein extracts using response surface methodology[J]. Food Microbiol Saf, 73: 9-14.